普通高等教育"十一五"国家级规划教材

信号与系统

Signals & Systems

U0342748

刘

高等教育出版社·北京

内容简介

本书系统地介绍了信号与线性系统分析的基本原理和方法。全书共七章，内容包括：信号与系统的基本概念、连续时间信号与系统的时域分析、连续时间信号与系统的频域分析、连续时间信号与系统的复频域分析、离散时间信号与系统的时域分析、离散时间信号与系统的 z 域分析以及系统的状态变量分析法。

本书强调基本概念、基本方法和基本技能，论述简明，重点突出，其内容符合教育部颁布的信号与系统课程教学基本要求。

本书既可作为高等工科院校通信与电子信息类专业的教材，也可供自学考试及成人教育有关专业选用，还可供研究生及有关科研人员参考使用。

图书在版编目（CIP）数据

信号与系统 / 刘泉，江雪梅. —北京：高等教育出版社，2006.2（2020.9重印）

ISBN 978-7-04-018639-0

Ⅰ. 信… Ⅱ. ①刘… ②江… Ⅲ. 信号系统-高等学校-教材 Ⅳ. TN911. 6

中国版本图书馆 CIP 数据核字（2006）第 003311 号

策划编辑	刘激扬	责任编辑	杜 炜	封面设计	李卫青	责任绘图	朱 静
版式设计	胡志萍	责任校对	康晓燕	责任印制	赵 振		

出版发行	高等教育出版社	咨询电话	400-810-0598
社　　址	北京市西城区德外大街 4 号	网　　址	http://www.hep.edu.cn
邮政编码	100120		http://www.hep.com.cn
印　　刷	北京虎彩文化传播有限公司	网上订购	http://www.landraco.com
开　　本	787×960　1/16		http://www.landraco.com.cn
印　　张	20.75	版　　次	2006 年 2 月第 1 版
字　　数	380 000	印　　次	2020 年 9 月第 14 次印刷
购书热线	010-58581118	定　　价	30.10 元

前　　言

现代科学技术发展的重要特点之一是不同学科之间相互影响、相互渗透和相互促进。随着信息技术的迅猛发展,信号与系统理论的基本概念和研究方法日趋完善,且几乎毫无例外地进入了信息及相关领域的各个学科。特别是随着超大规模集成电路技术水平的不断提高,信号处理和系统分析的能力也大大加强,使得信号与系统在科学研究、国防和民用电子技术等领域发挥着愈来愈重要的作用。

"信号与系统"是高等工科院校通信与电子信息类专业的一门重要学科基础课程,"信号与系统"的主要内容是传统经典的。编者根据多年的教学实践认为,编写一本以论述确定性信号作用于线性时不变系统的基本概念、原理和方法为主,且符合电子信息与相关专业教学实际要求的教材是非常必要的。

本书根据高等学校最新"信号与系统教学基本要求"编写而成,参考学时数为60—70学时。本书主要论述信号与系统的基本理论和基本分析方法,力求叙述清楚、讲解透彻、强化基础、结合实际。本书的总体结构是:先连续,后离散;先信号,后系统;先时域,后变换域;先输入—输出法,后状态变量法。遵循循序渐进的教学法原则,有利于学生增强理解,深化认识。并在时域和变换域分析法之间建立一定的对应关系,充分体现了现代系统分析理论的规范性和一致性。通过本书的学习,读者能够较全面地掌握信号与系统的基本概念、基本理论、基本分析方法和综合技能。

信号与系统理论性很强,实践和应用很广,且又不局限于讨论具体的电路和器件。为此,本书特别注意对基本概念、基本理论和基本方法的重点论述,力求把理论和实际应用很好地结合。在阐述中,既注重严谨的科学推理与推导,又强调用系统的观念、从广义的角度来理解,以激发学习兴趣、启迪联想、培养逻辑性和创造性能力。

全书共分七章,第一章论述信号与系统的基本概念,第二、三和四章分别论述了连续时间信号与系统的时域分析、频域分析和复频域分析,第五章和第六章对离散时间信号与系统的时域分析和z域分析进行了论述,第七章简要阐述了系统的状态变量分析法。书中用大量的典型例题有针对地介绍分析方法和解题技巧,促进对基本概念和基本理论的理解。特别地,在每章中,我们精选了一些综合分析题,帮助学生加强对所学内容的理解,并开拓思维和提高综合应用能力。

　　本书还充分考虑到目前作为国际上公认的最优秀的科技应用软件之一的 MATLAB 语言的作用，正是由于 MATLAB 在数值计算及符号计算等方面的强大功能，使其成为应用学科计算机辅助分析、设计、仿真及其教学等领域不可缺少的基础软件。本书每章的最后一节都给出了应用 MATLAB 对信号与系统进行分析和实现的应用实例，使学生在学习本课程的同时，掌握 MATLAB 的运用；让学生将课程中的重点、难点及部分课后习题用 MATLAB 进行形象、直观的可视化计算机模拟与仿真实现，从而加深对信号与系统基本原理、方法及应用的理解。

　　本书保证了信号与系统课程内容的完整性，突出重点，加强基础。在精练内容的同时，不降低深度，并适当考虑宽广度，使学生既能很好地掌握本课程的基本概念、基本理论和基本方法。又能满足读者在今后学习和工作的需要。本书每一章后都附了较为典型的习题，可供读者学习和巩固知识选用；书后还附有信号与系统专业词汇的中英文对照表，并将另行配套出版习题详细解答。

　　本书在结构安排和内容论述上，有利于授课教师选材，同时在论述与表达上，充分考虑了读者自学的要求。作为本书核心的重要概念、原理和方法，对于其他相关专业也是很重要的，因此，本书也可作为其他专业信号与系统课程的参考教材。

　　本书第一、二、三和五章由刘泉编写，第四、六和七章由江雪梅编写，全书由刘泉教授统稿。艾青松博士和张小梅博士参与了习题编写与解答的部分工作。

　　本书承华中科技大学姚天任教授主审，并提出了许多宝贵意见和建议，编者在此表示衷心的感谢。

　　由于编者水平有限，书中难免存在一些不足之处，殷切期望广大读者批评指正。

编　者

2005 年 8 月

目　　录

第一章

信号与系统的基本概念

信号和系统是两个使用极为广泛的基本概念,无论是在自然科学领域,还是在社会科学领域都存在大量的应用研究问题。而随着信息技术的迅速发展和计算机的广泛使用,信号与系统及其理论研究日益复杂。本教材仅以电子信息系统为基本背景,讨论信号分析和系统分析问题:信号分析部分主要论述信号的描述、运算和变换等问题;系统分析主要研究系统的特性、模型和系统在激励作用下的响应等问题。

1.1 信号的描述与分类

一、信号的描述

信息是存在于客观世界的一种事物现象,通常以文字、声音或图像的形式来表现。人们正是通过信息的获取、存储、传输与处理等来不断认识和改造世界的。而信号作为信息的载体,是指带有信息的随时间或其他自变量变化的物理量或物理现象。数学上,信号可以表示为一个或多个自变量的函数,具有一个自变量的信号称为一维信号,如语音类信号;具有多个自变量的信号称为多维信号,如平面图像类的二维信号等。本书只讨论一维信号,且为方便起见,一般都设信号的自变量为时间 t 或序号 k。

与函数表示一样,一个确定信号除用解析法描述外,还可以用图形、表格等描述。可以通过信号随时间变化的快慢、延时来分析信号的时间特性;也可以从信号所包含的频率分量的振幅大小及相位关系来分析信号的频率特性。不同的信号具有不同的时间和频率特性。

二、信号的分类

信号可以从不同角度进行分类,常用的有下面几种分类方式。

1. 确定信号与随机信号

按信号时间函数的确定性与否,信号可划分为确定信号与随机信号。

确定信号是指可以用一个确定的时间函数式来描述的信号,对于给定的一个时刻,有其确定的函数值,例如正弦信号、直流信号等。而随机信号则是指不能用确定的时间函数式表示、只能用其统计特性如均值、方差来描述的信号,例如噪声信号、干扰信号等。

实际运用的信号往往具有某种不确定性,但在一定条件下,随机信号也会表现出某些统计确定性。确定信号的分析是研究随机信号的基础,本书只分析确定信号。

2. 连续信号与离散信号

按自变量取值是否连续,信号可划分为连续信号和离散信号。通常自变量为时间,即对应为连续时间信号和离散时间信号。连续时间信号在任何时刻除了有限个不连续点外都有确定的函数值。其函数值可以是连续的,如图1.1(a)所示;也可以是不连续的,如图 1.1(b)所示。时间和幅值均连续的信号又称为模拟信号。

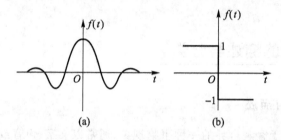

图 1.1　连续时间信号

离散时间信号只在不连续的时刻有函数值,而在其他时刻并无定义,即没有函数值;离散时间信号通常是按时间顺序得出的一组数值,所以也称时间序列,简称序列。离散时间信号也有两种情况:时间离散而幅值连续,即为抽样信号,如图 1.2(a)所示;时间离散且幅值经过量化也是离散的,则为数字信号,如图 1.2(b)所示。

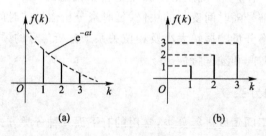

图 1.2　离散时间信号

3. 周期信号与非周期信号

连续时间信号和离散时间信号都可分为周期信号和非周期信号。周期信号是指经过一定时间重复出现的信号；而非周期信号在时间上不具有周而复始的特性。

连续周期信号可以表示为

$$f(t)=f(t+kT), \quad k=0,\pm1,\pm2,\cdots \qquad (1.1)$$

满足上式的最小正 T 值称为 $f(t)$ 的周期。连续周期信号如图 1.3(a)所示。

离散周期信号可以表示为

$$f(k)=f(k+mN), \quad m=0,\pm1,\pm2,\cdots \qquad (1.2)$$

满足上式的最小正 N 值称为 $f(k)$ 的周期。离散周期信号如图 1.3(b)所示。

非周期信号也可以看作是一个周期趋于无穷大的周期信号。

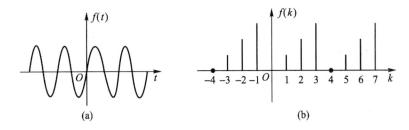

图 1.3　周期信号

4. 能量信号和功率信号

连续时间信号 $f(t)$ 的能量 E 和功率 P 分别定义为

$$E=\lim_{T\to\infty}\int_{-T}^{T}f^2(t)\mathrm{d}t \qquad (1.3)$$

$$P=\lim_{T\to\infty}\frac{1}{2T}\int_{-T}^{T}f^2(t)\mathrm{d}t \qquad (1.4)$$

离散时间信号 $f(k)$ 的能量 E 和功率 P 分别定义为

$$E=\sum_{k=-\infty}^{\infty}f^2(k) \qquad (1.5)$$

$$P=\lim_{N\to\infty}\frac{1}{2N}\sum_{k=-N}^{N}f^2(k) \qquad (1.6)$$

若信号能量有限，即 $0<E<\infty$，且 $P=0$，则称此信号为能量信号；若信号功率有限，即 $0<P<\infty$，且 E 趋近于 ∞，则称此信号为功率信号。

一个信号不可能既是功率信号，又是能量信号，但可以既非功率信号，又非能量信号，例如，$t\varepsilon(t)$。一般来说，周期信号都是功率信号，而非周期信号可能是能量信号，也可能是功率信号。

连续时间信号的基本运算与波形变换

连续时间信号的基本运算主要包括相加（减）、相乘（除）、微分、积分等，信号波形变换主要指波形的翻转、平移和展缩等。

一、信号的相加

两个信号相加得到一个新信号，它在任意时刻的值等于这两个信号在该时刻的值之和，可表示为

$$f(t) = f_1(t) + f_2(t) \tag{1.7}$$

图 1.4 给出了连续时间信号相加的信号波形。

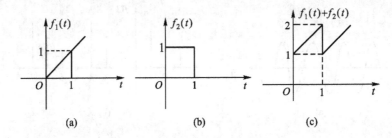

图 1.4   信号的相加

二、信号的相乘

两个信号相乘得到一个新信号，它在任意时刻的值等于这两个信号在该时刻的值的积，可表示为

$$f(t) = f_1(t) \times f_2(t) \tag{1.8}$$

图 1.5 给出了连续时间信号相乘的信号波形。

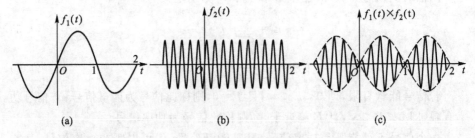

图 1.5   信号的相乘

三、信号的微分

对连续时间信号而言,信号的微分运算定义为

$$f'(t) = \frac{\mathrm{d}}{\mathrm{d}t} f(t) \tag{1.9}$$

如图 1.6 所示。

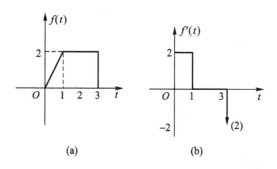

(a)　　　　　(b)

图 1.6　信号的微分

可见信号经微分运算后突出显示了信号变化的部分,即表示了信号的变化速率。当 $f(t)$ 中含有间断点时,$f(t)$ 在这些点上仍有导数,即出现冲激,其冲激强度为该处的跳变量。

四、信号的积分

对连续时间信号而言,信号的积分定义为

$$f^{(-1)}(t) = \int_{-\infty}^{t} f(\tau) \mathrm{d}\tau \tag{1.10}$$

如图 1.7 所示。可见信号经积分运算后,其突变部分可变得平滑。

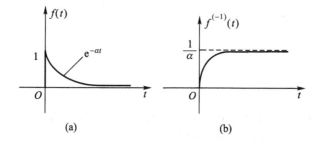

(a)　　　　　(b)

图 1.7　信号的积分

五、信号的反褶

信号的反褶表示为将信号 $f(t)$ 的自变量 t 换成 $-t$；其信号 $f(-t)$ 的波形由原 $f(t)$ 的波形以纵轴为对称轴反褶得到。如图 1.8 所示。

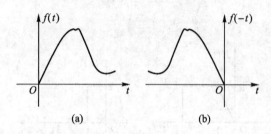

图 1.8　信号的反褶

六、信号的时移

连续时间信号 $f(t)$ 的时移 $y(t)$ 定义为

$$y(t) = f(t - t_0) \tag{1.11}$$

式中 t_0 是时移量。如果 $t_0 > 0$，$f(t-t_0)$ 的波形由 $f(t)$ 沿时间轴向右平移 t_0 得到；如果 $t_0 < 0$，$f(t-t_0)$ 的波形则由 $f(t)$ 向左平移 $|t_0|$ 得到。如图 1.9 所示，信号经过时移变换后，在波形上完全相同，仅在时间轴上有一个水平移动。

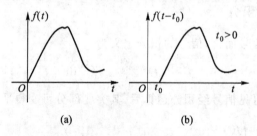

图 1.9　信号的时移

七、信号的尺度变换

信号的尺度变换表示将信号 $f(t)$ 的自变量 t 换成 $at(a \neq 0)$，得到的 $f(at)$ 的波形是 $f(t)$ 波形在 t 轴上的扩展或压缩。

若 $|a| > 1$，波形在 t 轴上压缩；$|a| < 1$，波形在 t 轴上扩展。如图 1.10 所示。若 $f(t)$ 表示正常语速信号，则 $f(2t)$ 相当于是 2 倍语速的信号，$f\left(\dfrac{1}{2}t\right)$ 相当

于降低一半语速的信号。

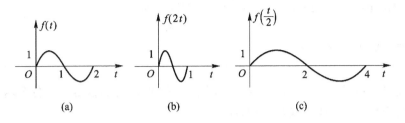

图 1.10 信号的尺度变换

1.3 系统的描述与分类

一、系统的描述

广义地讲,系统是指由一些相互联系制约的部分或事物组成并且具有一定功能的整体。从数学角度来说,系统可定义为实现某种功能的运算。设符号 T 表示系统的运算,将输入信号(又称激励)$e(t)$ 作用于系统,得到输出信号(又称响应)$r(t)$,表示为

$$r(t) = T[e(t)] \tag{1.12}$$

用框图表示为

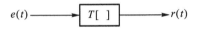

图 1.11 表示系统的方框图

为叙述方便,输入与输出(或激励与响应)的关系也常用符号"$e(t) \rightarrow r(t)$"表示。

二、系统的分类

与连续时间信号和离散时间信号类似,系统可分为连续时间系统和离散时间系统。输入和输出信号均为连续时间信号的系统称为连续时间系统;输入和输出信号均为离散时间信号的系统称为离散时间系统。有两者混合组成的系统称为混合系统。不同的系统具有不同的特性,按照系统的特性又可将系统作如下分类:

1. 线性系统与非线性系统

　　线性系统是指满足齐次性和叠加性的系统。所谓齐次性是指系统输入改变 k 倍,输出也相应改变 k 倍,这里 k 为任意常数。即

$$T[ke(t)]=kT[e(t)] \tag{1.13}$$

或用符号描述为:若 $e(t)\rightarrow r(t)$,则

$$ke(t)\rightarrow kr(t) \tag{1.14}$$

　　叠加性是指若有 n 个输入同时作用于系统时,系统的输出等于各个输入单独作用于系统所产生的输出之和,即

$$T[e_1(t)+e_2(t)]=T[e_1(t)]+T[e_2(t)] \tag{1.15}$$

或用符号描述为:若 $e_1(t)\rightarrow r_1(t)$,$e_2(t)\rightarrow r_2(t)$,则

$$e_1(t)+e_2(t)\rightarrow r_1(t)+r_2(t) \tag{1.16}$$

因此,线性系统可以表示为

$$T[k_1e_1(t)+k_2e_2(t)]=k_1T[e_1(t)]+k_2T[e_2(t)] \tag{1.17}$$

或用符号描述为:若 $e_1(t)\rightarrow r_1(t)$,$e_2(t)\rightarrow r_2(t)$,则

$$k_1e_1(t)+k_2e_2(t)\rightarrow k_1r_1(t)+k_2r_2(t) \tag{1.18}$$

　　2. 时不变系统与时变系统

　　若构成系统的元件参数不随时间而变化,则称此系统为时不变系统,也称非时变系统;若构成系统的元件参数随时间改变,则称其为时变系统。

　　对时不变系统而言,若在输入 $e(t)$ 作用下的响应为 $r(t)$,则输入延迟一时间 τ 后,即 $e(t-\tau)$ 作用于该系统时的响应也相应地延时 τ,但形状不变,如图1.12所示,即若 $r(t)=T[e(t)]$,则

$$r(t-\tau)=T[e(t-\tau)] \tag{1.19}$$

用符号表示为:若 $e(t)\rightarrow r(t)$,则

$$e(t-\tau)\rightarrow r(t-\tau) \tag{1.20}$$

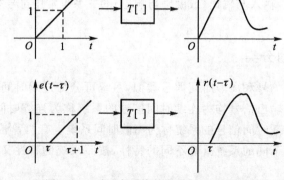

图 1.12　时不变系统的激励与响应波形

系统的线性和时不变是两个互不相关的概念,常用的线性时不变系统的特性可表示为:若 $r_1(t) = T[e_1(t)]$ 和 $r_2(t) = T[e_2(t)]$,则

$$k_1 r_1(t-\tau_1) + k_2 r_2(t-\tau_2) = T[k_1 e_1(t-\tau_1) + k_2 e_2(t-\tau_2)] \tag{1.21}$$

或用符号表示为:若 $e_1(t) \rightarrow r_1(t)$ 和 $e_2(t) \rightarrow r_2(t)$,则

$$k_1 e_1(t-\tau_1) + k_2 e_2(t-\tau_2) \rightarrow k_1 r_1(t-\tau_1) + k_2 r_2(t-\tau_2) \tag{1.22}$$

3. 因果系统与非因果系统

因果系统是指系统在 t_0 时刻的响应只取决于 $t=t_0$ 和 $t<t_0$ 时的输入,而与 $t>t_0$ 时的输入无关,否则即为非因果系统。

一般而言,任何物理可实现系统都具有因果性;而理想系统,例如各类理想滤波器,往往具有非因果性。

在信号与系统分析中,常取 $t=0$ 作为初始观察时刻,故常常把从 $t=0$ 时刻开始的信号称为因果信号,即信号只定义在 $t \geqslant 0$ 区间上。

4. 稳定系统与不稳定系统

如果系统对任意有界输入都只产生有界输出,则称该系统为有界输入有界输出意义下的稳定系统,否则为不稳定的系统。

稳定系统可描述为:若 $|e(t)| \leqslant M_e < \infty$,则

$$|r(t)| \leqslant M_r < \infty \tag{1.23}$$

系统除可按上述特性分类外,还可以按照系统内是否含有记忆元件,分为即时系统和动态系统。凡是包含有记忆作用的元件或电路(如电容、电感、寄存器等)的系统,即是动态系统;其系统输出不仅取决于当前输入,而且与其过去工作状态有关。而即时系统(或无记忆系统)的输出只取决于当前的输入,与它过去的工作状态无关,如只由电阻元件组成的系统就是即时系统。

另外,系统也可以按照系统参数是集总的或分布的分为集总参数系统和分布参数系统。只由集总参数元件组成的系统为集总参数系统;含有分布参数元件的系统为分布参数系统(如传输线等)。

本书主要研究集总参数线性时不变的连续时间或离散时间系统。

1.4 系统分析方法

系统分析通常指在给定系统结构和参数的情况下,研究输入和输出之间的关系以及分析系统的相关特性。

研究系统分析的方法可分为输入—输出法和状态变量法两类。

为了进行系统分析,首先需要把系统的工作状态表示成数学形式,即建立系统的数学模型;然后再运用数学方法进行处理,如求出系统在一定输入条件下的响应。需要的话,还应给予响应的物理解释。

若按数学模型的求解方式,又可将系统分析方法分为时域法和变换域法两大类:

时域法直接利用信号和系统的时域模型,研究系统的时域特性,对于输入—输出法,可利用经典法求解常系数线性微分方程或差分方程;对于状态变量法,可求解响应的矩阵方程。在系统时域分析法中,利用卷积求解的方法尤为重要。

变换域法是将信号和系统模型变换成相应的变换域函数,例如通过傅里叶变换、拉普拉斯变换或 z 变换,在频域、复频域或 z 域求解。变换域法可以将时域的微分运算转化为变换域的代数运算;将卷积运算转化为乘法,从而简化其求解。变换域法在系统分析中占有重要的地位。

在系统分析中,线性时不变系统的分析具有十分重要的意义。本书将按照先连续后离散,先时域后变换域,先输入—输出法后状态变量法的论述顺序,研究线性时不变系统的基本分析方法。相应地也对一些常用的典型信号的时间特性和频率特性进行分析论述。

1.5 综合举例

例 1.1 下列信号是否为周期信号? 若是,周期为多少?

(1) $f(t) = \cos\left(\dfrac{2}{3}t\right) + \sin\left(\dfrac{1}{2}t\right)$,(2) $f(t) = \sin t \sin(2t)$

解: 如果两个周期信号的周期具有公倍数,则它们的和信号仍然是一个周期信号,其周期为这两个信号周期的最小公倍数。

(1) 信号 $\cos\left(\dfrac{2}{3}t\right)$ 为周期信号,周期 $T_1 = \dfrac{2\pi}{\omega_1} = 3\pi$

信号 $\sin\left(\dfrac{t}{2}\right)$ 也为周期信号,周期 $T_2 = \dfrac{2\pi}{\omega_2} = 4\pi$

T_1 和 T_2 的最小公倍数为 12π,所以 $f(t)$ 是周期为 12π 的周期信号。

(2) $f(t) = \sin t \sin(2t) = \dfrac{1}{2}\cos t + \dfrac{1}{2}\cos(3t)$

$\dfrac{1}{2}\cos t$ 的周期为 $T_1 = \dfrac{2\pi}{1} = 2\pi$,$\dfrac{1}{2}\cos(3t)$ 的周期为 $T_2 = \dfrac{2\pi}{3}$,而 T_1 和 T_2 具有公倍数 2π,故 $f(t)$ 仍为周期信号,周期为 2π。

例 1.2 绘出时间函数 $f(t) = \dfrac{\mathrm{d}}{\mathrm{d}t}[\mathrm{e}^{-t}\sin t\varepsilon(t)]$ 的波形图。

解: 因为

$$\frac{\mathrm{d}}{\mathrm{d}t}[\mathrm{e}^{-t}\sin t\varepsilon(t)] = -\mathrm{e}^{-t}\sin t\varepsilon(t) + \mathrm{e}^{-t}\cos t\varepsilon(t) + \mathrm{e}^{-t}\sin t\delta(t)$$

$$= -\mathrm{e}^{-t}\sin t\varepsilon(t) + \mathrm{e}^{-t}\cos t\varepsilon(t)$$

$$= \sqrt{2}\cos \mathrm{e}^{-t}\left(t+\frac{\pi}{4}\right)\varepsilon(t)$$

所以该信号是衰减正弦波。其波形图如图 1.13 所示。

例 1.3 判断系统 $y(t)=x(t)\cos(\omega t)$ 是否线性、时不变、因果和稳定系统,并说明理由。

解: 为了便于讨论,将激励与响应的关系记为

$$y(t) = T[x(t)]$$

式中,$T[\ ]$ 可看作一种算子,不同的系统对应不同的具体化的算子。

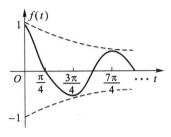

图 1.13 例 1.2 图

(1) $T[k_1 x_1(t)+k_2 x_2(t)] = [k_1 x_1(t)+k_2 x_2(t)]\cos(\omega t)$

$$= k_1 x_1(t)\cos(\omega t)+k_2 x_2(t)\cos(\omega t) \qquad ①$$

$$k_1 y_1(t)+k_2 y_2(t) = k_1 x_1(t)\cos(\omega t)+k_2 x_2(t)\cos(\omega t) \qquad ②$$

易知①=②,且同时满足齐次性与叠加性,所以系统为线性系统。

(2) $T[x(t-t_0)] = x(t-t_0)\cos(\omega t) \qquad ①$

$$y(t-t_0) = x(t-t_0)\cos[\omega(t-t_0)] \qquad ②$$

易知①≠②,不满足系统时不变性质,所以系统为时变系统。

(3) 因为输出不取决于输入未来时刻的值,所以系统为因果系统。

(4) 若 $|x(t)| \leqslant M$,则 $|x(t)\cos(\omega t)| < \infty$,所以系统为稳定系统。

例 1.4 一线性时不变系统,在相同的初始条件下,若当激励为 $f(t)$ 时,其全响应为 $y_1(t)=[2\mathrm{e}^{-3t}+\sin(2t)]\varepsilon(t)$;若激励为 $2f(t)$ 时,全响应为 $y_2(t)=[\mathrm{e}^{-3t}+2\sin(2t)]\varepsilon(t)$。若初始条件增大一倍,求当激励为 $0.5f(t-t_0)$ 时的全响应 $y(t)$,t_0 为大于零的实常数。

解: 设零输入响应为 $y_{zi}(t)$,零状态响应为 $y_{zs}(t)$,由题意得

$$\begin{cases} y_{zi}(t)+y_{zs}(t) = [2\mathrm{e}^{-3t}+\sin(2t)]\varepsilon(t) \\ y_{zi}(t)+2y_{zs}(t) = [\mathrm{e}^{-3t}+2\sin(2t)]\varepsilon(t) \end{cases}$$

解方程得

$$\begin{cases} y_{zi}(t) = 3\mathrm{e}^{-3t}\varepsilon(t) \\ y_{zs}(t) = [\sin(2t)-\mathrm{e}^{-3t}]\varepsilon(t) \end{cases}$$

则

$$y(t) = 2y_{zi}(t)+0.5y_{zs}(t-t_0)$$

$$= 6\mathrm{e}^{-3t}\varepsilon(t)+0.5\{\sin[2(t-t_0)]-\mathrm{e}^{-3(t-t_0)}\}\varepsilon(t-t_0)$$

1.6　信号与系统的基本概念的 MATLAB 实现

在 MATLAB 中通常用两种方法来表示信号，一种是用向量来表示信号，另一种则是用符号运算的方法来表示信号。

一、向量表示法

MATLAB 的信号处理工具箱有大量的函数可用于产生信号，这些函数中大部分都要求用矢量来表示时间 t 或 k。例如，要产生一个在 $0\sim1$ s 的时间区间内以 $T_s=5$ ms 为抽样间隔的时间值矢量 t，使用命令

　　　　t＝0:0.005:1;

这个矢量包含每秒 200 个时间抽样点，或者说抽样频率为 200 Hz。要产生离散时间信号的时间值矢量 k，例如，从 k＝0 到 k＝1000，使用命令

　　　　k＝0:1000;

给定了 t 或 k，就可以开始产生需要的信号。

在 MATLAB 中，可以精确地表示离散时间信号，因为信号的值对应于矢量的各元素。但是，MATLAB 对连续时间信号只能提供近似表示，由各元素分别代表连续时间信号抽样值的一个矢量来近似。当使用这种近似时，应该选择足够小的抽样间隔 T_s，以保证那些样本值能反映信号的全部细节。

例 1.5　已知函数 $f(t)=\mathrm{e}^{-0.1t}\sin\left(\dfrac{2}{3}t\right)$，用 MATLAB 软件绘制其时域波形。

解：　例如，t 的范围是在 0 到 30 s，并以 0.1 s 递增，用如下命令可得到 $f(t)$

　　　　t＝0:0.1:30;

　　　　f＝exp(−.1 * t).* sin(2/3 * t);

　　　　plot(t,f);

　　　　grid

　　　　ylabel(' f(t)')

　　　　xlabel(' Time(sec)')

　　　　axis([0 30 −1 1]);

在这段程序中，绘制 f 的曲线时，时间坐标值作为元素保存在矢量中。表达式 exp(−.1 * t) 和 sin(2/3 * t) 分别产生一个矢量，各矢量中的元素等于对应不同时间点处表达式的值。由这两个表达式生成的两个矢量的对应元素相乘得到矢量 f，然后用 plot 命令绘出该信号的时域波形。plot 命令可以将点与点间用直线连接，当点与点间的距离很小时，绘出的图形就成了光滑的曲线，如图

1.14所示。

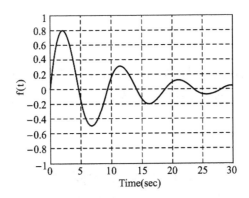

图 1.14　例 1.5 图

二、符号运算表示法

如前说述,MATLAB 可以有两种方法来表示连续时间信号。用这两种方法均可实现连续信号的时域运算和变换,但用符号运算的方法则较为简便。下面分别介绍各种运算、变换的符号运算的 MATLAB 实现方法。

  1. 相加

    s＝symadd(f1,f2)或 s＝f1＋f2

    ezplot(s)

上面是用 MATLAB 的符号运算命令来表示两连续信号的相加,然后用 ezplot 命令绘制出其结果波形图。其中 f1,f2 是两个用符号表达式表示的连续信号,s 为相加得到的和信号的符号表达式。

  2. 相乘

    w＝symmul(f1,f2)或 w＝f1 * f2

    ezplot(w)

上面是用 MATLAB 的符号运算命令来表示两连续信号的相乘,然后用 ezplot 命令绘制出其结果波形图。其中 f1,f2 是两个用符号表达式表示的连续信号,w 为相乘得到的积信号表达式。

  3. 时移

    y＝subs(f,t,t－t0);

    ezplot(y)

上面的命令是实现连续时间信号的平移及其结果的可视化,其中 f 是用符号表达式表示的连续时间信号,t 是符号变量,subs 命令则将连续时间信号中的时间变量 t 用 t－t0 替换。

4. 反褶

y＝subs(f,t,－t);

ezplot(y)

上面的命令是实现连续时间信号的反褶及其结果的可视化,其中 f 是用符号表达式表示的连续时间信号,t 是符号变量。

5. 尺度变换

y＝subs(f,t,a＊t);

ezplot(y)

上面的命令是实现连续时间信号的尺度变换及其结果的可视化,其中 f 是用符号表达式表示的连续时间信号,t 是符号变量。

例 1.6 设 $f(t)=\left(1+\dfrac{t}{2}\right)\times[\varepsilon(t+2)-\varepsilon(t-2)]$,用 MATLAB 来求 $f(t+2),f(t-2),f(-t),f(2t)$,并绘出其时域波形。

解: 程序如下:

```
syms t
f＝sym('(t/2+1)*(heaviside(t+2)－heaviside(t-2))')
subplot(2,3,1),ezplot(f,[-3,3])
title(' f(t)')
y1＝subs(f,t,t+2)
subplot(2,3,2),ezplot(y1,[-5,1])
title(' f(t+2)')
y2＝subs(f,t,t-2)
subplot(2,3,3),ezplot(y2,[-1,5])
title(' f(t-2)')
y3＝subs(f,t,-t)
subplot(2,3,4),ezplot(y3,[-3,3])
title(' f(-t)')
y4＝subs(f,t,2*t)
subplot(2,3,5),ezplot(y4,[-2,2])
title(' f(2t)')
```

命令执行后得到 f,y1,y2,y3,y4 的符号表达式如下:

f＝

(t/2+1)*(heaviside(t+2)－heaviside(t-2))

y1＝

$(1/2*t+2)*(\mathrm{heaviside}(t+4)-\mathrm{heaviside}(t))$

$y2=$

$1/2*t*(\mathrm{heaviside}(t)-\mathrm{heaviside}(t-4))$

$y3=$

$(-1/2*t+1)*(\mathrm{heaviside}(-t+2)-\mathrm{heaviside}(-t-2))$

$y4=$

$(t+1)*(\mathrm{heaviside}(2*t+2)-\mathrm{heaviside}(2*t-2))$

信号的时域变换波形如图 1.15 所示。

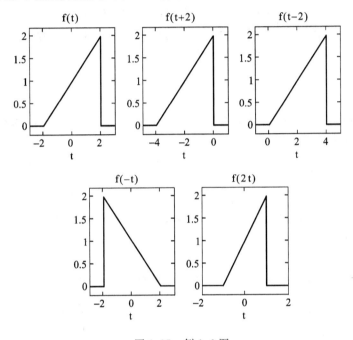

图 1.15　例 1.6 图

习　　题

1.1　分别判断题图 1.1 所示各波形是连续时间信号还是离散时间信号。若是连续时间信号是否为模拟信号？若是离散时间信号是否为数字信号？

1.2　判定下列信号是否为周期信号。若是周期信号,则确定信号周期 T。

(1) $f(t)=A\sin t+B\sin(5t)$;

(2) $f(t)=A\sin(5t)+B\cos(\pi t)$;

(3) $f(t)=\mathrm{e}^{\mathrm{j}\pi t}$;

(4) $f(t)=\mathrm{e}^{-t}\sin(\pi t)$。

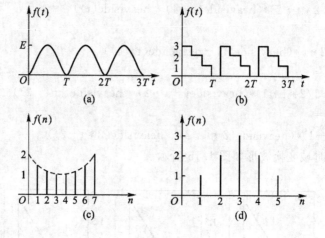

题图 1.1

1.3　下列信号中哪些是能量信号？它们的能量各为多少？哪些是功率信号？它们的平均功率各为多少？

(1) $f(t) = \varepsilon(t)$；

(2) $f(t) = 5\cos(10\pi t)\varepsilon(t)$；

(3) $f(t) = \begin{cases} 5\cos(\pi t) & -1 \leqslant t \leqslant 1 \\ 0 & \text{其他} \end{cases}$；

(4) $f(t) = (2e^{-t} - 6e^{-2t})\varepsilon(t)$。

1.4　已知信号 $f(t)$ 的波形如题图 1.2 所示，试画出下列各信号的波形。

(1) $f(3t)$；

(2) $f(t-3)\varepsilon(t-3)$；

(3) $f(3-t)$；

(4) $f'(t)$。

1.5　$f(t)$ 的波形如题图 1.3 所示，画出 $f(-2-t)\varepsilon(-t)$ 的波形。

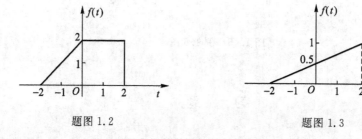

题图 1.2　　　　　　　　　　　　　　　　　题图 1.3

1.6　判断下列系统是否为线性、时不变、因果、稳定系统。

(1) $\dfrac{\mathrm{d}}{\mathrm{d}t}r(t) + r(t) = \dfrac{\mathrm{d}}{\mathrm{d}t}e(t) + 5e(t)$；

(2) $r(t) = te(t)$；

(3) $r(t) = 3e(2t)$；

(4) $r(t) = e^{e(t)}$。

1.7　一线性时不变系统具有非零的初始状态，已知当激励为 $e(t)$ 时全响应为 $r_1(t) = e^{-t} + 2\cos(\pi t)$，$t>0$；若在初始状态不变，激励为 $2e(t)$ 时系统的全响应为 $r_2(t) = 3\cos(\pi t)$，

$t>0$。在初始状态扩大一倍的条件下，如激励为 $3e(t)$ 时，求系统的全响应 $r_3(t)$。

1.8　证明线性时不变系统有如下特性：即若系统在激励 $e(t)$ 作用下响应为 $r(t)$，则当激励为 $\dfrac{\mathrm{d}e(t)}{\mathrm{d}t}$ 时响应必为 $\dfrac{\mathrm{d}r(t)}{\mathrm{d}t}$。

提示：$\dfrac{\mathrm{d}f(t)}{\mathrm{d}t}=\lim\limits_{\Delta t\to 0}\dfrac{f(t)-f(t-\Delta t)}{\Delta t}$

1.9　有一线性时不变系统，当激励 $e_1(t)=\varepsilon(t)$ 时，响应 $r_1(t)=2\mathrm{e}^{-at}\varepsilon(t)$，试求当激励 $e_2(t)=\delta(t)$ 时，响应 $r_2(t)$ 的表达式。（假定起始时刻系统无储能。）

1.10　试用 MATLAB 绘出题 1.4 中各信号的时域波形。

第二章

连续时间信号与系统的时域分析

连续时间信号与系统的时域分析是指直接在连续时间变量域内对信号和系统进行分析。时域分析法具有直观和物理概念清晰等优点,特别是随着计算机的普及和各种算法的优化改进,时域分析法得到越来越广泛的应用。

本章首先介绍几种常用典型连续时间信号,然后在分析连续时间系统时域模型、连续信号的时域分析以及卷积运算的基础上,重点论述系统的零输入响应和零状态响应问题。

2.1 常用典型信号

一、实指数信号

实指数信号如图 2.1 所示,其函数表示式为:

$$f(t)=Ae^{\alpha t} \tag{2.1}$$

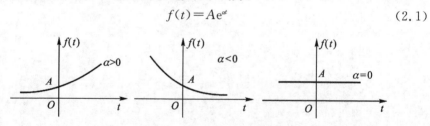

图 2.1 实指数信号的波形

式中,A 为常数,α 为实数。$\alpha>0$ 时,$f(t)$ 为随时间增长的指数函数;$\alpha<0$ 时,$f(t)$ 为随时间衰减的指数函数;$\alpha=0$ 时,$f(t)$ 等于常数 A。

二、复指数信号

复指数信号是指自变量为复数的指数信号,其函数表示式为

$$f(t)=Ae^{(\alpha+j\omega_0)t} \tag{2.2}$$

式中,A 为常数,α,ω_0 为实数。由欧拉公式,可得

$$f(t) = Ae^{\alpha t}[\cos(\omega_0 t) + j\sin(\omega_0 t)] \tag{2.3}$$

可见,复指数信号 $f(t)$ 的实部和虚部都是振幅按指数变化的正弦振荡,如图2.2 所示。

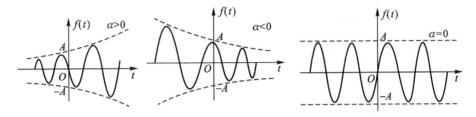

图 2.2　复指数信号实部和虚部的波形

根据 α, ω_0 的不同取值,复指数信号可表示为下列几种特殊信号:

1. 当 $\alpha = \omega_0 = 0$ 时, $f(t) = A$ 为直流信号;

2. 当 $\omega_0 = 0$ 而 $\alpha \neq 0$ 时, $f(t) = e^{\alpha t}$ 为实指数信号;

3. 当 $\alpha = 0$ 而 $\omega \neq 0$ 时, $f(t) = e^{j\omega_0 t}$ 称为正弦指数信号,不难证明 $e^{j\omega_0 t}$ 是周期为 $T = \dfrac{2\pi}{\omega_0}$ 的周期信号。

三、抽样信号 Sa(t)

抽样信号 Sa(t)定义为

$$f(t) = \text{Sa}(t) = \frac{\sin t}{t} \tag{2.4}$$

其波形如图 2.3 所示。

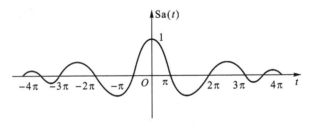

图 2.3　抽样信号

可以看出,Sa(t)为偶函数;当 $t \to \pm\infty$ 时,Sa(t)的振幅衰减趋近于 0; $f(\pm k\pi) = 0$,(k 为整数);不难证明 Sa(t)信号满足

$$\int_0^\infty \mathrm{Sa}(t)\mathrm{d}t = \frac{\pi}{2} \tag{2.5}$$

$$\int_{-\infty}^{+\infty} \mathrm{Sa}(t)\mathrm{d}t = \pi \tag{2.6}$$

四、单位阶跃信号 $\varepsilon(t)$

单位阶跃信号 $\varepsilon(t)$ 定义为

$$\varepsilon(t) = \begin{cases} 1 & t > 0 \\ 0 & t < 0 \end{cases} \tag{2.7}$$

其波形如图 2.4 所示。

一般单边信号可表示为 $f(t)\varepsilon(t)$，即当 $t<0$ 时，$f(t)=0$；当 $t>0$ 时，$f(t)\neq 0$，也称这类信号为因果信号。

另外，还可以用单位阶跃信号来表示一些特殊信号，如矩形脉冲信号 $G_\tau(t)$，波形如图 2.5 所示，可表示为

$$G_\tau(t) = \varepsilon\left(t + \frac{\tau}{2}\right) - \varepsilon\left(t - \frac{\tau}{2}\right) \tag{2.8}$$

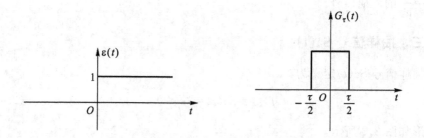

图 2.4　单位阶跃信号　　　　　图 2.5　矩形脉冲信号

又如符号函数 $\mathrm{sgn}(t)$，也可用 $\varepsilon(t)$ 表示

$$\mathrm{sgn}(t) = 2\varepsilon(t) - 1 \tag{2.9}$$

其波形如图 2.6 所示。

再有，单位斜变函数 $R(t)$ 也可用 $\varepsilon(t)$ 的积分表示

$$R(t) = \int_{-\infty}^t \varepsilon(\tau)\mathrm{d}\tau = \begin{cases} t & t > 0 \\ 0 & t < 0 \end{cases} \tag{2.10}$$

其波形如图 2.7 所示。

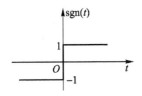 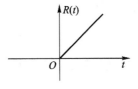

图 2.6　符号函数　　　　　　图 2.7　单位斜变函数

五、单位冲激信号 $\delta(t)$

单位冲激信号 $\delta(t)$ 一般定义为

$$\begin{cases} \displaystyle\int_{-\infty}^{\infty} \delta(t)\mathrm{d}t = 1 \\ \delta(t) = 0 \quad (t \neq 0) \end{cases} \tag{2.11}$$

其波形用箭头表示,如图 2.8 所示。

单位冲激信号 $\delta(t)$ 是对一个在极短时间内取极大函数值的物理现象描述的数学模型,还可以用式(2.8)来定义

$$\delta(t) = \lim_{\tau \to 0} \frac{1}{\tau}\left[\varepsilon\left(t + \frac{\tau}{2}\right) - \varepsilon\left(t - \frac{\tau}{2}\right)\right] \tag{2.12}$$

单位冲激信号也称为 δ 函数。在任一时刻 t_0 处出现的冲激用 $\delta(t-t_0)$ 表示,即:

$$\int_{-\infty}^{\infty} \delta(t - t_0)\mathrm{d}t = 1 \tag{2.13}$$

$$\delta(t - t_0) = 0 \quad (t \neq t_0)$$

其波形如图 2.9 所示。

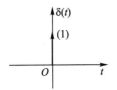 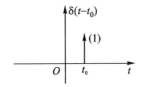

图 2.8　单位冲激信号　　　图 2.9　t_0 时刻的冲激 $\delta(t-t_0)$

单位冲激信号具有如下特性:

1. 抽样(或筛选)特性

若 $f(t)$ 是在 $t=0$ 处连续的有界函数,则

$$\int_{-\infty}^{\infty} f(t)\delta(t)\mathrm{d}t = \int_{-\infty}^{\infty} \delta(t)f(0)\mathrm{d}t = f(0)\int_{-\infty}^{\infty} \delta(t)\mathrm{d}t = f(0) \tag{2.14}$$

上式表明单位冲激信号是具有抽样(或筛选)特性,同理可得到 $t=t_0$ 时刻

的抽样值 $f(t_0)$，即

$$\int_{-\infty}^{\infty} f(t)\delta(t-t_0)\mathrm{d}t = \int_{-\infty}^{\infty} \delta(t-t_0)f(t_0)\mathrm{d}t = f(t_0) \tag{2.15}$$

2. 单位冲激函数 $\delta(t)$ 为偶函数

因为

$$\int_{-\infty}^{\infty} f(t)\delta(-t)\mathrm{d}t = \int_{-\infty}^{\infty} f(-\tau)\delta(\tau)\mathrm{d}(-\tau) = \int_{-\infty}^{\infty} f(0)\delta(\tau)\mathrm{d}\tau = f(0)$$

而

$$\int_{-\infty}^{\infty} f(t)\delta(t)\mathrm{d}t = f(0)$$

故 $\delta(t)=\delta(-t)$，即单位冲激函数 $\delta(t)$ 为偶函数。

3. 单位冲激信号的尺度特性

单位冲激信号的尺度特性定义为

$$\delta(at) = \frac{1}{|a|}\delta(t) \tag{2.16}$$

证明：

设 $a>0$，并令 $at=\tau$，有

$$\int_{-\infty}^{\infty} \delta(at)f(t)\mathrm{d}t = \int_{-\infty}^{\infty} f\left(\frac{\tau}{a}\right)\delta(\tau)\mathrm{d}\left(\frac{\tau}{a}\right) = \frac{1}{a}\int_{-\infty}^{\infty} f\left(\frac{\tau}{a}\right)\delta(\tau)\mathrm{d}\tau = \frac{1}{a}f(0)$$

又设 $a<0$，并令 $-|a|t=\tau$，同样有

$$\int_{-\infty}^{\infty} \delta(at)f(t)\mathrm{d}t = \int_{-\infty}^{\infty} \delta(-|a|t)f(t)\mathrm{d}t$$

$$= \frac{1}{-|a|}\int_{\infty}^{-\infty} \delta(\tau)f\left(-\frac{\tau}{|a|}\right)\mathrm{d}\tau$$

$$= \frac{1}{|a|}\int_{-\infty}^{\infty} \delta(\tau)f\left(-\frac{\tau}{|a|}\right)\mathrm{d}\tau = \frac{1}{|a|}f(0)$$

而

$$\int_{-\infty}^{\infty} \frac{1}{|a|}\delta(t)f(t)\mathrm{d}t = \frac{1}{|a|}\int_{-\infty}^{\infty} \delta(t)f(t)\mathrm{d}t = \frac{1}{|a|}f(0)$$

故

$$\delta(at) = \frac{1}{|a|}\delta(t)$$

4. 单位冲激信号的积分为单位阶跃信号

由单位冲激信号的定义式可知

$$\int_{-\infty}^{t} \delta(\tau)\mathrm{d}\tau = \begin{cases} 0 & t<0 \\ 1 & t>0 \end{cases}$$

将此式与 $\varepsilon(t)$ 的定义式比较可知

$$\int_{-\infty}^{t} \delta(\tau)\mathrm{d}\tau = \varepsilon(t) \tag{2.17}$$

反之,单位阶跃信号的微分应等于单位冲激信号,即

$$\frac{\mathrm{d}}{\mathrm{d}t}\varepsilon(t)=\delta(t) \tag{2.18}$$

六、单位冲激偶信号

单位冲激信号的微分,将出现正、负极性的一对冲激,称为单位冲激偶函数,用 $\delta'(t)$ 表示,如图 2.10 所示。

单位冲激偶信号是这样一种信号:当 t 从负值趋近于零时,它是一个强度为无穷大的正冲激,当 t 从正值趋近于零时,它是一个强度为无穷大的负冲激。

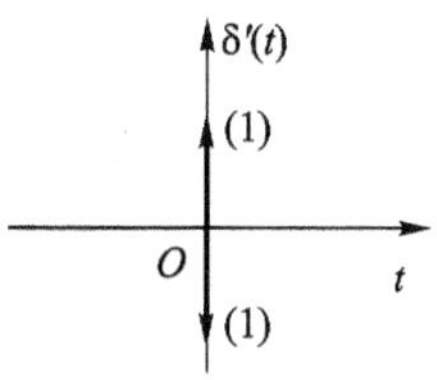

单位冲激偶信号有如下性质:

1. $\delta'(t)$ 是奇函数。

即有

$$\delta'(t)=-\delta'(-t) \tag{2.19}$$

$$\int_{-\infty}^{\infty}\delta'(t)\mathrm{d}t=0 \tag{2.20}$$

图 2.10 单位冲激偶信号

2. $\displaystyle\int_{-\infty}^{\infty}\delta'(t)f(t)\mathrm{d}t=-f'(0)$ 〔$f'(0)$ 为 $f(t)$ 导数在零点的取值〕 (2.21)

3. $f(t)\delta'(t)=f(0)\delta'(t)-f'(0)\delta(t)$ (2.22)

2.2 连续时间信号的分解

信号分析最重要的方法之一是将一个复杂信号分解为一系列单元信号。信号可以从不同角度分解,本节主要讨论信号的脉冲分解方法,即将信号在时域中用若干个奇异函数之和来表示。所谓奇异函数是指这些函数或其各阶导数都有一个或多个间断点的函数,如 $\delta(t)$ 和 $\varepsilon(t)$ 等。

一、有规律信号的脉冲分解

一般规则信号可以分解为若干奇异函数的组合。

例 2.1 对如图 2.11 所示的单矩形脉冲信号 $f(t)$ 进行脉冲分解。

解: 此单矩形脉冲信号可以分解为两个幅度相同,但阶跃时间相差 τ 的正负两个阶跃函数之和

$$f(t)=A\varepsilon(t)-A\varepsilon(t-\tau) \tag{2.23}$$

如图 2.12 所示。

例 2.2 对如图 2.13 所示的有始周期锯形脉冲信号 $f(t)$ 进行脉冲分解。

解: 将 $f(t)$ 分解为无数个不同时移的单个锯齿

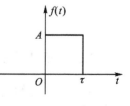

图 2.11 单矩形脉冲信号

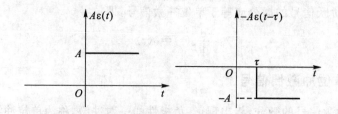

图 2.12 单矩形脉冲的分解

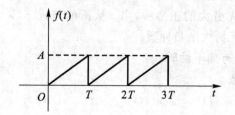

图 2.13 有始周期锯形脉冲信号

波信号的叠加,每个锯齿波信号可以用一个斜变函数和一系列不同时移的负的阶跃函数之和来表示。

$$f(t) = \frac{A}{T}R(t) - A\varepsilon(t-T) - A\varepsilon(t-2T) - \cdots = \frac{A}{T}R(t) - A\sum_{n=1}^{\infty}\varepsilon(t-nT)$$

$$(2.24)$$

如图 2.14 所示。

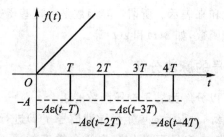

图 2.14 有始周期锯形脉冲信号的分解

二、任意信号的脉冲分解

对于一个任意信号就不能像上面有规律的信号那样简便地用奇异函数之和来表示了。但对如图 2.15 所示的光滑曲线所对应的有始函数,仍可以用一系列冲激信号或阶跃信号的叠加来近似表示它。

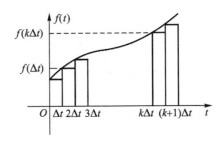

图 2.15 任意信号的脉冲分解

例 2.3 将图 2.15 所示的信号 $f(t)$ 分解为冲激信号之和。

解: 首先把信号 $f(t)$ 近似分解成宽为 Δt 的矩形窄脉冲之和,任意时刻 $k\Delta t$ 的矩形脉冲幅度为 $f(k\Delta t)$,这样各矩形窄脉冲可表示为

$$f_k(t) = f(k\Delta t)\{\varepsilon(t-k\Delta t)-\varepsilon[t-(k+1)\Delta t]\} \tag{2.25}$$

信号 $f(t)$ 可近似表示为

$$f(t) = f_0(t)+f_1(t)+\cdots+f_k(t)+\cdots \approx \sum_{k=0}^{n} f(k\Delta t)\{\varepsilon(t-k\Delta t)-\varepsilon[t-(k+1)\Delta t]\}$$

$$= \sum_{k=0}^{n} f(k\Delta t)\frac{\varepsilon(t-k\Delta t)-\varepsilon[t-(k+1)\Delta t]}{\Delta t} \cdot \Delta t$$

令 $\Delta t \to 0$ 并求极限,得

$$f(t) = \lim_{\Delta t \to 0} \sum_{k=0}^{n} f(k\Delta t)\frac{\varepsilon(t-k\Delta t)-\varepsilon[t-(k+1)\Delta t]}{\Delta t} \cdot \Delta t$$

再由冲激信号的定义,以及 $k\Delta t \to \tau$、$\Delta t \to \mathrm{d}\tau$ 时,$\displaystyle\sum_{k=0}^{n} \to \int_{0}^{t}$

$$f(t) = \lim_{\Delta t \to 0} \sum_{k=0}^{n} f(k\Delta t)\delta(t-k\Delta t)\Delta t = \int_{0}^{t} f(\tau)\delta(t-\tau)\mathrm{d}\tau \tag{2.26}$$

例 2.4 将图 2.15 所示的信号 $f(t)$ 分解为阶跃信号之和。

解: 先把信号 $f(t)$ 近似分解成一系列阶跃信号的叠加,如图 2.16 所示。 $t=0$ 时,对应起始阶跃函数为

$$f_0(t) = f(0)\varepsilon(t)$$

任意时刻 $k\Delta t$ 的阶跃函数为

$$f_k(t) = [f(k\Delta t)-f(k\Delta t-\Delta t)]\varepsilon(t-k\Delta t)$$

于是 $f(t)$ 可近似写为如图 2.16 所示的阶梯形函数 $f_a(t)$,则有

$$f(t) \approx f_a(t) = f_0(t)+f_1(t)+\cdots+f_k(t)+\cdots$$

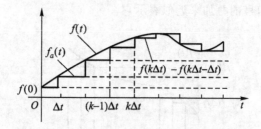

图 2.16   任意信号的阶跃函数分解

$$= f(0)\varepsilon(t) + \sum_{k=1}^{n} \left[f(k\Delta t) - f(k\Delta t - \Delta t) \right] \varepsilon(t - k\Delta t)$$

$$= f(0)\varepsilon(t) + \sum_{k=1}^{n} \frac{f(k\Delta t) - f(k\Delta t - \Delta t)}{\Delta t} \varepsilon(t - k\Delta t) \cdot \Delta t$$

同上例,取 $\Delta t \to 0$ 的极限,得

$$f(t) = f_a(t) = f(0)\varepsilon(t) + \int_0^t f'(\tau)\varepsilon(t - \tau)\mathrm{d}\tau \tag{2.27}$$

三、信号的其他分解

信号还有其他的一些分解方法,如常用的将信号分解成偶分量和奇分量两部分之和,偶分量定义为

$$f_e(t) = f_e(-t) \tag{2.28}$$

奇分量定义为

$$f_o(t) = -f_o(-t) \tag{2.29}$$

则任意信号 $f(t)$ 可写成

$$f(t) = \frac{1}{2}\left[f(t) + f(t) + f(-t) - f(-t) \right]$$

$$= \frac{1}{2}\left[f(t) + f(-t) \right] + \frac{1}{2}\left[f(t) - f(-t) \right]$$

上式第一部分是偶分量,第二部分为奇分量,即

$$f_e(t) = \frac{1}{2}\left[f(t) + f(-t) \right] \tag{2.30}$$

$$f_o(t) = \frac{1}{2}\left[f(t) - f(-t) \right] \tag{2.31}$$

2.3 连续时间系统的数学模型

进行系统的时域分析时,首先要建立系统的数学模型,即列出描述系统特性

的微分方程式。而建立系统微分方程的依据是基尔霍夫定律(KCL,KVL)和元件的约束特性(电压电流关系等)。

例 2.5 图 2.17 所示为 RCL 串联电路,试求串联电路的回路电流 $i(t)$ 与激励信号 $e(t)$ 的关系。

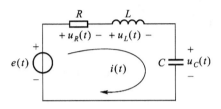

图 2.17 RCL 串联电路

解: 这是含 LC 两个独立动态元件的二阶系统。根据 KVL 定律,列写回路方程,得

$$u_R(t) + u_L(t) + u_C(t) = e(t) \tag{2.32}$$

根据元件的电压电流关系,有

$$
\begin{cases}
u_R(t) = Ri(t) \\
u_L(t) = L\dfrac{\mathrm{d}i(t)}{\mathrm{d}t} \\
u_C(t) = \dfrac{1}{C}\displaystyle\int_{-\infty}^{t} i(\tau)\mathrm{d}\tau
\end{cases}
\tag{2.33}
$$

将式(2.33)代入式(2.32),有

$$Ri(t) + L\frac{\mathrm{d}i(t)}{\mathrm{d}t} + \frac{1}{C}\int_{-\infty}^{t} i(\tau)\mathrm{d}\tau = e(t)$$

整理后,得

$$L\frac{\mathrm{d}^2 i(t)}{\mathrm{d}t^2} + R\frac{\mathrm{d}i(t)}{\mathrm{d}t} + \frac{1}{C}i(t) = \mathrm{d}\frac{e(t)}{\mathrm{d}t} \tag{2.34}$$

这是一个二阶微分方程,它对应于一个二阶系统。

例 2.6 图 2.18 为一个双网孔电路 $R_1 = R_2 = 1\ \Omega, L_1 = 1\ \mathrm{H}, L_2 = 2\ \mathrm{H}, C = 1\ \mathrm{F}$,求电感 L_2 上的电流 $i_2(t)$ 与激励信号 $e(t)$ 的关系。

解: 这是一个含有 3 个独立动态元件的三阶系统,根据 KVL 定律,列出两个网孔方程,得

$$
\begin{cases}
u_{R_1}(t) + u_{L_1}(t) + u_C(t) = e(t) \\
-u_C(t) + u_{L_2}(t) + u_{R_2}(t) = 0
\end{cases}
\tag{2.35}
$$

根据元件的电压电流关系,有

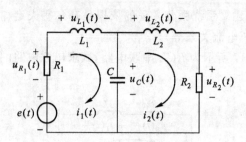

图 2.18　双网孔电路

$$\begin{cases} u_{R_1}(t) = R_1 i_1(t) \\[2mm] u_{L_1}(t) = L_1 \dfrac{\mathrm{d}i_1(t)}{\mathrm{d}t} \\[2mm] u_{L_2}(t) = L_2 \dfrac{\mathrm{d}i_2(t)}{\mathrm{d}t} \\[2mm] u_C(t) = \dfrac{1}{C}\int_{-\infty}^{t}[i_1(\tau)-i_2(\tau)]\mathrm{d}\tau \\[2mm] u_{R_2}(t) = R_2 i_2(t) \end{cases} \tag{2.36}$$

将式(2.36)分别代入式(2.35),有

$$\begin{cases} R_1 i_1(t) + L_1 \dfrac{\mathrm{d}i_1(t)}{\mathrm{d}t} + \dfrac{1}{C}\int_{-\infty}^{t}[i_1(\tau)-i_2(\tau)]\mathrm{d}\tau = e(t) \\[3mm] -\dfrac{1}{C}\left\{\int_{-\infty}^{t}[i_1(\tau)-i_2(\tau)]\mathrm{d}\tau\right\} + L_2 \dfrac{\mathrm{d}i_2(t)}{\mathrm{d}t} + R_2 i_2(t) = 0 \end{cases}$$

代入各元件值,并用消元法整理,得

$$\frac{\mathrm{d}^3 i_2(t)}{\mathrm{d}t^3} + \frac{3}{2}\frac{\mathrm{d}^2 i_2(t)}{\mathrm{d}t^2} + \frac{2\mathrm{d}i_2(t)}{\mathrm{d}t} + i_2(t) = \frac{1}{2}e(t) \tag{2.37}$$

这是一个三阶常系数线性微分方程,它对应于一个三阶线性时不变系统。

由此推广到一般,对于一个 n 阶系统,设激励信号为 $e(t)$,系统响应为 $r(t)$,可用一个 n 阶微分方程来表示

$$\frac{\mathrm{d}^n}{\mathrm{d}t^n}r(t) + a_{n-1}\frac{\mathrm{d}^{n-1}}{\mathrm{d}t^{n-1}}r(t) + \cdots + a_1\frac{\mathrm{d}}{\mathrm{d}t}r(t) + a_0 r(t)$$

$$= b_m\frac{\mathrm{d}^m}{\mathrm{d}t^m}e(t) + b_{m-1}\frac{\mathrm{d}^{m-1}}{\mathrm{d}t^{m-1}}e(t) + \cdots + b_1\frac{\mathrm{d}}{\mathrm{d}t}e(t) + b_0 e(t) \tag{2.38}$$

对于线性时不变系统,其组成系统的元件都是具有恒定参数值的线性元件,因此,式中各参数为常数,而对一个线性时不变系统的描述,即数学模型就是一个线性常系数微分方程。

2.4 连续时间系统的时域模拟

根据系统的数学模型,用基本运算单元和图形符号表示系统的功能或系统的输入输出关系,即为系统的模拟,常用系统框图来表示。表 2.1 列出了常用基本运算单元的框图。

表 2.1 常用的基本运算单元

名称	框图符号	功能
加法器	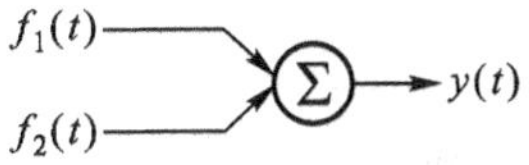 $f_1(t)$ → Σ → $y(t)$, $f_2(t)$	$y(t)=f_1(t)+f_2(t)$
标量乘法器	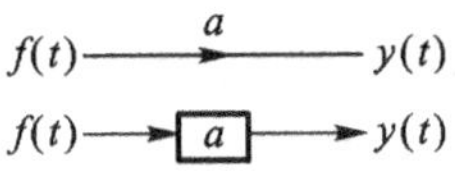 $f(t)$ →a→ $y(t)$, $f(t)$ →$\boxed{a}$→ $y(t)$	$y(t)=af(t)$
乘法器	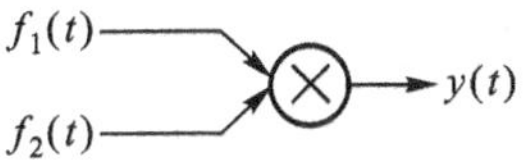 $f_1(t)$ → $\otimes$ → $y(t)$, $f_2(t)$	$y(t)=f_1(t)f_2(t)$
延时器	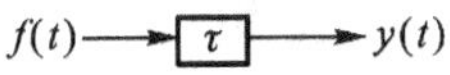 $f(t)$ →$\boxed{\tau}$→ $y(t)$	$y(t)=f(t-\tau)$
积分器	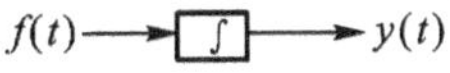 $f(t)$ →$\boxed{\int}$→ $y(t)$	$y(t)=\int_{-\infty}^{t}f(\tau)\mathrm{d}\tau$

系统只要数学模型相同,就具有相同的模拟图或方框图。

一、一阶系统的模拟

一阶系统的数学模型为

$$y'(t)+a_0y(t)=f(t) \tag{2.39}$$

使等式的左边只有最高导数项,上式可改写成

$$y'(t)=-a_0y(t)+f(t) \tag{2.40}$$

这样,可以用一个积分器、一个标量乘法器和一个加法器联成一个一阶系统的模拟框图,如图 2.19 所示。

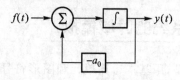

图 2.19　一阶系统模拟图

二、二阶系统的模拟

二阶系统的数学模型为

$$y''(t)+a_1 y'(t)+a_0 y(t)=f(t) \tag{2.41}$$

同理,只将最高导数项保留在等式的左边,有

$$y''(t)=-a_1 y'(t)-a_0 y(t)+f(t) \tag{2.42}$$

可得二阶系统的模拟框图,如图 2.20 所示。

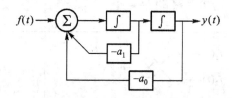

图 2.20　二阶系统模拟图

三、n 阶系统的模拟

依此类推,对于一个 n 阶系统的 n 阶微分方程

$$y^{(n)}(t)+a_{n-1}y^{(n-1)}(t)+\cdots+a_1 y'(t)+a_0 y(t)=f(t) \tag{2.43}$$

同样将上式中输出函数的最高阶导数项保留在方程左边,其他各项移到方程右边,有

$$y^{(n)}(t)=-a_{n-1}y^{(n-1)}(t)-\cdots-a_1 y'(t)-a_0 y(t)+f(t) \tag{2.44}$$

将最高阶导数项作为加法器的输出,即第一个积分器的输入,n 阶系统即可表示为有 n 阶积分器级联的系统,各积分器输出为系统输出函数的各阶导数,直至最后一个积分器输出为输出函数本身。如图 2.21 所示。

若描述系统的微分方程中含有输入函数的导数项,如

$$y^{(n)}(t)+a_{n-1}y^{(n-1)}(t)+\cdots+a_1 y'(t)+a_0 y(t)=b_m f^{(m)}(t)+b_{m-1}f^{(m-1)}(t)$$
$$+\cdots+b_1 f'(t)+b_0 f(t) \tag{2.45}$$

且 $m<n$ 时,需引入一个辅助函数 $q(t)$,使其满足

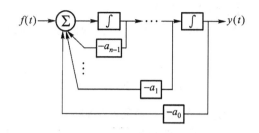

图 2.21　n 阶系统的模拟图

$$q^{(n)}(t)+a_{n-1}q^{(n-1)}(t)+\cdots+a_1 q'(t)+a_0 q(t)=f(t) \tag{2.46}$$

就有

$$y(t)=b_m q^{(m)}(t)+b_{m-1}q^{(m-1)}(t)+\cdots+b_1 q'(t)+b_0 q(t) \tag{2.47}$$

于是,其模拟图如图 2.22 所示(不妨设 $m=n-1$)。

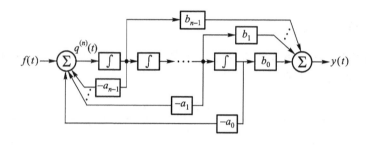

图 2.22　一般 n 阶系统的模拟图

2.5　连续时间系统的响应

在时域分析中,求系统微分方程的解,即求得系统的响应。根据微分方程的经典解法,一般 n 阶系统的微分方程式(2.38)的完全解由齐次解 $r_h(t)$ 和特解 $r_p(t)$ 两部分组成,即

$$r(t)=r_h(t)+r_p(t) \tag{2.48}$$

一、齐次解 $r_h(t)$

齐次解是齐次方程

$$\frac{\mathrm{d}^n}{\mathrm{d}t^n}r(t)+a_{n-1}\frac{\mathrm{d}^{n-1}}{\mathrm{d}t^{n-1}}r(t)+\cdots+a_1 \frac{\mathrm{d}}{\mathrm{d}t}r(t)+a_0 r(t)=0 \tag{2.49}$$

的解。解的形式为 $Ce^{\lambda t}$ 的函数组合,λ 为特征根,也称为系统的固有频率或自由

频率,它决定了系统自由响应的形式。

若齐次方程的 n 个特征根 $\lambda_i (i=1,2,\cdots,n)$ 都互不相同,则该方程的齐次解为

$$r_{\mathrm{h}}(t) = \sum_{i=1}^{n} C_i \mathrm{e}^{\lambda_i t} \tag{2.50}$$

式中,$C_1,C_2,\cdots,C_n$ 是待定系数,由初始条件决定。

若齐次方程的特征方程有 k 阶重根 λ_1,则相应于 λ_1 的重根部分的解的形式为

$$(C_1 t^{k-1} + C_2 t^{k-2} + \cdots + C_{k-1} t + C_k) \mathrm{e}^{\lambda_1 t} = \sum_{i=1}^{k} C_i t^{k-i} \mathrm{e}^{\lambda_1 t} \tag{2.51}$$

有 k 阶重根 λ_1 和 $(n-k)$ 个单根的 n 阶微分方程的齐次解为

$$r_{\mathrm{h}}(t) = \sum_{i=1}^{k} C_i t^{k-i} \mathrm{e}^{\lambda_1 t} + \sum_{j=k+1}^{n} C_j \mathrm{e}^{\lambda_j t} \tag{2.52}$$

二、特解 $r_{\mathrm{p}}(t)$

特解是满足微分方程并和激励信号形式有关的解。表 2.2 列出了几种激励及其所对应特解的形式。

表 2.2　几种激励所对应的特解

激励 $e(t)$	特解 $r_{\mathrm{p}}(t)$	备注
B(常数)	A	A(待定常数)
$\mathrm{e}^{\alpha t}$	$A\mathrm{e}^{\alpha t}$	α 不等于特征根
	$A_1 t \mathrm{e}^{\alpha t} + A_0 \mathrm{e}^{\alpha t}$	α 等于特征单根
	$A_k t^k \mathrm{e}^{\alpha t} + A_{k-1} t^{k-1} \mathrm{e}^{\alpha t} + \cdots + A_1 t \mathrm{e}^{\alpha t} + A_0 \mathrm{e}^{\alpha t}$	α 等于 k 重特征根
t^m	$A_m t^m + A_{m-1} t^{m-1} + \cdots + A_1 t + A_0$	所有特征根均不等于零
	$t^k (A_m t^m + A_{m-1} t^{m-1} + \cdots + A_1 t + A_0)$	有 k 重等于零的特征根
$\cos(\omega t)$ 或 $\sin(\omega t)$	$A_1 \cos(\omega t) + A_2 \sin(\omega t)$	所有特征根均不等于 $\pm \mathrm{j}\omega$

例 2.7　给定微分方程 $\dfrac{\mathrm{d}^2 r(t)}{\mathrm{d}t^2} + 3\dfrac{\mathrm{d}r(t)}{\mathrm{d}t} + 2r(t) = 4\mathrm{e}^{-2t} \varepsilon(t)$ 和初始条件 $r(0_+)=3$,$r'(0_+)=4$,求系统的响应。

解:　由特征方程 $\lambda^2 + 3\lambda + 2 = 0$ 得特征根 $\lambda_1 = -1$、$\lambda_2 = -2$,由此可得齐

次解

$$r_h(t) = C_1 e^{-t} + C_2 e^{-2t}, \quad t > 0$$

因为激励 $e(t) = 4e^{-2t}\varepsilon(t)$，其指数 $\alpha = -2$ 与特征根 λ_2 相同，故方程的特解为

$$r_p(t) = A_1 t e^{-2t} + A_0 e^{-2t}, \quad t > 0$$

有

$$r'_p(t) = -2A_1 t e^{-2t} + (A_1 - 2A_0)e^{-2t}, \quad t > 0$$

$$r''_p(t) = 4A_1 t e^{-2t} - (4A_1 - 4A_0)e^{-2t}, \quad t > 0$$

将它们代入原微分方程，通过比较方程两边的系数，可得

$$r_p(t) = 4t e^{-2t} + A_0 e^{-2t}, \quad t > 0$$

故

$$r(t) = r_h(t) + r_p(t) = C_1 e^{-t} + (C_2 + A_0)e^{-2t} - 4t e^{-2t}, \quad t > 0$$

再令 $C_2 + A_0 = B$，则

$$r(t) = C_1 e^{-t} + B e^{-2t} - 4t e^{-2t}, \quad t > 0$$

再将初始条件代入得

$$r(0_+) = C_1 + B = 3$$

$$r'(0_+) = -C_1 - 2B - 4 = 4$$

解得 $C_1 = 14$、$B = -11$ 和 $A_0 = -25$，从而系统的响应为

$$r(t) = 14e^{-t} - 11e^{-2t} - 4t e^{-2t}, \quad t > 0$$

可见，方程的齐次解的形式仅取决于系统本身的特性（即系统的特征根），与输入信号函数的形式无关，因此齐次解也被称为系统的自然响应或固有响应。但齐次解的系数值只有在建立了全响应关系式后，才能由初始条件求得。而方程的特解的形式由激励信号的形式以及与齐次方程特征根的关系来确定，故被称为系统的受迫响应或强迫响应。

三、零输入响应和零状态响应

系统的全响应还可以划分为零输入响应和零状态响应。零输入响应是输入激励为零时仅由初始状态引起的响应，用 $r_{zi}(t)$ 表示；零状态响应是系统的初始状态为零，仅由激励引起的响应，用 $r_{zs}(t)$ 表示。根据叠加原理，系统的全响应为这两个响应之和，即

$$r(t) = r_{zi}(t) + r_{zs}(t) \tag{2.53}$$

因为零输入响应 $r_{zi}(t)$ 是在激励为零时，由系统初始条件产生的响应，所以 $r_{zi}(t)$ 解的形式和微分方程齐次解的形式一样，它应为系统微分方程齐次解的一部分。对于 n 阶系统的微分方程式(2.38)所对应的齐次方程，若特征根均为单根，则其零输入响应 $r_{zi}(t)$ 可表示为

$$r_{zi}(t) = \sum_{j=1}^{n} C_{zij} \mathrm{e}^{\lambda_j t} \tag{2.54}$$

式中 C_{zi} 为待定系数,它完全由系统的初始条件决定。

而零状态响应 $r_{zs}(t)$ 是在零初始状态下,仅由激励作用于系统产生的响应,它对应于非齐次方程的解。若特征根均为单根,则零状态响应为

$$r_{zs}(t) = \sum_{k=1}^{n} C_{zsk} \mathrm{e}^{\lambda_k t} + r_p(t) \tag{2.55}$$

式中 C_{zs} 为待定系数。可见,零状态响应是齐次解中除零输入响应外的另一部分加上特解,它既与系统特性有关,又与激励有关。从形式上看,零状态响应和完全解的形式相同。

综上分析,系统响应的分解可以表示为

$$r(t) = \sum_{i=1}^{n} C_i \mathrm{e}^{\lambda_i t} + r_p(t) = \sum_{j=1}^{n} C_{zij} \mathrm{e}^{\lambda_j t} + \sum_{k=1}^{n} C_{zsk} \mathrm{e}^{\lambda_k t} + r_p(t) \tag{2.56}$$

式中

$$\sum_{i=1}^{n} C_i \mathrm{e}^{\lambda_i t} = \sum_{i=1}^{n} C_{zi} \mathrm{e}^{\lambda_i t} + \sum_{i=1}^{n} C_{zs} \mathrm{e}^{\lambda_i t} \tag{2.57}$$

可见,虽然自然响应和零输入响应都是齐次方程的解,但两者的系数各不相同,C_{zi} 仅由系统的初始条件确定,而 C_i 要由系统的初始条件和激励共同确定。在初始条件为零时,零输入响应等于零,但有激励作用下的自然响应并不为零。

对于系统响应还有一种分解方式,即瞬态响应和稳态响应。所谓瞬态响应指 $t \to \infty$ 时,响应趋于零的那部分响应分量;而稳态响应指 $t \to \infty$ 时,响应不为零的那部分响应分量。

例 2.8   已知一系统的微分方程为 $\dfrac{\mathrm{d}r(t)}{\mathrm{d}t} + 2r(t) = e(t)$,初始状态 $r(0_-) = 2$,求输入 $e(t) = \varepsilon(t)$ 时,系统的全响应 $r(t)$,并指出自然响应、受迫响应、零输入响应、零状态响应、瞬态响应和稳态响应。

解: 由特征方程 $\lambda + 2 = 0$ 得特征根 $\lambda = -2$,齐次解为

$$r_h(t) = C \mathrm{e}^{-2t}, \quad t > 0$$

设特解

$$r_p(t) = B, \quad t > 0$$

将特解代入微分方程得,$B = \dfrac{1}{2}$,所以全响应为

$$r(t) = C \mathrm{e}^{-2t} + \frac{1}{2}, \quad t > 0$$

由微分方程式两边奇异函数平衡条件,即方程右边为 $\varepsilon(t)$,则方程左边的最高次

项 $\dfrac{\mathrm{d}r(t)}{\mathrm{d}t}$ 也应有对应项,由此可判断 $r(t)$ 在起始点无跳变。所以 $r(0_+)=r(0_-)=2$,代入上式,可得

$$C=\frac{3}{2}$$

故

$$r(t)=\frac{3}{2}\mathrm{e}^{-2t}+\frac{1}{2},\quad t>0$$

由定义易知,方程的齐次解即系统的自然响应,为

$$r_{\mathrm{h}}(t)=\frac{3}{2}\mathrm{e}^{-2t},\quad t>0$$

方程的特解即系统的受迫响应,为

$$r_{\mathrm{p}}(t)=\frac{1}{2},\quad t>0$$

而求零输入响应时,特解为零,即

$$r_{\mathrm{zi}}(t)=A_{\mathrm{zi}}\mathrm{e}^{-2t},\quad t>0$$

代入初始条件,得

$$A_{\mathrm{zi}}=2$$

故

$$r_{\mathrm{zi}}(t)=2\mathrm{e}^{-2t},\quad t>0$$

求零状态响应时,$r_{\mathrm{zs}}(0_+)=r_{\mathrm{zs}}(0_-)=0$,代入全响应表达式,即

$$r_{\mathrm{zs}}(t)=A_{\mathrm{zs}}\mathrm{e}^{-2t}+\frac{1}{2},\quad t>0$$

得

$$A_{\mathrm{zs}}=-\frac{1}{2}$$

故

$$r_{\mathrm{zs}}(t)=-\frac{1}{2}\mathrm{e}^{-2t}+\frac{1}{2},\quad t>0$$

也可得全响应

$$r(t)=r_{\mathrm{zi}}(t)+r_{\mathrm{zs}}(t)=\frac{3}{2}\mathrm{e}^{-2t}+\frac{1}{2},\quad t>0$$

由定义,其中瞬态响应为 $\dfrac{3}{2}\mathrm{e}^{-2t}$,稳态响应为 $\dfrac{1}{2}$。

2.6 单位冲激响应

单位冲激响应是指系统在单位冲激信号 $\delta(t)$ 作用下,产生的零状态响应,简

称冲激响应,用 $h(t)$ 表示。

在线性时不变系统分析中,单位冲激响应有着重要的作用:一方面利用 $h(t)$ 可以方便地求解系统在任意激励信号作用下的零状态响应;另一方面由 $h(t)$ 可以很好地描述系统本身的特性,如因果性和稳定性等。

由于冲激响应是零状态响应,所以其解的形式与零状态响应相同。但是单位冲激信号,只在 $t=0$ 时作用,即 $t>0$ 时,系统的激励为零,所以系统的特解为零。因此冲激响应的形式应该与齐次解的形式相同。

一般来讲,对于式(2.38)描述的系统,为求得冲激响应,令 $e(t)=\delta(t)$,$r(t)=h(t)$,将它们代入式(2.38)后,在等式右端,就出现冲激函数及其各阶导数项,其最高阶导数为 $\delta^{(m)}(t)$。为保证式(2.38)等号两端所含各奇异函数相互平衡,等式左端也应包含 $\delta^{(m)}(t),\cdots,\delta'(t),\delta(t)$。由于等式左端的最高阶项为 $y^{(n)}(t)=h^{(n)}(t)$,因此,至少最高阶项 $h^{(n)}(t)$ 中应包含 $\delta^{(m)}(t)$。由此可见,冲激响应 $h(t)$ 的形式与 n 和 m 有关,当 $n=m$ 时,为使 $h^{(n)}(t)=h^{(m)}(t)$ 中包含 $\delta^{(m)}(t)$,必须在 $h(t)$ 中含有 $\delta(t)$ 项。当 $n>m$ 时,例如 $n=m+1$,为使 $h^{(n)}(t)=h^{(m+1)}(t)$ 中包含有 $\delta^{(m)}(t)$,只要 $h'(t)$ 中含有 $\delta(t)$ 就够了,因而 $h(t)$ 中将不包含冲激函数项。如果 $n<m$,$h(t)$ 中将包含有冲激函数的导数项。

由于 $\delta(t)$ 及其各阶导数在 $t>0$ 时全都等于零,于是式(2.38)右端在 $t>0$ 时等于零,因此冲激响应 $h(t)$ 应与方程的齐次解有相同的形式。若方程的特征根 $\lambda_i(i=1,2,\cdots,n)$ 均为单根,则当 $n>m$ 时

$$h(t) = \left(\sum_{i=1}^{n} c_i e^{\lambda_i t} \right) \varepsilon(t) \tag{2.58}$$

当 $n=m$ 时

$$h(t) = b\delta(t) + \left(\sum_{i=1}^{n} c_i e^{\lambda_i t} \right) \varepsilon(t) \tag{2.59}$$

式中各待定系数 $c_i(i=1,2,\cdots,n)$ 和 b 可利用方程式两端各奇异函数项系数相匹配的方法求得。可见,系统的单位冲激响应完全由系统本身的特性决定,与外界因素无关。

例 2.9　设描述系统的微分方程为 $\dfrac{d^2}{dt^2}r(t) + 5\dfrac{d}{dt}r(t) + 6r(t) = \dfrac{d}{dt}e(t)$,求系统的单位冲激响应。

解：系统的特征根分别为 $\lambda_1 = -2$,$\lambda_2 = -3$,而 $n=2$,$m=1$,即 $n>m$,则 $h(t)$ 可表示为

$$h(t) = (C_1 e^{-2t} + C_2 e^{-3t})\varepsilon(t)$$

有

$$h'(t) = (C_1 + C_2)\delta(t) + (-2C_1 e^{-2t} - 3C_2 e^{-3t})\varepsilon(t)$$

$$h''(t) = (C_1 + C_2)\delta'(t) + (-2C_1 - 3C_2)\delta(t) + (4C_1 e^{-2t} + 9C_2 e^{-3t})\varepsilon(t)$$

将 $h(t)$、$h'(t)$、$h''(t)$ 和 $\delta(t)$ 代入系统方程,令等号两边对应项系数相等,有

$$3C_1 + 2C_2 = 0$$
$$C_1 + C_2 = 1$$

可得

$$C_1 = -2, C_2 = 3$$

因此

$$h(t) = (3e^{-3t} + 2e^{-2t})\varepsilon(t)$$

除单位冲激响应外,单位阶跃响应也常用来描述系统的特性。单位阶跃响应定义为系统在单位阶跃信号激励下的零状态响应,也简称阶跃响应。用 $g(t)$ 表示,与冲激响应相同,阶跃响应也完全由系统本身的特性所决定。在连续时间系统中,由于冲激信号与阶跃信号之间的关系为 $\delta(t) = \dfrac{\mathrm{d}\varepsilon(t)}{\mathrm{d}t}$,也即 $\varepsilon(t) = \displaystyle\int_{-\infty}^{t} \delta(\tau)\mathrm{d}\tau$,根据线性时不变系统的性质可知,系统的响应也相应为

$$h(t) = \frac{\mathrm{d}g(t)}{\mathrm{d}t} \tag{2.60}$$

亦即

$$g(t) = \int_{-\infty}^{t} h(\tau)\mathrm{d}\tau \tag{2.61}$$

可见,$h(t)$ 和 $g(t)$,已知其一,另一个也可以确定。

2.7 卷积

在信号与系统分析中,卷积不仅仅是作为一种数学运算方式,它还反映了求解系统响应的物理过程,因而,卷积也是一种极为重要的系统分析工具。

一、卷积的定义

设 $f_1(t)$ 和 $f_2(t)$ 是定义在 $(-\infty, \infty)$ 区间上的两个连续时间信号,将 $f_1(t)$ 和 $f_2(t)$ 的卷积定义为

$$f(t) = f_1(t) * f_2(t) = \int_{-\infty}^{\infty} f_1(\tau) f_2(t-\tau)\mathrm{d}\tau \tag{2.62}$$

这里积分上、下限反映的是 $f_1(t)$ 和 $f_2(t)$ 作用的时间范围。当 $f_1(t)$ 和 $f_2(t)$ 均为因果信号,即 $f_1(t) = f_1(t)\varepsilon(t)$,$f_2(t) = f_2(t)\varepsilon(t)$ 时,不难得到

$$f_1(t) * f_2(t) = \int_{0}^{\infty} f_1(\tau) f_2(t-\tau)\mathrm{d}\tau \tag{2.63}$$

二、卷积的图解法

卷积的图解法能直观地理解卷积的计算过程,是一种极为有用的辅助求解方法,特别是对于只有波形而不易写出其函数表达式的函数进行卷积运算时。

由式(2.62)可知,卷积运算有下列五个步骤:

(1) 自变量 t 换成 τ:将函数 $f_1(t)$,$f_2(t)$ 换成 $f_1(\tau)$,$f_2(\tau)$;

(2) 反褶:将函数 $f_2(\tau)$ 以纵轴为对称轴反折,得到 $f_2(-\tau)$;

(3) 平移:将反褶后的信号 $f_2(-\tau)$ 沿横轴平移 t(这里 t 是一个参变量): $t>0$,右移,$t<0$,左移;

(4) 相乘:将函数 $f_1(\tau)$ 与 $f_2(t-\tau)$ 的重叠部分相乘

(5) 积分:沿 τ 轴对乘积函数积分,即 $f(t)=\int_{-\infty}^{\infty}f_1(\tau)f_2(t-\tau)\mathrm{d}\tau$

例 2.10   设 $f_1(t)$ 和 $f_2(t)$ 的波形如图 2.23(a),(b)所示。用图解法求 $f_1(t)*f_2(t)$。

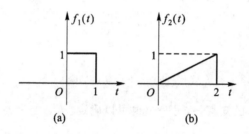

图 2.23   例 2.10 图

解: 由图可知 $f_1(t)$ 和 $f_2(t)$ 均为因果时限信号,有

$$f_1(t)=\begin{cases}1 & 0\leqslant t\leqslant 1\\ 0 & t>1,t<0\end{cases} \text{和} \quad f_2(t)=\begin{cases}\dfrac{t}{2} & 0\leqslant t\leqslant 2\\ 0 & t>2,t<0\end{cases}$$

(1) 当 $t<0$ 时,如图 2.24(a)所示,$f_1(t)*f_2(t)=0$,重合面积为零;

(2) 当 $0\leqslant t<1$ 时,如图 2.24(b)所示,$f_1(t)*f_2(t)=\int_0^t\dfrac{1}{2}(t-\tau)\mathrm{d}\tau=\dfrac{t^2}{4}$

(3) 当 $1\leqslant t<2$ 时,如图 2.24(c)所示,$f_1(t)*f_2(t)=\int_0^1\dfrac{1}{2}(t-\tau)\mathrm{d}\tau=$ $\dfrac{t}{2}-\dfrac{1}{4}$

(4) 当 $2\leqslant t<3$ 时,如图 2.24(d)所示,$f_1(t)*f_2(t)=\int_{t-2}^1\dfrac{1}{2}(t-\tau)\mathrm{d}\tau=$

$$\frac{1}{4}(3+2t-t^2)$$

（5）当 $3 \leqslant t$ 时，如图 2.24(e)所示，$f_1(t) * f_2(t) = 0$，重合面积为零。

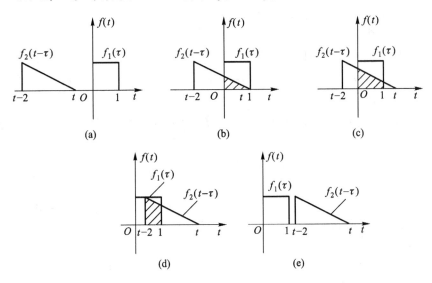

图 2.24 例 2.10 卷积过程图

以上各图中阴影部分的面积即为相应的卷积，如图 2.25 所示为最后卷积的结果。

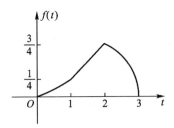

图 2.25 例 2.10 卷积的结果

三、卷积的性质

卷积运算具有一些特殊的性质，这些性质可以使卷积运算简化，并在信号与系统分析中起着重要的作用。

1. 交换律

$$f_1(t) * f_2(t) = f_2(t) * f_1(t) \tag{2.64}$$

定义式中令积分变量 $\tau = t - x$，即可证明

$$f_1(t) * f_2(t) = \int_{-\infty}^{\infty} f_1(\tau) f_2(t-\tau) \mathrm{d}\tau = \int_{-\infty}^{\infty} f_2(x) f_1(t-x) \mathrm{d}x$$

$$= f_2(t) * f_1(t)$$

2. 分配律

上式由卷积的定义即可证明。

$$f_1(t) * [f_2(t) + f_3(t)] = f_1(t) * f_2(t) + f_1(t) * f_3(t) \tag{2.65}$$

3. 结合律

$$[f_1(t) * f_2(t)] * f_3(t) = f_1(t) * [f_2(t) * f_3(t)] \tag{2.66}$$

证明：

$$[f_1(t) * f_2(t)] * f_3(t) = \int_{-\infty}^{\infty} \left[\int_{-\infty}^{\infty} f_1(x) f_2(\tau - x) \mathrm{d}x \right] f_3(t-\tau) \mathrm{d}\tau$$

$$= \int_{-\infty}^{\infty} f_1(x) \left[\int_{-\infty}^{\infty} f_2(\tau - x) f_3(t-\tau) \mathrm{d}\tau \right] \mathrm{d}x$$

令 $\tau - x = \lambda, \tau = \lambda + x, \mathrm{d}\tau = \mathrm{d}x$

$$上式 = \int_{-\infty}^{\infty} f_1(x) \left[\int_{-\infty}^{\infty} f_2(\lambda) f_3(t-x-\lambda) \mathrm{d}\lambda \right] \mathrm{d}x$$

$$= f_1(t) * [f_2(t) * f_3(t)]$$

4. 时移

若 $f_1(t) * f_2(t) = f(t)$，则

$$f_1(t-t_1) * f_2(t-t_2) = f(t-t_1-t_2)$$

证明：

$$f_1(t-t_1) * f_2(t-t_2) = \int_{-\infty}^{\infty} f_1(\tau - t_1) f_2(t-t_2-\tau) \mathrm{d}\tau \quad (令 \ \tau - t_1 = x)$$

$$= \int_{-\infty}^{\infty} f_1(x) f_2(t-t_2-t_1-x) \mathrm{d}x$$

$$= f(t-t_1-t_2)$$

5. 卷积的微分与积分

$$\frac{\mathrm{d}}{\mathrm{d}t} [f_1(t) * f_2(t)] = f_1(t) * \frac{\mathrm{d}f_2(t)}{\mathrm{d}t} = \frac{\mathrm{d}f_1(t)}{\mathrm{d}t} * f_2(t) \tag{2.67}$$

$$\int_{-\infty}^{t} [f_1(x) * f_2(x)] \mathrm{d}x = f_1(t) * \int_{-\infty}^{t} f_2(x) \mathrm{d}x = \left[\int_{-\infty}^{t} f_1(x) \mathrm{d}x \right] * f_2(t) \tag{2.68}$$

上述两个关系，读者可直接由卷积定义证明。

由以上两个关系，有

$$\frac{\mathrm{d}f_1(t)}{\mathrm{d}t} * \int_{-\infty}^{t} f_2(x) \mathrm{d}x = f_1(t) * f_2(t) \tag{2.69}$$

证明：

$$\frac{\mathrm{d}f_1(t)}{\mathrm{d}t} * \int_{-\infty}^{t} f_2(x)\mathrm{d}x = \frac{\mathrm{d}}{\mathrm{d}t}\left\{\int_{-\infty}^{\infty} f_1(\tau)\left[\int_{-\infty}^{t} f_2(x-\tau)\mathrm{d}x\right]\mathrm{d}\tau\right\}$$

$$= \int_{-\infty}^{\infty} f_1(\tau)\left[\frac{\mathrm{d}}{\mathrm{d}t}\int_{-\infty}^{t} f_2(x-\tau)\mathrm{d}x\right]\mathrm{d}\tau$$

$$= \int_{-\infty}^{\infty} f_1(\tau)f_2(t-\tau)\mathrm{d}\tau = f_1(t) * f_2(t)$$

6. 与 $\delta(t)$ 的卷积

$$f(t) * \delta(t) = f(t) \tag{2.70}$$

上式由卷积的定义和冲激函数的性质容易证明。

进一步有

$$f(t) * \delta(t-t_0) = f(t-t_0) \tag{2.71}$$

$$f(t-t_1) * \delta(t-t_2) = f(t-t_1-t_2) \tag{2.72}$$

对于冲激偶 $\delta'(t)$，有

$$f(t) * \delta'(t) = f'(t) \tag{2.73}$$

相应地

$$f(t) * \varepsilon(t) = \int_{-\infty}^{t} f(\tau)\mathrm{d}\tau \tag{2.74}$$

四、常用信号的卷积

为方便使用，将一些常用信号的卷积关系列于表 2.3 中。

表 2.3 常用信号的卷积公式

序号	$f_1(t)$	$f_2(t)$	$f_1(t) * f_2(t)$
1	$f(t)$	$\delta(t)$	$f(t)$
2	$f(t)$	$\delta'(t)$	$\dfrac{\mathrm{d}f(t)}{\mathrm{d}t}$
3	$f(t)$	$\varepsilon(t)$	$\displaystyle\int_{-\infty}^{t} f(\tau)\mathrm{d}\tau$
4	$\dfrac{\mathrm{d}f(t)}{\mathrm{d}t}$	$\displaystyle\int_{-\infty}^{t} g(\tau)\mathrm{d}\tau$	$f(t) * g(t)$
5	$\varepsilon(t)$	$\varepsilon(t)$	$t\varepsilon(t)$
6	$\varepsilon(t)$	$e^{-at}\varepsilon(t)$	$\dfrac{1}{\alpha}(1-e^{-at})\varepsilon(t)$

序号	$f_1(t)$	$f_2(t)$	$f_1(t) * f_2(t)$
7	$e^{\alpha t}\varepsilon(t)$	$e^{\alpha t}\varepsilon(t)$	$te^{\alpha t}\varepsilon(t)$
8	$e^{-\alpha_1 t}\varepsilon(t)$	$e^{-\alpha_2 t}\varepsilon(t)$	$-\dfrac{1}{\alpha_1-\alpha_2}(e^{-\alpha_1 t}-e^{-\alpha_2 t})\varepsilon(t),(\alpha_1\neq\alpha_2)$
9	$t^m\varepsilon(t)$	$t^n\varepsilon(t)$	$\dfrac{m!\,n!}{(m+n+1)!}t^{m+n+1}\varepsilon(t)$
10	$f(t)$	$\delta_T(t)$	$\displaystyle\sum_{n=-\infty}^{\infty}f(t-nT)$

五、卷积与系统的零状态响应

由本章(2.26)式可知,任何一连续时间信号 $f(t)$ 都可以分解成一系列冲激信号的叠加,再由卷积的定义,有

$$f(t)=\int_0^t f(\tau)\delta(t-\tau)\mathrm{d}\tau=f(t)*\delta(t) \tag{2.75}$$

若对于线性时不变系统,设系统的单位冲激响应为 $h(t)$,即 $\delta(t)\rightarrow h(t)$,利用系统的时不变性质,有

$$\delta(t-\tau_i)\rightarrow h(t-\tau_i)$$

再由线性性质,有

$$\sum_i f(\tau_i)\Delta\tau_i\delta(t-\tau_i) \rightarrow \sum_i f(\tau_i)\Delta\tau_i h(t-\tau_i)$$

在 $\Delta\tau_i$ 趋近于零时,可以用连续变化的 τ 代替 τ_i,用无穷小 $\mathrm{d}\tau$ 代替 $\Delta\tau_i$,上面关系式可写成

$$\int_{-\infty}^{\infty}f(\tau)\delta(t-\tau)\mathrm{d}\tau\rightarrow\int_{-\infty}^{\infty}f(\tau)h(t-\tau)\mathrm{d}\tau$$

左端(激励)为信号 $f(t)$,上式即表明在信号 $f(t)$ 作用下,线性时不变系统的零状态响应,亦即

$$r_{zs}(t)=\int_{-\infty}^{\infty}f(\tau)h(t-\tau)\mathrm{d}\tau=f(t)*h(t) \tag{2.76}$$

对于物理可实现的因果系统,输入信号作用的时刻为 $t=0$,有

$$r_{zs}(t)=f(t)*h(t)=\int_0^t f(\tau)h(t-\tau)\mathrm{d}\tau \tag{2.77}$$

上式表明,线性时不变系统的零状态响应是输入信号与系统的单位冲激响应的卷积,这也是卷积运算的物理意义。

例 2.11   一线性时不变系统的单位冲激响应为 $h(t)=(4e^{-3t}-2e^{-4t})\varepsilon(t)$,系统的激励为 $f(t)=-e^{-t}\varepsilon(t)$,求该系统的零状态响应。

解： 由式(2.79)得

$$r_{zs}(t) = f(t) * h(t) = \left[-e^{-t}\varepsilon(t) \right] * \left[(4e^{-3t} - 2e^{-4t})\varepsilon(t) \right]$$

由卷积表 2.1，整理后得

$$r_{zs}(t) = \left(\frac{4}{3}e^{-t} - 2e^{-3t} + \frac{2}{3}e^{-4t} \right)\varepsilon(t)$$

2.8 综合举例

例 2.12 画出函数 $f(t) = \varepsilon[\cos(\pi t)]$ 的波形。

解： $\cos(\pi t)$ 的波形是一个以 2 为周期的正弦波，其波形如图 2.26 虚线所示。根据单位阶跃函数的定义，易知

$$\varepsilon[\cos(\pi t)] = \begin{cases} 1 & \cos(\pi t) > 0 \\ 0 & \cos(\pi t) < 0 \end{cases}$$

故其波形如图 2.26 实线所示。

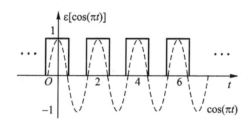

图 2.26 例 2.12 图

例 2.13 求下列函数的值：

(1) $(t-1)\delta(t)$； (2) $\displaystyle\int_{0_-}^{3} e^{-2t} \sum_{k=-\infty}^{\infty} \delta(t-2k)\,dt$；

(3) $\displaystyle\int_{0_+}^{3} e^{-2t} \sum_{k=-\infty}^{\infty} \delta(t-2k)\,dt$。

解：

(1) 由冲激函数的抽样性质 $f(t)\delta(t) = f(0)\delta(t)$，则有

$$(t-1)\delta(t) = -\delta(t)$$

(2) 由冲激函数的抽样性质 $\displaystyle\int_{-\infty}^{\infty} f(\tau)\delta(\tau - t_0)\,d\tau = f(t_0)$，得

$$\int_{0_-}^{3} e^{-2t} \sum_{k=-\infty}^{\infty} \delta(t-2k)\,dt = \int_{0_-}^{3} \left[\delta(t) + e^{-4}\delta(t-2) \right]dt = 1 + e^{-4}$$

（3）同理，$\displaystyle\int_{0_+}^{3} e^{-2t} \sum_{k=-\infty}^{\infty} \delta(t-2k)\,dt = \int_{0_-}^{3} e^{-4} \delta(t-2)\,dt = e^{-4}$

例 2.14　设系统的微分方程表示为

$$\frac{d^2}{dt^2}r(t) + 5\frac{d}{dt}r(t) + 6r(t) = e^{-t}\varepsilon(t)$$

求使完全响应为 $r(t)=Ce^{-t}\varepsilon(t)$ 时的系统起始状态 $r(0_-)$ 和 $r'(0_-)$，并确定常数 C 值。

解：　首先求系统零输入响应，由题意知系统特征方程为

$$\lambda^2 + 5\lambda + 6 = 0$$

解方程得系统特征根分别为 $\lambda_1 = -2, \lambda_2 = -3$，均为单根，则系统零输入响应为

$$r_{zi}(t) = A_1 e^{-2t} + A_2 e^{-3t}, \quad t>0$$

再求系统零状态响应，若激励信号为 $\delta(t)$ 时，则系统的冲激响应 $h(t)$ 满足下列方程

$$\frac{d^2}{dt^2}h(t) + 5\frac{d}{dt}h(t) + 6h(t) = \delta(t)$$

故系统的冲激响应为

$$h(t) = (C_1 e^{-2t} + C_2 e^{-3t})\varepsilon(t)$$

则

$$h'(t) = (C_1 + C_2)\delta(t) + (-2C_1 e^{-2t} - 3C_2 e^{-3t})\varepsilon(t)$$
$$h''(t) = (C_1 + C_2)\delta'(t) + (-2C_1 - 3C_2)\delta(t) + (4C_1 e^{-2t} + 9C_2 e^{-3t})\varepsilon(t)$$

将 $h(t)$、$h'(t)$、$h''(t)$ 代入上式方程，令等号两边对应项系数相等，有

$$C_1 = 1$$
$$C_2 = -1$$

则

$$h(t) = (e^{-2t} - e^{-3t})\varepsilon(t)$$

则系统零状态响应为

$$\begin{aligned}
r_{zs}(t) &= h(t) * e(t) \\
&= (e^{-2t} - e^{-3t})\varepsilon(t) * e^{-t}\varepsilon(t) \\
&= e^{-t}\varepsilon(t) * e^{-2t}\varepsilon(t) - e^{-t}\varepsilon(t) * e^{-3t}\varepsilon(t) \\
&= \int_0^t e^{-\tau} e^{-2(t-\tau)}\,d\tau - \int_0^t e^{-\tau} e^{-3(t-\tau)}\,d\tau \\
&= \left(\frac{1}{2}e^{-t} - e^{-2t} + \frac{1}{2}e^{-3t}\right)\varepsilon(t)
\end{aligned}$$

又因为完全响应

$$\begin{aligned}
r(t) &= r_{zi}(t) + r_{zs}(t) \\
&= (A_1 e^{-2t} + A_2 e^{-3t})\varepsilon(t) + \left(\frac{1}{2}e^{-t} - e^{-2t} + \frac{1}{2}e^{-3t}\right)\varepsilon(t) \\
&= \frac{1}{2}e^{-t}\varepsilon(t) + (A_1 - 1)e^{-2t}\varepsilon(t) + \left(A_2 + \frac{1}{2}\right)e^{-2t}\varepsilon(t) \\
&= Ce^{-t}\varepsilon(t)
\end{aligned}$$

由等式两边系数匹配,得

$$C=\frac{1}{2},A_1=1,A_2=-\frac{1}{2}$$

则有

$$r(0_-)=r_{zi}(0_+)=A_1+A_2=\frac{1}{2}$$

$$r'(0_-)=r'_{zi}(0_+)=-2A_1-3A_2=-\frac{1}{2}$$

综上得

$$r(0_-)=\frac{1}{2},r'(0_-)=-\frac{1}{2},C=\frac{1}{2}$$

例 2. 15 $f_1(t)$ 与 $f_2(t)$ 波形如图 2. 27 所示,试利用卷积的性质,求 $y(t)=f_1(t)*f_2(t)$ 的表达式,并画出 $y(t)$ 的波形。

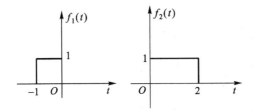

图 2.27 例 2.15 图

解: 根据卷积性质

$$y(t)=f_1(t)*f_2(t)$$

$$=\frac{\mathrm{d}f_1(t)}{\mathrm{d}t}*\int_{-\infty}^{t}f_2(\tau)\mathrm{d}\tau$$

$$=[\delta(t+1)-\delta(t)]*[t\varepsilon(t)-(t-2)\varepsilon(t-2)]$$

$$=(t+1)\varepsilon(t+1)-(t-1)\varepsilon(t-1)-t\varepsilon(t)+(t-2)\varepsilon(t-2)$$

$$=(t+1)[\varepsilon(t+1)-\varepsilon(t)]+[\varepsilon(t)-\varepsilon(t-1)]-$$

$$(t-2)[\varepsilon(t-1)-\varepsilon(t-2)]$$

其波形图绘制如下:

首先做出 $f_1'(t)$ 的波形,如图 2.28(a)所示,再做出 $f_2^{(-1)}(t)$ 的波形,如图 2.28(b)所示,最后得 $f_1(t)*f_2(t)$ 的波形,如图 2.28(c)所示。

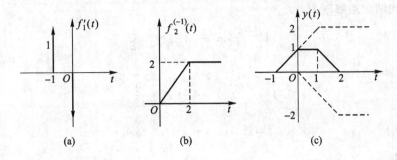

图 2.28   例 2.15 图

2.9   连续时间信号与系统的时域分析的 MATLAB 实现

一、阶跃信号的 MATLAB 实现

例 2.16   用 MATLAB 绘出单位阶跃信号的波形。

解:

(1) 一种得到单位阶跃信号的方法是在 MATLAB 的 Symbolic Math Tool-box 中调用单位阶跃函数 Heaviside( ),这样可方便地表示出单位阶跃信号。但是,在用函数 ezplot 实现其可视化时,就出现一个问题:函数 ezplot 只能画出既存在于 Symbolic Math 工具箱中,又存在于总 MATLAB 工具箱中的函数,而 Heaviside( )函数仅存在于 Symbolic Math Toolbox 中,因此就需要在自己的工作目录 work 下创建 Heaviside 的 M 文件,该文件如下:

    function f＝Heaviside(t)

    f＝(t＞0);   ％t＞0 时 f 为 1,否则为 0

正确定义出该函数并保存运行后,就可以调用该函数了。如先定义向量:

    t＝－1:0.01:3

然后调用 Heaviside 函数表示出该信号并绘出波形

    f＝Heaviside(t)

    plot(t,f)

    axis([－1,3,－0.2,1.2])

得到波形如图 2.29 所示。

(2) 另一种表示单位阶跃信号的方法是用向量 f 和 t 分别表示信号的样值和对应时刻值。零时刻以前,信号样值为零,从零时刻起,信号样值为 1,定义出这样的两个向量后,就可用 plot 命令绘出波形图了。

%t0 时刻以前信号为零,在 t0 处有一跃变,以后为 1

```
function jieyue(t1,t2,t0);
t=t1:0.01:-t0;
tt=-t0:0.01:t2;
n=length(t);
nn=length(tt)
u=zeros(1,n);
uu=ones(1,nn);
plot(tt,uu)
hold on
plot(t,u)
plot([-t0,-t0],[0,1])
hold off
title('单位阶跃信号')
axis([t1,t2,-0.2,1.5])
```

现在就调用 jieyue 函数,绘出 $\varepsilon(t)$,$-1 \leqslant t \leqslant 4$ 的波形,MATLAB 调用命令为

```
jieyue(-2,5,0)
```

程序执行后绘出波形如图 2.30 所示:

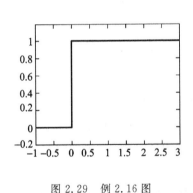

图 2.29 例 2.16 图

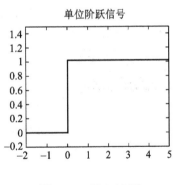

图 2.30 例 2.16 图

二、连续时间信号卷积的 MATLAB 实现

用 MATLAB 实现连续时间信号 $f_1(t)$ 与 $f_2(t)$ 卷积的过程如下:

(1) 将连续时间信号 $f_1(t)$ 与 $f_2(t)$ 以时间间隔 τ 进行抽样,得到离散序列 $f_1(k\tau)$ 和 $f_2(k\tau)$;

(2) 构造与 $f_1(k\tau)$ 和 $f_2(k\tau)$ 相对应的时间向量 k_1 和 k_2;

（3）调用 conv( )函数计算卷积积分 $f(t)$ 的近似向量 $f(k\tau)$；

（4）构造 $f(k\tau)$ 对应的时间向量 k。

例 2.17 已知两连续时间信号如图 2.31 所示，试用 MATLAB 求 $f(t) = f_1(t) * f_2(t)$，并绘出 $f(t)$ 的时域波形图。

解： 首先自编通用函数 sconv( )实现连续时间信号的卷积，该程序在计算出卷积积分的数值近似的同时，还绘出 $f(t)$ 的时域波形图。需要注意的是程序中如何构造 $f(t)$ 的对应时间向量 k。另外，程序在绘制 $f(t)$ 波形图时采用的是 plot 命令而不是 stem 命令。

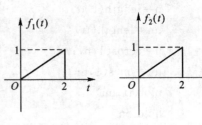

图 2.31 例 2.17 图

```
function[f,k]=sconv(f1,f2,k1,k2,p)
%计算连续信号卷积积分 f(t)=f1(t)*f2(t)
%f:卷积积分 f(t)对应的非零样值向量
%k:f(t)的对应时间向量
%f1:f1(t)非零样值向量
%f2:f2(t)非零样值向量
%k1:f1(t)的对应时间向量
%k2:f2(t)的对应时间向量
%p:抽样时间间隔
f=conv(f1,f2);              %计算序列 f1 与 f2 的卷积和 f
f=f*p;
k0=k1(1)+k2(1);            %计算序列 f 非零样值的起点位置
k3=length(f1)+length(f2)-2; %计算卷积和 f 非零样值的宽度
k=k0:p:k3*p;              %确定卷积和 f 非零样值的时间向量
subplot(2,2,1)
plot(k1,f1)               %在子图 1 绘出 f1(t)的时域波形图
title(' f1(t)')
xlabel('t')
ylabel(' f1(t)')
subplot(2,2,2)
plot(k2,f2)               %在子图 2 绘出 f1(t)的时域波形图
title(' f2(t)')
```

```
xlabel('t')
ylabel(' f2(t)')
subplot(2,2,3)
plot(k,f)                      %画卷积 f(t)的时域波形图
h=get(gca,' position')
h(3)=2.5*h(3)
set(gca,' position',h)         %将第三个子图的横坐标范围扩为原来
                                 的 2.5 倍
title(' f(t)=f1(t)*f2(t)')
xlabel('t')
ylabel(' f(t)')
```

下面调用函数 sconv( )来计算 $f(t)=f_1(t)*f_2(t)$，首先设定抽样时间间隔 p，并对连续时间信号 $f_1(t)$ 和 $f_2(t)$ 的非零值区间以时间间隔 p 进行抽样，产生离散时间序列 f1 和 f2，然后构造离散时间序列 f1 和 f2 所对应的时间向量 k1 和 k2，最后再调用 sconv( )函数求出 $f_1(t)*f_2(t)$ 的数值近似，并绘出其时域波形图，如图 2.32 所示。

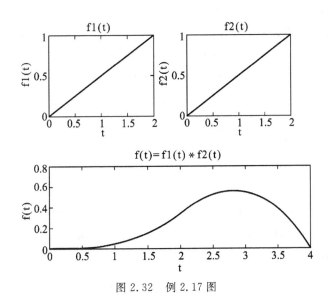

图 2.32　例 2.17 图

实现上述过程的 MATLAB 命令如下：

```
p=0.01;
k1=0:p:2,
```

```
f1=0.5*k1;
k2=k1;
f2=f1;
[f,k]=sconv(f1,f2,k1,k2,p)
```

三、连续时间系统响应的 MATLAB 实现

如果系统的输入信号及初始状态已知,便可用微分方程的经典时域求解方法求出系统的响应。但对于高阶系统,手工计算这一问题的过程将会非常困难和繁琐。而 MATLAB 中的函数 lsim( )能对微分方程描述的 LTI 连续时间系统的响应进行仿真。该函数能绘制连续时间系统在指定的任意时间范围内系统响应的时域波形图,还能求出连续时间系统在指定的任意时间范围内系统响应的数值解,函数 lsim( )的调用格式如下:

lsim(b,a,x,t)

在该调用格式中,a 和 b 是由描述系统的微分方程系统决定的表示该系统的两个行向量。x 和 t 则是表示输入信号的行向量,其中 t 为表示输入信号时间范围的向量,x 则是输入信号在向量 t 定义的时间点上的抽样值。该调用格式将绘出向量 b 和 a 所定义的连续系统在输入为向量 x 和 t 所定义的信号时,系统的零状态响应的时域仿真波形,且时间范围与输入信号相同。

例 2.18　描述某连续时间系统的微分方程为
$$r''(t)+2r'(t)+r(t)=e'(t)+2e(t)$$
求当输入信号为 $e(t)=e^{-2t}\varepsilon(t)$ 时,该系统的零状态响应 $r(t)$。

解:　MATLAB 命令如下:

```
a=[1 2 1];
b=[1 2];
p=0.5;                    %定义抽样时间间隔
t=0:p:5;                  %定义时间范围
x=exp(-2*t);             %定义输入信号
lsim(b,a,x,t);           %对系统输出信号进行仿真
hold on
p=0.3;
t=0:p:5;
x=exp(-2*t);
lsim(b,a,x,t);
p=0.01;
```

```
t=0:p:5;
x=exp(-2*t);
lsim(b,a,x,t);
hold off
```

系统零状态响应的仿真波形如图 2.33 所示：

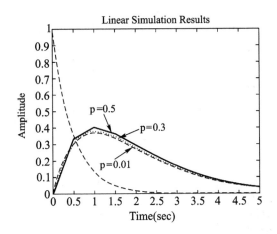

图 2.33　例 2.18 图

　　显然，函数 lsim( )对系统响应进行仿真的效果取决于向量 t 的时间间隔的密集程度。图 2.33 绘出了上述系统在不同抽样时间间隔时函数 lsim( )仿真的情况，可见抽样时间间隔越小则仿真效果越好。

习　　题

　　2.1　粗略画出下列各函数（信号）的波形图：

(1) $f(t)=(1-\mathrm{e}^{-t})\varepsilon(t)$；

(2) $f(t)=\mathrm{e}^{-t}\cos(10\pi t)[\varepsilon(t-1)-\varepsilon(t-2)]$；

(3) $f(t)=\sum\limits_{n=0}^{\infty}(-1)^{n}[\varepsilon(t-nT)-\varepsilon(t-nT-T)]$　（n 为正整数）；

(4) $f(t)=\begin{cases}1-|t|/2 & |t|<2\\ 0 & t\geqslant 2\end{cases}$；

(5) $f(t)=\varepsilon(-t)\varepsilon(-t-2)$；

(6) $f(t)=\mathrm{sgn}(t)+\varepsilon(-t+2)$。

　　2.2　写出题图 2.1 所示各波形的函数表达式。

　　2.3　计算下列各式的值：

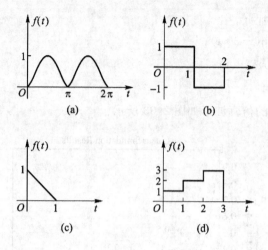

题图 2.1

$(1) \displaystyle\int_{-\infty}^{\infty} \sin(\pi t)\delta\left(t-\frac{1}{2}\right)\mathrm{d}t;$　　　　　　　$(2) \displaystyle\int_{-\infty}^{\infty} t\mathrm{e}^{-t}\varepsilon(t-5)\mathrm{d}t;$

$(3) \displaystyle\int_{-\infty}^{\infty} \varepsilon(t-5)\delta\left(t-\frac{2}{3}\right)\mathrm{d}t;$　　　　　$(4) \displaystyle\int_{-1}^{3} \cos\left(\frac{\pi}{4}t\right)\delta'(t-2)\mathrm{d}t。$

2.4　证明 $f(t)\delta'(t)=f(0)\delta'(t)-f'(0)\delta(t)$，并计算 $\dfrac{\mathrm{d}}{\mathrm{d}t}\left[\cos\left(t+\dfrac{\pi}{4}\right)\delta(t)\right]$。

2.5　已知 $f(t)=4\delta(t-2)$，计算 $\displaystyle\int_{0^-}^{\infty} f(6-4t)\mathrm{d}t$ 的值。

2.6　画出 $f(t)=\delta(t^2-4)$ 的波形，并求 $\displaystyle\int_{-\infty}^{\infty}\delta(t^2-4)\mathrm{d}t$ 的值。

2.7　列写题图 2.2 所示中 $i_1(t)$、$i_2(t)$、$u_o(t)$ 的微分方程。

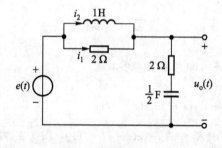

题图 2.2

2.8　给定系统微分方程 $\dfrac{\mathrm{d}^2 r(t)}{\mathrm{d}t^2}+3\dfrac{\mathrm{d}r(t)}{\mathrm{d}t}+2r(t)=\dfrac{\mathrm{d}e(t)}{\mathrm{d}t}+3e(t)$，在零输入时的初始条件下 $r(0_+)=1,r'(0_+)=2$，求系统的零输入响应，并指出自然频率。

2.9　描述系统的微分方程为 $\dfrac{\mathrm{d}^2 r(t)}{\mathrm{d}t^2}+2\dfrac{\mathrm{d}r(t)}{\mathrm{d}t}+r(t)=2\dfrac{\mathrm{d}e(t)}{\mathrm{d}t}+e(t)$，激励 $e(t)=\varepsilon(t)$，

$r(0_+)=1, r'(0_+)=2$,求系统的全响应。

2.10 对给定系统的微分方程$\dfrac{\mathrm{d}^2 r(t)}{\mathrm{d}t^2}+5\dfrac{\mathrm{d}r(t)}{\mathrm{d}t}+6r(t)=2\dfrac{\mathrm{d}^2 e(t)}{\mathrm{d}t^2}+6\dfrac{\mathrm{d}e(t)}{\mathrm{d}t}$,若激励信号为$e(t)=(1+\mathrm{e}^{-t})\varepsilon(t), r(0^-)=1, r'(0^-)=0$,试求系统的全响应、零输入响应、零状态响应、自由响应和受迫响应。

2.11 已知系统微分方程如下,计算各系统的单位冲激响应和阶跃响应。

(1) $\dfrac{\mathrm{d}^2}{\mathrm{d}t^2}r(t)+6\dfrac{\mathrm{d}}{\mathrm{d}t}r(t)+9r(t)=e(t)$;

(2) $\dfrac{\mathrm{d}}{\mathrm{d}t}r(t)+r(t)=\dfrac{\mathrm{d}}{\mathrm{d}t}e(t)$;

(3) $\dfrac{\mathrm{d}^3}{\mathrm{d}t^3}r(t)+4\dfrac{\mathrm{d}^2}{\mathrm{d}t^2}r(t)+5\dfrac{\mathrm{d}}{\mathrm{d}t}r(t)+2r(t)=\dfrac{\mathrm{d}^2}{\mathrm{d}t^2}e(t)+2\dfrac{\mathrm{d}}{\mathrm{d}t}e(t)+e(t)$。

2.12 已知题图2.3所示各子系统的冲激响应分别为:$h_1(t)=\delta(t-1), h_2(t)=\varepsilon(t)-\varepsilon(t-3)$,试求总系统的冲激响应$h(t)$。

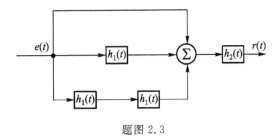

题图 2.3

2.13 用图解法求题图2.4中信号卷积$f_1(t)*f_2(t)$,并绘出所得结果的波形[图(a)中$B\leqslant A$]。

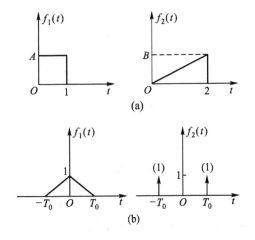

题图 2.4

2.14 $f_1(t)$与$f_2(t)$波形如题图2.5所示,试利用卷积的性质,求$y(t)=f_1(t)*f_2(t)$的表达式,并画出$y(t)$的波形。

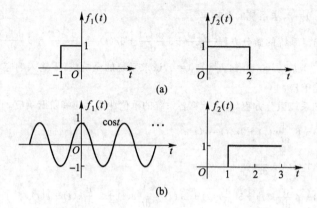

题图 2.5

2.15 已知 $f_1(t)=\varepsilon(t+2)-\varepsilon(t-2)$，$f_2(t)=\delta(t+4)+\delta(t-4)$，$f_3(t)=\delta(t+3)+\delta(t-3)$ 画出下列各卷积的波形：

(1) $f(t)=f_1(t)*f_2(t)$；

(2) $f(t)=f_1(t)*f_2(t)*f_3(t)$。

2.16 计算卷积积分 $f_1(t)*f_2(t)$：

(1) $f_1(t)=\varepsilon(t)$，$f_2(t)=t\varepsilon(t)$；

(2) $f_1(t)=e^{-t}\varepsilon(t)$，$f_2(t)=t\varepsilon(t)$；

(3) $f_1(t)=\varepsilon(t-1)$，$f_2(t)=e^t\varepsilon(2-t)$；

(4) $f_1(t)=t\varepsilon(t)$，$f_2(t)=\varepsilon(t)-\varepsilon(t-2)$。

2.17 电路如题图 2.6 所示，已知 $R=1\ \Omega$，$C_1=C_2=1$ F，试求：

(1) $r(t)$ 的单位冲激响应；

(2) 利用卷积的性质求图示三角脉冲输入时的 $r(t)$。

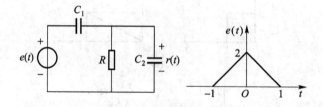

题图 2.6

2.18 已知某线性时不变系统，在信号 $e_1(t)=e^{-2t}\varepsilon(t)$ 激励下，零状态响应 $r_{zs1}=(2+e^{-t}-e^{-2t}\sin t)\varepsilon(t)$，求在信号 $e_2(t)=te^{-2t}\varepsilon(t)$ 激励下的零状态响应 $r_{zs2}(t)$。

2.19 已知系统的微分方程为 $\dfrac{d^2r(t)}{dt^2}+5\dfrac{dr(t)}{dt}+6r(t)=\dfrac{d^2e(t)}{dt^2}+3\dfrac{de(t)}{dt}+2e(t)$ 且初始状态为零。

（1）若激励信号为 $e(t)=\mathrm{e}^{-t}[\varepsilon(t)-\varepsilon(t-1)]$，求系统响应 $r(t)$；

（2）若激励信号为 $e(t)=\mathrm{e}^{-t}[\varepsilon(t)-\varepsilon(t-1)]+A\delta(t-1)$，并要求系统响应在 $t>1$ 时为零，试确定系数 A 的值。

2.20　$f_1(t),f_2(t),f_3(t)$ 如题图 2.7 所示，试用卷积性质，画出 $f_1(t)*f_2(t)*f_3(t)$ 的波形。

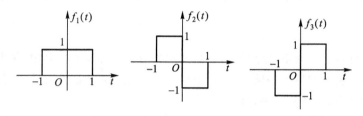

题图 2.7

2.21　试用 MATLAB 绘制题 2.1 中各信号的时域波形。

2.22　试用 MATLAB 求题 2.10 系统的零状态响应，并绘制其时域波形。

2.23　试用 MATLAB 求题 2.13 中信号 $f_1(t)$ 和 $f_2(t)$ 的卷积，并绘制卷积信号的时域波形。

第三章

连续时间信号与系统的频域分析

频域分析法即傅里叶分析法,它是变换域分析法的基石。其中,傅里叶级数是变换域分析法的理论基础,傅里叶变换作为频域分析法的重要数学工具,具有明确的物理意义,在不同的领域得到广泛的应用。

本章在介绍周期信号的傅里叶级数和频谱的概念的基础上,重点讨论傅里叶变换及其性质,以及在连续时间信号与系统分析中的应用。

3.1 周期信号的傅里叶级数

一、三角傅里叶级数

以高等数学的知识,任何周期为 T 的周期函数 $f(t)$,在满足狄里赫利条件*时,可以由三角函数的线性组合来表示。

$$f(t) = \frac{a_0}{2} + a_1\cos(\Omega t) + \cdots + a_n\cos(n\Omega t) + \cdots + b_1\sin(\Omega t) + \cdots +$$
$$b_n\sin(n\Omega t) + \cdots \tag{3.1}$$

式(3.1)即为周期信号的三角傅里叶级数表达式。

式中

$$a_0 = \frac{2}{T}\int_{t_1}^{t_1+T} f(t)\,\mathrm{d}t \tag{3.2}$$

$$a_n = \frac{2}{T}\int_{t_1}^{t_1+T} f(t)\cos(n\Omega t)\,\mathrm{d}t \tag{3.3}$$

$$b_n = \frac{2}{T}\int_{t_1}^{t_1+T} f(t)\sin(n\Omega t)\,\mathrm{d}t \tag{3.4}$$

其中,$\Omega = \dfrac{2\pi}{T}$,为基波频率,$n\Omega$ 为 n 次谐波频率。将式(3.1)中同频率项合并,可写成

---

* 狄里赫利条件:(1) 函数绝对可积,即 $\int_{t_1}^{t_1+T} |f(t)|\,\mathrm{d}t < \infty$;(2) 函数的极值数目有限;(3) 函数连续或有有限个间断点,且这些间断点的极值有限。

$$f(t) = \frac{a_0}{2} + \sum_{n=1}^{\infty} A_n \cos(n\Omega t + \varphi_n) \tag{3.5}$$

其中,傅里叶系数 a_n, b_n 和振幅 A_n,相位 φ_n 之间的关系为

$$A_n = \sqrt{a_n^2 + b_n^2}, \varphi_n = -\arctan\left(\frac{b_n}{a_n}\right) \tag{3.6}$$

$$a_n = A_n \cos\varphi_n, b_n = -A_n \sin\varphi_n \tag{3.7}$$

可以看出,A_n 和 a_n 都是 $n\Omega$ 的偶函数,φ_n 和 b_n 都是 $n\Omega$ 的奇函数。

二、指数傅里叶级数

根据欧拉公式

$$\cos(n\Omega t + \varphi_n) = \frac{1}{2}\left[e^{j(n\Omega t + \varphi_n)} + e^{-j(n\Omega t + \varphi_n)}\right] \tag{3.8}$$

并考虑到 A_n 和 φ_n 的奇偶性,即 $A_{-n} = A_n$,$\varphi_{-n} = -\varphi_n$,可将式(3.5)改写为

$$f(t) = \frac{a_0}{2} + \sum_{n=1}^{\infty} \frac{A_n}{2}\left[e^{j(n\Omega t + \varphi_n)} + e^{-j(n\Omega t + \varphi_n)}\right]$$

$$= \frac{a_0}{2} + \sum_{n=1}^{\infty} \frac{A_n}{2} e^{jn\Omega t} e^{j\varphi_n} + \sum_{n=1}^{\infty} \frac{A_{-n}}{2} e^{-jn\Omega t} e^{-j\varphi_n}$$

$$= \frac{a_0}{2} + \sum_{n=1}^{\infty} \frac{A_n}{2} e^{jn\Omega t} e^{j\varphi_n} + \sum_{n=-1}^{-\infty} \frac{A_n}{2} e^{jn\Omega t} e^{j\varphi_n}$$

$$= \sum_{n=-\infty}^{\infty} \frac{A_n}{2} e^{jn\Omega t} e^{j\varphi_n} \quad (\text{设 } a_0 = A_0, \varphi_0 = 0)$$

$$= \frac{1}{2} \sum_{n=-\infty}^{\infty} A_n e^{j(n\Omega t + \varphi_n)}$$

因 $\dot{A}_n = A_n e^{j\varphi_n}$,从而得到傅里叶级数的指数表达式

$$f(t) = \frac{1}{2} \sum_{n=-\infty}^{\infty} \dot{A}_n e^{jn\Omega t} = \sum_{n=-\infty}^{\infty} \dot{F}_n e^{jn\Omega t} \tag{3.9}$$

其中,傅里叶级数的系数

$$\dot{F}_n = \frac{\dot{A}_n}{2} = \frac{A_n}{2} e^{j\varphi_n} = \frac{1}{2}(A_n \cos\varphi_n + jA_n \sin\varphi_n) = \frac{1}{2}(a_n - jb_n)$$

$$= \frac{1}{T} \int_{t_1}^{t_1+T} f(t)[\cos(n\Omega t) - j\sin(n\Omega t)]dt = \frac{1}{T} \int_{t_1}^{t_1+T} f(t) e^{-jn\Omega t} dt \tag{3.10}$$

$\dot{F}_n$ 还可写成模和辐角的形式

$$\dot{F}_n = |F_n| e^{j\varphi_n} \tag{3.11}$$

$$\begin{cases} |F_n| = \dfrac{1}{2}A_n \\[3mm] \varphi_n = -\arctan\left(\dfrac{b_n}{a_n}\right) \end{cases} \tag{3.12}$$

3.2 周期信号的频谱

三角傅里叶级数和指数傅里叶级数虽然表达形式不同,但都是将一个周期信号表示为直流分量和各次谐波分量之和,利用式(3.6)可以求得各分量的振幅和相位;利用式(3.10)也可以求出各分量的复数振幅,而将这些关系绘成图就得到周期信号的频谱。

把描述 A_n 和 $n\Omega$ 间关系的图形称为幅度谱;描述 φ_n 和 $n\Omega$ 间关系的图形称为相位谱;而描述 F_n 和 $n\Omega$ 间关系的图形称为复数振幅谱。

如图 3.1 所示,一周期矩形脉冲信号

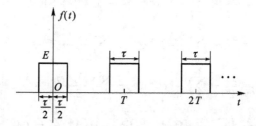

图 3.1   周期矩形脉冲信号

其一个周期的函数表达式为

$$f(t) = E\left[\varepsilon\left(t + \frac{\tau}{2}\right) - \varepsilon\left(t - \frac{\tau}{2}\right)\right] \tag{3.13}$$

利用式(3.5)可以将其展开成三角傅里叶级数,即

$$f(t) = \frac{E\tau}{T}\left[1 + 2\sum_{n=1}^{\infty}\frac{\sin(n\Omega\tau/2)}{n\Omega\tau/2}\cos(n\Omega t)\right] = \frac{E\tau}{T}\sum_{n=-\infty}^{\infty}\frac{\sin(n\Omega\tau/2)}{n\Omega\tau/2}\mathrm{e}^{jn\Omega t} \tag{3.14}$$

该信号第 n 次谐波的振幅 $A_n = \dfrac{2E\tau}{T}\left|\dfrac{\sin(n\Omega\tau/2)}{n\Omega\tau/2}\right|$,可见振幅值与 $\dfrac{\tau}{T}$ 之比有关。

不妨设 $T = 5\tau$,周期矩形脉冲信号的振幅谱、相位谱如图 3.2(a)所示。其中,使 $\dfrac{\sin(n\Omega\tau/2)}{n\Omega\tau/2} = \mathrm{Sa}\left(\dfrac{n\Omega\tau}{2}\right) = 0$ 的 $n\Omega$ 为 $\dfrac{2k\pi}{\tau}$ ($k = \pm1, \pm2, \cdots$)。类似作出周期矩形脉冲在 $T = 10\tau$ 时的频谱图如图 3.2(b)所示。可见当 τ 不变,随着 T 的增大,

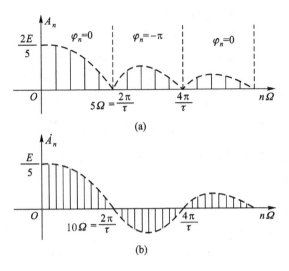

(a)

(b)

图 3.2 周期矩形脉冲的频谱

其谱线间的间隔即基波频率 $\Omega=\dfrac{2\pi}{T}$ 随之减小,频谱相应地变密集。

由图 3.2 可以得出一般周期信号振幅谱的特性:一是离散性,即由不连续的线条组成;二是谐波性,即频谱只出现在基波频率 Ω 的整数倍频率上;三是收敛性,各条谱线的幅值随着谐波次数的增高而逐渐减小。

若利用式(3.9),还可以将周期矩形脉冲信号展开成指数傅里叶级数,即

$$f(t) = \frac{E\tau}{T} \sum_{n=-\infty}^{\infty} \frac{\sin(n\Omega t/2)}{n\Omega t/2} \mathrm{e}^{jn\Omega t} \tag{3.15}$$

从而可得其复振幅频谱,如图 3.3 所示($T=5\tau$)。幅度的正负变化,对应着相位 0 和 π 的变化。

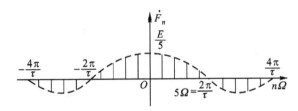

图 3.3 周期矩形脉冲的复振幅频谱

比较图 3.2(a)和 3.3,可以看出图 3.2(a)中每个分量的幅度一分为二,正好分在图 3.3 正负频率对应的位置上,所以只有把图 3.3 正负频率对应的两条谱线矢量相加起来,才代表一个实际频率分量的幅度。指数形式负频率的出现完

全是数学运算的结果,并无任何物理意义。

从上面讨论中,得到了一般周期信号频谱的特性,即离散性、谐波性和收敛性,正是由于谐波振幅具有收敛性,这类信号能量的主要部分均集中在低频分量中,实际运用中将忽略谐波次数过高的那些分量。因此,对于一个信号,将从零频率开始到所需要考虑的最高分量的频率间的这一频率范围,称为信号所占有的频带宽度。对于图 3.2 所示的具有抽样函数 $\mathrm{Sa}(t)=\dfrac{\sin t}{t}$ 形式的频谱,常把从零频率开始到频谱包络线第一次过零点的那个频率之间的频带作为信号的频带宽度,记作 B_w 或 B_f,有

$$B_w=\frac{2\pi}{\tau}\text{ 或 }B_f=\Delta f=\frac{1}{\tau} \tag{3.16}$$

可见,信号的频带宽度只与脉宽 τ 有关且成反比,这是信号分析中最基本的特性,即信号的频宽与时宽成反比。也就是说时间函数中变化较快的信号必定具有较宽的频带。

为使用方便,将几种常用的周期信号的傅里叶级数列于表 3.1 中。

表 3.1　常用周期信号的傅里叶级数

信号波形	傅里叶级数
	$\dfrac{E\tau}{T}\left[1+2\displaystyle\sum_{n=1}^{\infty}\frac{\sin(n\Omega\tau/2)}{n\Omega\tau/2}\cos(n\Omega t)\right]$
	$\dfrac{E}{\pi}\displaystyle\sum_{n=1}^{\infty}(-1)^{n+1}\frac{1}{n}\sin(n\Omega t)$
	$\dfrac{E}{2}+\dfrac{4E}{\pi^2}\displaystyle\sum_{n=1}^{\infty}\frac{1}{n^2}\sin^2\left(\frac{n\pi}{2}\right)\cos(n\Omega t)$

续表

信号波形	傅里叶级数
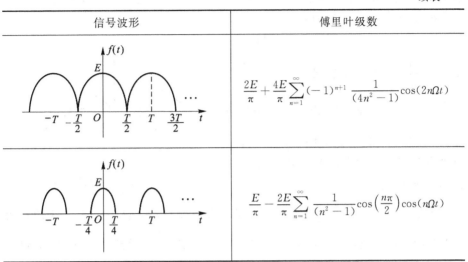	$\dfrac{2E}{\pi} + \dfrac{4E}{\pi} \displaystyle\sum_{n=1}^{\infty} (-1)^{n+1} \dfrac{1}{(4n^2-1)} \cos(2n\Omega t)$
	$\dfrac{E}{\pi} - \dfrac{2E}{\pi} \displaystyle\sum_{n=1}^{\infty} \dfrac{1}{(n^2-1)} \cos\left(\dfrac{n\pi}{2}\right) \cos(n\Omega t)$

最后讨论函数的对称性与傅里叶级数的关系：

1. 偶函数

满足 $f(t) = f(-t)$ 的函数 $f(t)$ 即为偶函数，其信号波形相对于纵轴对称。则式(3.3)中的 $f(t)\cos(n\Omega t)$ 为偶函数，式(3.4)中的 $f(t)\sin(n\Omega t)$ 为奇函数。于是有

$$a_n = \frac{4}{T}\int_0^{\frac{T}{2}} f(t)\cos(n\Omega t)\,\mathrm{d}t \qquad (3.17)$$

$$b_n = 0 \qquad (3.18)$$

所以，在偶函数的傅里叶级数中，只包含有直流分量和余弦项谐波分量 $a_n\cos(n\Omega t)$，而不含有正弦项谐波分量。如表 3.1 中列出的周期三角脉冲信号。

2. 奇函数

满足 $f(t) = -f(-t)$ 的函数即为奇函数，其波形相对于原点对称。由式(3.3)、(3.4)得

$$a_0 = 0, a_n = 0 \qquad (3.19)$$

$$b_n = \frac{4}{T}\int_0^{\frac{T}{2}} f(t)\sin(n\Omega t)\,\mathrm{d}t \qquad (3.20)$$

所以，在奇函数的傅里叶级数中，只有正弦项谐波分量 $b_n\sin(n\Omega t)$，而无直流分量和余弦项谐波分量，如表 3.1 中列出得周期锯齿脉冲信号。

3. 奇谐函数和偶谐函数

满足 $f(t) = -f\left(t \pm \dfrac{T}{2}\right)$ 的函数 $f(t)$ 即为奇谐函数，其信号波形沿时间轴平

移半个周期并相对于时间轴上下反转后，波形不发生变化。如图 3.4 所示。

由式(3.3)、(3.4)可以得出

$$a_0 = 0, a_n = b_n = 0 \quad (n \text{ 为偶数})$$

$$a_n = \frac{4}{T} \int_0^{\frac{T}{2}} f(t) \cos(n\Omega t) \, dt \quad (n \text{ 为奇数})$$

$$b_n = \frac{4}{T} \int_0^{\frac{T}{2}} f(t) \sin(n\Omega t) \, dt \quad (n \text{ 为奇数})$$

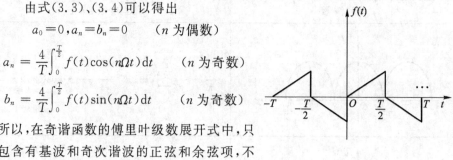

所以，在奇谐函数的傅里叶级数展开式中，只包含有基波和奇次谐波的正弦和余弦项，不含偶次谐波项。

图 3.4　奇谐函数波形

满足 $f(t) = f\left(t \pm \dfrac{T}{2}\right)$ 的函数 $f(t)$ 即为偶谐函数，其信号的任意半个周期的波形与前半周期波形完全相同。同理可以得出，其傅里叶级数展开式中，只包含偶次谐波分量，不含奇次谐波分量。

3.3　非周期信号的傅里叶变换

非周期信号不能直接用傅里叶级数表示。但可利用上节傅里叶分析方法导出非周期信号的傅里叶变换。

仍以周期矩形信号为例，其频谱图如图 3.3 所示，当周期 T 无限增大时，则周期信号就转化为非周期性的单脉冲信号。所以可以把非周期信号看成是周期 T 趋于无限大的周期信号。从上一节讨论已知，当周期信号的周期 T 增大时，谱线的间隔 $\Omega = \dfrac{2\pi}{T}$ 变小，若周期 T 趋于无限大，则谱线的间隔趋于无限小，这样，离散频谱就变成了连续频谱；而各分量的振幅将趋于无穷小，不过这些无穷小量之间仍保持一定的比例关系。因此，通过引入一个新的量——称为"频谱密度函数"来表示非周期信号。

将周期信号 $f(t)$ 展开成指数形式的傅里叶级数，其系数由式(3.10)得

$$\dot{F}_n = \frac{1}{T} \int_{-\frac{T}{2}}^{\frac{T}{2}} f(t) e^{-jn\Omega t} \, dt \tag{3.21}$$

上式两边同乘以 T，得到

$$\dot{F}_n \cdot T = \frac{2\pi \dot{F}_n}{\Omega} = \int_{-\frac{T}{2}}^{\frac{T}{2}} f(t) e^{-jn\Omega t} \, dt \tag{3.22}$$

对于非周期信号，当周期 $T \to \infty$，则角频率 $\Omega \to 0$，谱间隔 $\Delta(n\Omega) \to d\omega$，而离散频率 $n\Omega \to \omega$。在这种极限情况下，$\dot{F}_n \to 0$，但 $\dot{F}_n T$ 趋近于有限值，且变成一个连

续函数,通常记为 $F(\mathrm{j}\omega)$,即

$$F(\mathrm{j}\omega) = \lim_{T \to \infty} \dot{F}_n T = \lim_{\Omega \to 0} 2\pi \frac{\dot{F}_n}{\Omega} \tag{3.23}$$

式中 $\dfrac{\dot{F}_n}{\Omega}$ 表示单位频带的频谱值——频谱密度,因此 $F(\mathrm{j}\omega)$ 称为原函数 $f(t)$ 的频谱密度函数,也简称为频谱函数。

式(3.22)在非周期信号的情况下将变成

$$F(\mathrm{j}\omega) = \lim_{T \to \infty} \int_{-\frac{T}{2}}^{\frac{T}{2}} f(t) \mathrm{e}^{-\mathrm{j}n\Omega t} \,\mathrm{d}t = \int_{-\infty}^{\infty} f(t) \mathrm{e}^{-\mathrm{j}\omega t} \,\mathrm{d}t \tag{3.24}$$

同理,对于傅里叶级数

$$f(t) = \sum_{n=-\infty}^{\infty} \dot{F}_n \mathrm{e}^{\mathrm{j}n\Omega t}$$

上式可改写为

$$f(t) = \sum_{n=-\infty}^{\infty} \frac{\dot{F}_n}{\Omega} \mathrm{e}^{\mathrm{j}n\Omega t} \Omega \tag{3.25}$$

当周期 $T \to \infty$ 时,谱线间隔 $\Omega \to \mathrm{d}\omega$,而离散频率 $n\Omega \to \omega$,$\dfrac{\dot{F}_n}{\Omega} \to \dfrac{F(\mathrm{j}\omega)}{2\pi}$,$\displaystyle\sum_{n=-\infty}^{\infty} \to \int_{-\infty}^{\infty}$,可改写为

$$f(t) = \frac{1}{2\pi} \int_{-\infty}^{\infty} F(\mathrm{j}\omega) \mathrm{e}^{\mathrm{j}\omega t} \,\mathrm{d}\omega \tag{3.26}$$

式(3.24)和式(3.26)就是非周期信号的傅里叶变换。通常式(3.24)称为傅里叶正变换,式(3.26)称为傅里叶反变换。为了书写方便,用符号 $\mathscr{F}[f(t)]$ 表示 $f(t)$ 的傅里叶正变换,用 $\mathscr{F}^{-1}[F(\mathrm{j}\omega)]$ 表示 $F(\mathrm{j}\omega)$ 的傅里叶反变换,即

$$F(\mathrm{j}\omega) = \mathscr{F}[f(t)] = \int_{-\infty}^{\infty} f(t) \mathrm{e}^{-\mathrm{j}\omega t} \,\mathrm{d}t \tag{3.27}$$

$$f(t) = \mathscr{F}^{-1}[F(\mathrm{j}\omega)] = \frac{1}{2\pi} \int_{-\infty}^{\infty} F(\mathrm{j}\omega) \mathrm{e}^{\mathrm{j}\omega t} \,\mathrm{d}\omega \tag{3.28}$$

也常记为: $\qquad\qquad f(t) \leftrightarrow F(\mathrm{j}\omega)$

一般,$F(\mathrm{j}\omega)$ 是 ω 的复函数,它可以写为

$$F(\mathrm{j}\omega) = |F(\mathrm{j}\omega)| \mathrm{e}^{\mathrm{j}\varphi(\omega)} \tag{3.29}$$

式中 $|F(\mathrm{j}\omega)|$ 是频谱函数的模,它表示了非周期信号 $f(t)$ 中各频率分量幅值的相对大小。$\varphi(\omega)$ 是频谱函数 $F(\mathrm{j}\omega)$ 的辐角,它表示了非周期信号 $f(t)$ 中各频率分量的相位关系。与周期信号类似,把 $|F(\mathrm{j}\omega)| \sim \omega$ 和 $\varphi(\omega) \sim \omega$ 关系曲线分别称为非周期信号的幅度频谱和相位频谱。

应当指出,上述导出傅里叶变换的过程着重于物理概念。严格的数学推导

表明,傅里叶变换存在的充分条件是

$$\int_{-\infty}^{\infty} \left| f(t) \right| \mathrm{d}t < \infty \tag{3.30}$$

即是说,信号 $f(t)$ 只要满足式(3.30)绝对可积条件,它就存在傅里叶变换 $F(\mathrm{j}\omega)$。但式(3.30)并不是必要条件,一些常用信号并不满足式(3.30)绝对可积条件,但它们却存在傅里叶变换。

3.4 常用信号的傅里叶变换

1. 单边指数衰减信号

单边指数衰减信号的表达式为

$$f(t) = \begin{cases} \mathrm{e}^{-\alpha t} & (t \geqslant 0) \\ 0 & (t < 0) \end{cases}$$

式中 $\alpha > 0$,其波形如图 3.5(a)所示。

$f(t)$ 的频谱函数为

$$F(\mathrm{j}\omega) = \int_{-\infty}^{\infty} f(t)\mathrm{e}^{-\mathrm{j}\omega t}\,\mathrm{d}t = \int_{0}^{\infty} \mathrm{e}^{-\alpha t} \cdot \mathrm{e}^{-\mathrm{j}\omega t}\,\mathrm{d}t = \frac{1}{\alpha + \mathrm{j}\omega} \tag{3.31}$$

所以

$$|F(\mathrm{j}\omega)| = \frac{1}{\sqrt{\alpha^2 + \omega^2}}$$

$$\varphi(\omega) = -\arctan\left(\frac{\omega}{\alpha}\right)$$

其频谱函数的幅度谱和相位谱分别如图 3.5(b)和(c)所示。

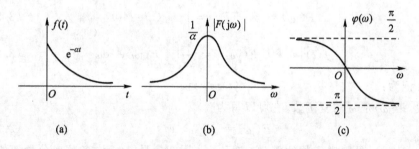

图 3.5 单边指数衰减信号及其频谱

2. 双边指数衰减信号

双边指数衰减信号的表达式为

$$f(t) = \begin{cases} e^{-\alpha t} & (t \geqslant 0) \\ e^{\alpha t} & (t < 0) \end{cases}$$

式中 $\alpha > 0$，其波形如图 3.6(a)所示。

$f(t)$ 的频谱函数为

$$F(j\omega) = \int_{-\infty}^{\infty} f(t) e^{-j\omega t} dt = \int_{-\infty}^{0} e^{\alpha t} \cdot e^{-j\omega t} dt + \int_{0}^{\infty} e^{-\alpha t} \cdot e^{-j\omega t} dt$$

$$= \frac{1}{\alpha - j\omega} + \frac{1}{\alpha + j\omega} = \frac{2\alpha}{\alpha^2 + \omega^2} \tag{3.32}$$

显然，$F(j\omega)$ 为实函数，所以

$$|F(j\omega)| = \frac{2\alpha}{\alpha^2 + \omega^2}$$

$$\varphi(\omega) = 0$$

其频谱函数的幅度谱如图 3.6(b)所示。

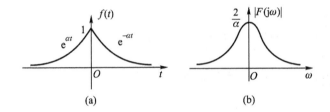

图 3.6　双边指数衰减信号及其频谱

3. 矩形脉冲信号

矩形脉冲信号的表达式为

$$f(t) = \begin{cases} E & |t| < \dfrac{\tau}{2} \\ 0 & |t| > \dfrac{\tau}{2} \end{cases} \tag{3.33}$$

其波形如图 3.7(a)所示。

其频谱函数为

$$F(j\omega) = \int_{-\infty}^{\infty} f(t) e^{-j\omega t} dt = E \int_{-\frac{\tau}{2}}^{\frac{\tau}{2}} e^{-j\omega t} dt = E\tau \frac{\sin\left(\dfrac{\omega\tau}{2}\right)}{\dfrac{\omega\tau}{2}} = E\tau \mathrm{Sa}\left(\dfrac{\omega\tau}{2}\right)$$

$$\tag{3.34}$$

这样，矩形脉冲信号的幅度谱和相位谱分别为

$$|F(j\omega)| = E\tau \left| \mathrm{Sa}\left(\dfrac{\omega\tau}{2}\right) \right|$$

$$\varphi(\omega)=\begin{cases}0 & \dfrac{4n\pi}{\tau}<|\omega|<\dfrac{2(2n+1)\pi}{\tau}\\[3mm]\pi & \dfrac{2(2n+1)\pi}{\tau}<|\omega|<\dfrac{4(n+1)\pi}{\tau}\end{cases}$$

这里，$F(\mathrm{j}\omega)$ 为实函数，用一条曲线同时表示幅度谱和相位谱，如图 3.7(b) 所示。当 $F(\mathrm{j}\omega)$ 为正值时，其相位为 0；当 $F(\mathrm{j}\omega)$ 为负值时，其相位为 π。

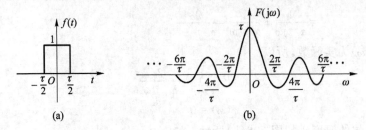

图 3.7　矩形脉冲信号及其频谱

通常将 $E=1$ 时的矩形脉冲信号称为门函数，用 $g_\tau(t)$ 表示。

4. 单位冲激信号

单位冲激函数 $\delta(t)$ 的傅里叶变换 $F(\mathrm{j}\omega)$ 为

$$F(\mathrm{j}\omega)=\int_{-\infty}^{\infty}\delta(t)\mathrm{e}^{-\mathrm{j}\omega t}\,\mathrm{d}t$$

由单位冲激函数的定义及筛选性质有

$$F(\mathrm{j}\omega)=\int_{-\infty}^{\infty}\delta(t)\mathrm{d}t=1 \tag{3.35}$$

即 $\delta(t)\leftrightarrow1$。

此结果也可由单位矩形脉冲取极限（$\tau\to0$）得到，也说明单位冲激函数的频谱函数为 1，如图 3.8 所示。也就是说，单位冲激函数的频谱在 $-\infty<\omega<\infty$ 整个频率区间是均匀分布的。这样的频谱常称为"均匀谱"或"白色谱"。

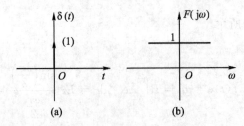

图 3.8　冲激信号的频谱

5. 直流信号

幅度等于 1 的直流信号可以表示为

$$f(t) = 1 \quad -\infty < t < \infty$$

它不满足式(3.30)的绝对可积条件,不能应用式(3.27)直接计算其频谱函数。但若把直流信号看作双边指数衰减信号当 $\alpha \to 0$ 的极限情况,如图 3.9(a)所示,那么就可由求得的双边指数衰减信号的频谱函数(3.32),取 $\alpha \to 0$ 的极限得到直流信号的频谱。即

$$F(j\omega) = \lim_{\alpha \to 0} \frac{2\alpha}{\alpha^2 + \omega^2} = \begin{cases} 0 & \omega \neq 0 \\ \infty & \omega = 0 \end{cases}$$

由上式,直流信号的频谱函数在 $\omega = 0$ 处含有频域的冲激函数。该冲激函数的冲激强度为

$$\lim_{\alpha \to 0} \int_{-\infty}^{\infty} \frac{2\alpha}{\alpha^2 + \omega^2} d\omega = \lim_{\alpha \to 0} \int_{-\infty}^{\infty} \frac{2}{1 + \left(\frac{\omega}{\alpha}\right)^2} d\left(\frac{\omega}{\alpha}\right)$$

$$= \lim_{\alpha \to 0} \int_0^{\infty} \frac{4}{1 + \left(\frac{\omega}{\alpha}\right)^2} d\left(\frac{\omega}{\alpha}\right) = \lim_{\alpha \to 0} 4\arctan\left(\frac{\omega}{\alpha}\right)\Big|_0^{\infty} = 2\pi$$

于是,有

$$F(j\omega) = \mathscr{F}[1] = 2\pi\delta(\omega) \tag{3.36}$$

即

$$1 \leftrightarrow 2\pi\delta(\omega)$$

此结果还可由门函数取 $\tau \to \infty$ 的极限求得。其频谱图如图 3.9(b)所示。

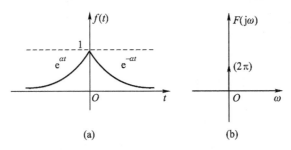

图 3.9 直流信号及其频谱

6. 符号函数

符号函数通常用符号 $\text{sgn}(t)$ 表示,其定义式为

$$\text{sgn}(t) = \begin{cases} 1 & (t \geqslant 0) \\ -1 & (t < 0) \end{cases}$$

可以看出,符号函数也不满足绝对可积条件,但它却存在傅里叶变换。可以借助

于符号函数与双边指数衰减函数相乘,先求得此乘积信号 $f_1(t)$ 的频谱,然后取极限,得到符号函数 $f(t)$ 的频谱。通常称 $f_1(t)$ 为奇双边指数衰减信号,其波形如图 3.10(a)所示。

下面先求乘积信号 $f_1(t)$ 的频谱 $F_1(j\omega)$。

$$F_1(j\omega) = \int_{-\infty}^{\infty} f_1(t)e^{-j\omega t}\,dt = \int_{-\infty}^{0} -e^{\alpha t} \cdot e^{-j\omega t}\,dt + \int_{0}^{\infty} e^{-\alpha t} \cdot e^{-j\omega t}\,dt$$

式中 $\alpha > 0$。

积分并化简,可得

$$F_1(j\omega) = -\frac{2j\omega}{\alpha^2 + \omega^2}$$

从而

$$|F_1(j\omega)| = \frac{2|\omega|}{\alpha^2 + \omega^2}$$

$$\varphi_1(\omega) = \begin{cases} \dfrac{\pi}{2} & (\omega < 0) \\[2mm] -\dfrac{\pi}{2} & (\omega > 0) \end{cases}$$

其频谱图如图 3.10(b)所示。

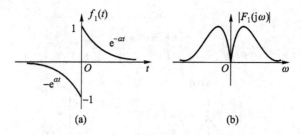

图 3.10 奇双边指数衰减信号及其频谱图

再求符号函数 $\mathrm{sgn}(t)$ 的频谱 $F(j\omega)$

$$F(j\omega) = \lim_{\alpha \to 0} F_1(\omega) = \lim_{\alpha \to 0}\left(-\frac{2j\omega}{\alpha^2 + \omega^2}\right) = \frac{2}{j\omega} \tag{3.37}$$

所以

$$|F(j\omega)| = \frac{2}{|\omega|}$$

$$\varphi(\omega) = \begin{cases} -\dfrac{\pi}{2} & (\omega > 0) \\[2mm] \dfrac{\pi}{2} & (\omega < 0) \end{cases}$$

符号函数的波形及其幅度频谱、相位频谱分别如图 3.11(a)、(b)、(c)所示。

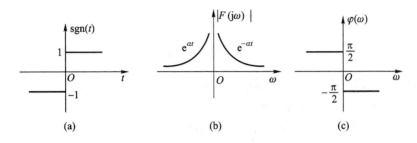

图 3.11 符号函数及其频谱图

7. 单位阶跃函数

单位阶跃函数 $\varepsilon(t)$ 可以看作幅度为 $\frac{1}{2}$ 的直流信号与 $\frac{\text{sgn}(t)}{2}$ 函数之和,如图 3.12(a)、(b)、(c)所示。即

$$\varepsilon(t) = \frac{1}{2} + \frac{1}{2}\text{sgn}(t)$$

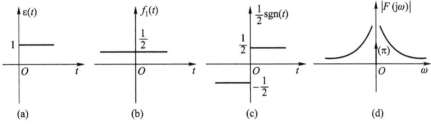

图 3.12 阶跃函数及其分解

则单位阶跃函数 $\varepsilon(t)$ 的傅里叶变换为

$$F(j\omega) = \mathscr{F}[\varepsilon(t)] = \mathscr{F}\left[\frac{1}{2}\right] + \mathscr{F}\left[\frac{1}{2}\text{sgn}(t)\right]$$

$$= \pi\delta(\omega) + \frac{1}{j\omega} \tag{3.38}$$

所以

$$|F(j\omega)| = \begin{cases} \pi\delta(\omega) & \omega = 0 \\ \dfrac{1}{|\omega|} & \omega \neq 0 \end{cases}$$

$$\varphi(\omega)=\begin{cases} -\dfrac{\pi}{2} & (\omega>0) \\[2mm] 0 & (\omega=0) \\[2mm] \dfrac{\pi}{2} & (\omega<0) \end{cases}$$

单位阶跃函数的幅度频谱图如图 3.12(d)所示。

8. 一般周期信号的傅里叶变换

首先讨论复指数函数 $e^{j\omega_0 t}$ 的傅里叶变换

$$\mathscr{F}[e^{j\omega_0 t}] = \int_{-\infty}^{\infty} e^{j\omega_0 t} \cdot e^{-j\omega t} dt = \int_{-\infty}^{\infty} e^{-j(\omega-\omega_0)t} dt$$

直接计算这个积分有困难,可用下面方法间接求得,由 $\delta(t) \leftrightarrow 1$ 有

$$\mathscr{F}^{-1}[1] = \frac{1}{2\pi}\int_{-\infty}^{\infty} e^{j\omega t} d\omega = \delta(t)$$

即

$$\int_{-\infty}^{\infty} e^{j\omega t} d\omega = 2\pi\delta(t)$$

因为 $\delta(t)$ 为偶函数,则

$$\int_{-\infty}^{\infty} e^{-j\omega t} d\omega = 2\pi\delta(-t) = 2\pi\delta(t)$$

将上式中积分变量 ω 以 t 代换,t 以 $(\omega-\omega_0)$ 代换,可得

$$\int_{-\infty}^{\infty} e^{-j(\omega-\omega_0)t} dt = 2\pi\delta(\omega-\omega_0)$$

所以

$$\mathscr{F}[e^{j\omega_0 t}] = \int_{-\infty}^{\infty} e^{-j(\omega-\omega_0)t} dt = \int_{-\infty}^{\infty} e^{j\omega_0 t} \cdot e^{-j\omega t} dt = 2\pi\delta(\omega-\omega_0)$$

即

$$e^{j\omega_0 t} \leftrightarrow 2\pi\delta(\omega-\omega_0) \tag{3.39}$$

由此可见,$e^{j\omega_0 t}$ 的傅里叶变换为一位于 ω_0 且强度为 2π 的冲激函数。

利用这一结果和欧拉公式,读者可自行推得

$$\cos(\omega_0 t) \leftrightarrow \pi[\delta(\omega+\omega_0)+\delta(\omega-\omega_0)] \tag{3.40}$$

$$\sin(\omega_0 t) \leftrightarrow j\pi[\delta(\omega+\omega_0)-\delta(\omega-\omega_0)] \tag{3.41}$$

下面推导一般周期信号的傅里叶变换。周期为 T 的周期信号 $f(t)$ 的指数傅里叶级数表示式为

$$f(t) = \sum_{n=-\infty}^{\infty} \dot{F}_n e^{jn\Omega t}$$

两边取傅里叶变换

$$\mathscr{F}[f(t)] = \mathscr{F}\Big[\sum_{n=-\infty}^{\infty} \dot{F}_n \mathrm{e}^{\mathrm{j}n\Omega t}\Big] = \sum_{n=-\infty}^{\infty} \dot{F}_n \mathscr{F}[\mathrm{e}^{\mathrm{j}n\Omega t}]$$

$$= 2\pi \sum_{n=-\infty}^{\infty} \dot{F}_n \delta(\omega - n\Omega) \tag{3.42}$$

其中 $\dot{F}_n$ 是 $f(t)$ 的傅里叶级数的系数

$$\dot{F}_n = \frac{1}{T}\int_{-\frac{T}{2}}^{\frac{T}{2}} f(t)\mathrm{e}^{-\mathrm{j}n\Omega t}\,\mathrm{d}t \tag{3.43}$$

式(3.42)表明,周期信号 $f(t)$ 的傅里叶变换是由一系列冲激函数组成,这些冲激位于信号的谐波频率($0,\pm\Omega,\pm2\Omega,\cdots$)处,每个冲激的强度等于 $f(t)$ 的傅里叶级数相应系数 $\dot{F}_n$ 的 2π 倍。显然,周期信号的频谱是离散的,这一点与3.2节的结论是一致的。然而,由于傅里叶变换是反映频谱密度的概念,因此周期信号的傅里叶变换不等于傅里叶级数,这里不是有限值,而是冲激函数,它表明在无穷小的频带范围内(即谐频点)取得了无限大的频谱值。

下面重点讨论周期性脉冲序列的傅里叶级数与单脉冲的傅里叶变换的关系。从周期性脉冲序列 $f(t)$ 中截取一个周期,得到所谓单脉冲信号。它的傅里叶变换 $F_0(\mathrm{j}\omega)$ 等于

$$F_0(\mathrm{j}\omega) = \int_{-\frac{T}{2}}^{\frac{T}{2}} f(t)\mathrm{e}^{-\mathrm{j}\omega t}\,\mathrm{d}t \tag{3.44}$$

比较式(3.43)和式(3.44),显然可以得到

$$\dot{F}_n = \frac{1}{T}F_0(\omega)\Big|_{\omega=n\Omega} \tag{3.45}$$

式(3.45)表明,周期脉冲序列的傅里叶的级数 $\dot{F}_n$ 等于单脉冲的傅里叶变换 $F_0(\mathrm{j}\omega)$ 在 $n\Omega$ 频率点的值乘以 $\frac{1}{T}$。利用单脉冲的傅里叶变换式可以很方便地求出周期性脉冲序列的傅里叶系数。

例 3.1 若周期单位冲激序列的间隔为 T,用符号 $\delta_T(t)$ 表示,即

$$\delta_T(t) = \sum_{n=-\infty}^{\infty} \delta(t-nT)$$

如图 3.13 所示。求周期单位冲激序列的傅里叶级数与傅里叶变换。

解: 因为 $\delta_T(t)$ 是周期函数,所以可以把它展成傅里叶级数

$$\delta_T(t) = \sum_{n=-\infty}^{\infty} \dot{F}_n \mathrm{e}^{\mathrm{j}n\Omega t}$$

其中

$$\dot{F}_n = \frac{1}{T}\int_{-\frac{T}{2}}^{\frac{T}{2}} \delta_T(t)\mathrm{e}^{-\mathrm{j}n\Omega t}\,\mathrm{d}t = \frac{1}{T}\int_{-\frac{T}{2}}^{\frac{T}{2}} \delta(t)\mathrm{e}^{-\mathrm{j}n\Omega t}\,\mathrm{d}t = \frac{1}{T}$$

所以

$$\delta_T(t) = \frac{1}{T} \sum_{n=-\infty}^{\infty} e^{jn\Omega t} \qquad (3.46)$$

可见,在周期单位冲激序列的傅里叶级数中只包含位于 $\omega=0, \pm\Omega, \pm2\Omega, \cdots, \pm n\Omega, \cdots$ 的频率分量,每个频率分量的大小是相等的,均等于 $\frac{1}{T}$。

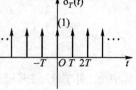

图 3.13   单位冲激序列

下面求 $\delta_T(t)$ 的傅里叶变换。

由式(3.42)可知

$$\mathscr{F}[f(t)] = 2\pi \sum_{n=-\infty}^{\infty} \dot{F}_n \delta(\omega - n\Omega)$$

因为 $\dot{F}_n = \frac{1}{T}$,所以,$\delta_T(t)$ 的傅里叶变换为

$$F(j\omega) = \mathscr{F}[\delta_T(t)] = \Omega \sum_{n=-\infty}^{\infty} \delta(\omega - n\Omega) \qquad (3.47)$$

可见,周期单位冲激序列的傅里叶变换是位于频率 $\omega=0, \pm\Omega, \pm2\Omega, \cdots, \pm n\Omega, \cdots$ 处的一系列冲激函数,其强度均等于 Ω。如图 3.14 所示。

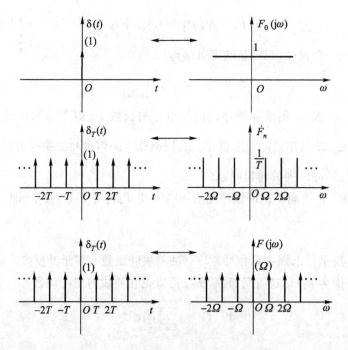

图 3.14   周期冲激序列的傅里叶级数的系数与傅里叶变换

例 3.2 已知周期矩形脉冲信号 $f(t)$ 如图 3.15 所示,求其傅里叶级数与傅里叶变换。

解: 设单矩形脉冲 $f_0(t)$ 的傅里叶变换 $F_0(j\omega)$,由式(3.34)知

$$F_0(j\omega) = E\tau Sa\left(\frac{\omega\tau}{2}\right)$$

由式(3.45)可以求出周期矩形脉冲信号的傅里叶级数的系数 $\dot{F}_n$

$$\dot{F}_n = \frac{1}{T}F_0|(\omega)|_{\omega=n\Omega} = \frac{E\tau}{T}Sa\left(\frac{n\Omega\tau}{2}\right)$$

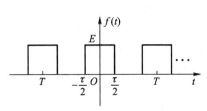

图 3.15 周期矩形脉冲信号

这样 $f(t)$ 的傅里叶级数为

$$f(t) = \frac{E\tau}{T}\sum_{n=-\infty}^{\infty}Sa\left(\frac{n\Omega\tau}{2}\right)e^{jn\Omega t}$$

再由式(3.42)便可得到 $f(t)$ 的傅里叶变换 $F(j\omega)$

$$F(j\omega) = 2\pi\sum_{n=-\infty}^{\infty}\dot{F}_n\delta(\omega - n\Omega)$$

$$= E\tau\Omega\sum_{n=-\infty}^{\infty}Sa\left(\frac{n\Omega\tau}{2}\right)\delta(\omega - n\Omega)$$

如图 3.16 所示。

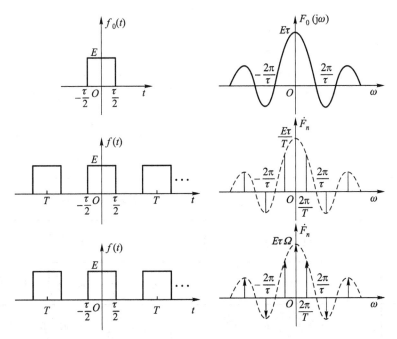

图 3.16 周期矩形脉冲信号的傅里叶级数的系数与傅里叶变换

为使用方便,将一些常用函数及其频谱函数列入表 3.2 中。

表 3.2   一些常用函数的频谱函数

序号	时间函数 $f(t)$	频谱函数 $F(j\omega)$
1	$\delta(t)$	1
2	$\varepsilon(t)$	$\pi\delta(\omega)+\dfrac{1}{j\omega}$
3	$\mathrm{sgn}(t)=\varepsilon(t)-\varepsilon(-t)$	$\dfrac{2}{j\omega}$
4	1	$2\pi\delta(\omega)$
5	$e^{-\alpha t}\varepsilon(t)$	$\dfrac{1}{\alpha+j\omega}$
6	$e^{-\alpha|t|}\varepsilon(t)$	$\dfrac{2\alpha}{\alpha^2+\omega^2}$
7	$te^{-\alpha t}\varepsilon(t)$	$\dfrac{1}{(\alpha+j\omega)^2}$
8	$\cos(\omega_0 t)$	$\pi[\delta(\omega+\omega_0)+\delta(\omega-\omega_0)]$
9	$\sin(\omega_0 t)$	$j\pi[\delta(\omega+\omega_0)-\delta(\omega-\omega_0)]$
10	$e^{-\alpha t}\sin(\omega_0 t)\varepsilon(t)$	$\dfrac{\omega_0}{(\alpha+j\omega)^2+\omega_0^2}$
11	$\cos(\omega_0 t)\varepsilon(t)$	$\dfrac{\pi}{2}[\delta(\omega+\omega_0)+\delta(\omega-\omega_0)]+\dfrac{j\omega}{\omega_0^2-\omega^2}$
12	$\sin(\omega_0 t)\varepsilon(t)$	$\dfrac{\pi}{2j}[\delta(\omega-\omega_0)-\delta(\omega+\omega_0)]+\dfrac{\omega_0}{\omega_0^2-\omega^2}$
13	$g_\tau(t)=\varepsilon\left(t+\dfrac{\tau}{2}\right)-\varepsilon\left(t-\dfrac{\tau}{2}\right)$	$\tau\mathrm{Sa}\left(\dfrac{\omega\tau}{2}\right)$
14	$\mathrm{Sa}\left(\dfrac{\Omega t}{2}\right)$	$G_\Omega(\omega)=\dfrac{2\pi}{\Omega}\left[\varepsilon\left(\omega+\dfrac{\Omega}{2}\right)-\varepsilon\left(t-\dfrac{\Omega}{2}\right)\right]$
15	$\delta_T(t)=\displaystyle\sum_{n=-\infty}^{\infty}\delta(t-nT)$	$\Omega\displaystyle\sum_{n=-\infty}^{\infty}\delta(\omega-n\Omega),\Omega=\dfrac{2\pi}{T}$

3.5 傅里叶变换的性质

傅里叶变换有许多重要的性质,掌握并利用这些性质为求取信号的傅里叶变换和进行系统分析带来很大方便。

1. 线性性质

若 $f_1(t) \leftrightarrow F_1(j\omega)$ 和 $f_2(t) \leftrightarrow F_2(j\omega)$,则

$$a_1 f_1(t) + a_2 f_2(t) \leftrightarrow a_1 F_1(j\omega) + a_2 F_2(j\omega) \tag{3.48}$$

式中,a_1 和 a_2 为任意常数。

由傅里叶变换的定义式很容易证明上述结论。显然,傅里叶变换是一种线性运算,它满足齐次性和叠加性。

2. 时移性质

若 $f(t) \leftrightarrow F(j\omega)$,则

$$f(t \pm t_0) \leftrightarrow F(j\omega) e^{\pm j\omega t_0} \tag{3.49}$$

式中 t_0 为正实常数。

证明:

因为

$$\mathscr{F}[f(t - t_0)] = \int_{-\infty}^{\infty} f(t - t_0) e^{-j\omega t} dt$$

令

$$\tau = t - t_0$$

则有

$$\mathscr{F}[f(t - t_0)] = \int_{-\infty}^{\infty} f(\tau) e^{-j\omega(\tau + t_0)} d\tau = e^{-j\omega t_0} \int_{-\infty}^{\infty} f(\tau) e^{-j\omega \tau} d\tau$$

即

$$f(t - t_0) \leftrightarrow F(j\omega) e^{-j\omega t_0}$$

同理可得

$$f(t + t_0) \leftrightarrow F(j\omega) e^{j\omega t_0}$$

由式(3.49)可以看出,信号 $f(t)$ 在时域中沿时间轴右移 t_0,等效于在频域中频谱乘以因子 $e^{-j\omega t_0}$,也就是说信号右移后,其幅度谱不变,只是相位谱产生了附加变化 $(-\omega t_0)$。

3. 频移性质

若 $f(t) \leftrightarrow F(j\omega)$,则

$$f(t) e^{\pm j\omega_0 t} \leftrightarrow \mathscr{F}[j(\omega \mp \omega_0)] \tag{3.50}$$

式中 ω_0 为实常数。

证明:

因为 $\mathscr{F}[f(t)\mathrm{e}^{\mathrm{j}\omega_0 t}] = \int_{-\infty}^{\infty} f(t)\mathrm{e}^{\mathrm{j}\omega_0 t}\cdot\mathrm{e}^{-\mathrm{j}\omega t}\mathrm{d}t = \int_{-\infty}^{\infty} f(t)\mathrm{e}^{-\mathrm{j}(\omega-\omega_0)t}\mathrm{d}t$

所以

$$f(t)\mathrm{e}^{\mathrm{j}\omega_0 t} \leftrightarrow F[\mathrm{j}(\omega-\omega_0)]$$

同理可得

$$f(t)\mathrm{e}^{-\mathrm{j}\omega_0 t} \leftrightarrow F[\mathrm{j}(\omega+\omega_0)]$$

可见,若时间信号 $f(t)$ 乘以因子 $\mathrm{e}^{\mathrm{j}\omega_0 t}$,等效于 $f(t)$ 的频谱 $F(\mathrm{j}\omega)$ 沿频率轴右移 ω_0;或者说在频域中将频谱沿频率轴右移 ω_0,等效于在时域中信号乘以 $\mathrm{e}^{\mathrm{j}\omega_0 t}$。

运用此性质实现的频谱搬移技术在通信系统中得到广泛应用。频谱搬移的实现原理是将信号 $f(t)$ 乘以高频载波信号 $\cos(\omega_0 t)$ 或 $\sin(\omega_0 t)$。

因为

$$\cos(\omega_0 t) = \frac{1}{2}(\mathrm{e}^{\mathrm{j}\omega_0 t} + \mathrm{e}^{-\mathrm{j}\omega_0 t})$$

$$\sin(\omega_0 t) = \frac{1}{2\mathrm{j}}(\mathrm{e}^{\mathrm{j}\omega_0 t} - \mathrm{e}^{-\mathrm{j}\omega_0 t})$$

根据频移性质可导出

$$\mathscr{F}[f(t)\cos(\omega_0 t)] = \frac{1}{2}[F(\mathrm{j}\omega+\mathrm{j}\omega_0) + F(\mathrm{j}\omega-\mathrm{j}\omega_0)]$$

$$\mathscr{F}[f(t)\sin(\omega_0 t)] = \frac{\mathrm{j}}{2}[F(\mathrm{j}\omega+\mathrm{j}\omega_0) - F(\mathrm{j}\omega-\mathrm{j}\omega_0)] \qquad (3.51)$$

所以,若时间信号 $f(t)$ 乘以 $\cos(\omega_0 t)$ 或 $\sin(\omega_0 t)$,等效于 $f(t)$ 的频谱 $F(\mathrm{j}\omega)$ 一分为二,沿频率轴向左向右各平移 ω_0。利用傅里叶变换分析信号的调制与解调原理将在 3.9 节做更详细的介绍。

4. 尺度变换性质

若 $f(t)\leftrightarrow F(\mathrm{j}\omega)$,则

$$f(at) \leftrightarrow \frac{1}{|a|}F\left(\mathrm{j}\,\frac{\omega}{a}\right) \qquad (3.52)$$

式中 a 为非零的实常数。

证明:

因为

$$\mathscr{F}[f(at)] = \int_{-\infty}^{\infty} f(at)\mathrm{e}^{-\mathrm{j}\omega t}\mathrm{d}t$$

令

$$\tau = at$$

当 $a>0$ $\mathscr{F}[f(at)] = \frac{1}{a}\int_{-\infty}^{\infty} f(\tau)\mathrm{e}^{-\mathrm{j}\omega\frac{\tau}{a}}\mathrm{d}\tau = \frac{1}{a}F\left(\mathrm{j}\,\frac{\omega}{a}\right)$

当 $a < 0$　$\mathscr{F}[f(at)] = \dfrac{1}{a}\displaystyle\int_{\infty}^{-\infty} f(\tau)\,\mathrm{e}^{-\mathrm{j}\omega\frac{\tau}{a}}\,\mathrm{d}\tau = \dfrac{-1}{a}\displaystyle\int_{-\infty}^{\infty} f(\tau)\,\mathrm{e}^{-\mathrm{j}\omega\frac{\tau}{a}}\,\mathrm{d}\tau = \dfrac{-1}{a}F\left(\mathrm{j}\,\dfrac{\omega}{a}\right)$

因此

$$\mathscr{F}[f(at)] = \frac{1}{|a|}F\left(\mathrm{j}\,\frac{\omega}{a}\right)$$

另外，不难证明：

$$\mathscr{F}[f(at \pm t_0)] = \frac{1}{|a|}F\left(\mathrm{j}\,\frac{\omega}{a}\right)\mathrm{e}^{\pm\mathrm{j}\frac{\omega}{a}t_0} \tag{3.53}$$

$$\mathscr{F}[f(t_0 - at)] = \frac{1}{|a|}F\left(-\mathrm{j}\,\frac{\omega}{a}\right)\mathrm{e}^{-\mathrm{j}\frac{\omega}{a}t_0} \tag{3.54}$$

　　由式(3.52)可见，信号在时域中压缩($a>1$)等效于在频域中扩展；反之，信号在时域中扩展($a<1$)则等效于在频域中压缩。此结论是不难理解的。因为信号的波形压缩 a 倍，信号随时间变化加快 a 倍，所以它所包含的频率分量增加 a 倍，也就是说频谱展宽 a 倍。根据能量守恒原理，各频率分量的大小必然减小为原来的 $\dfrac{1}{a}$。由此可以得出：信号的脉宽与其所占有的频带宽度成反比。这一重要结论与前面对周期信号频谱分析的结论是一致的。所以在通信技术中，信号的传输速率(每秒钟传输的脉冲数)与所占用频带是矛盾的。

　　5. 对称性质

　　若　$f(t) \leftrightarrow F(\mathrm{j}\omega)$，则

$$F(t) \leftrightarrow 2\pi f(-\omega) \tag{3.55}$$

　　证明：

　　因为　　　　　　　$f(t) = \dfrac{1}{2\pi}\displaystyle\int_{-\infty}^{\infty} F(\mathrm{j}\omega)\,\mathrm{e}^{\mathrm{j}\omega t}\,\mathrm{d}\omega$

则

$$f(-t) = \frac{1}{2\pi}\int_{-\infty}^{\infty} F(\mathrm{j}\omega)\,\mathrm{e}^{-\mathrm{j}\omega t}\,\mathrm{d}\omega$$

将变量 t 与 ω 互换，可以得到

$$2\pi f(-\omega) = \int_{-\infty}^{\infty} F(t)\,\mathrm{e}^{-\mathrm{j}\omega t}\,\mathrm{d}t$$

所以　　　　　　　　　　$F(t) \leftrightarrow 2\pi f(-\omega)$

若 $f(t)$ 是偶函数，式(3.55)变成

$$F(t) \leftrightarrow 2\pi f(\omega) \tag{3.56}$$

　　可见，在一般情况下，若 $f(t)$ 的频谱为 $F(\mathrm{j}\omega)$，则 $F(t)$ 的频谱可利用 $f(-\omega)$ 给出。当 $f(t)$ 为偶函数时，那么形状为 $F(t)$ 的波形，其频谱必为 $f(\omega)$。例如，单位矩形脉冲的频谱为抽样函数 $\mathrm{Sa}(t)$，而 $\mathrm{Sa}(t)$ 形信号的频谱必然为矩形函数，如图 3.17 所示。同样，直流信号的频谱为冲激函数，而冲激函数的频谱必然为

常数,如图 3.18 所示。

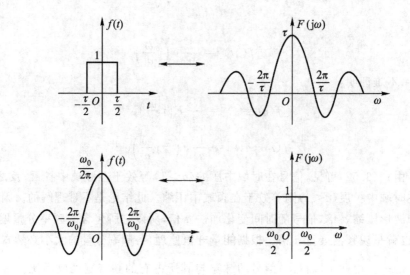

图 3.17   时间函数和频谱函数的对称性举例

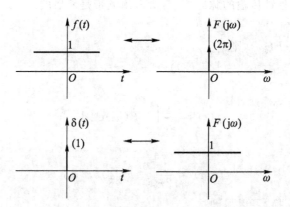

图 3.18   时间函数和频谱函数的对称性举例

例 3.3   求信号 $f(t)=\dfrac{2}{1+t^2}$ 的频谱函数。

解: 因为双边指数衰减信号的傅里叶变换为

$$\mathscr{F}[\mathrm{e}^{-\alpha|t|}]=\frac{2\alpha}{\alpha^2+\omega^2}$$

若令上式中 $\alpha=1$,则有

$$\mathscr{F}[\mathrm{e}^{-|t|}]=\frac{2}{1+\omega^2}$$

由式(3.56),得

$$F(\mathrm{j}\omega) = \mathscr{F}\left[\frac{2}{1+t^2}\right] = 2\pi \mathrm{e}^{-|\omega|}$$

其波形与频谱图如图 3.19(a)、(b)所示。

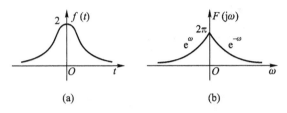

图 3.19 例 3.3 图

6. 时域微分性质

若 $f(t) \leftrightarrow F(\mathrm{j}\omega)$,则

$$\frac{\mathrm{d}f(t)}{\mathrm{d}t} \leftrightarrow \mathrm{j}\omega F(\mathrm{j}\omega) \tag{3.57}$$

$$\frac{\mathrm{d}^n f(t)}{\mathrm{d}t^n} \leftrightarrow (\mathrm{j}\omega)^n F(\mathrm{j}\omega) \tag{3.58}$$

证明:

因为

$$f(t) = \frac{1}{2\pi}\int_{-\infty}^{\infty} F(\mathrm{j}\omega) \mathrm{e}^{\mathrm{j}\omega t}\,\mathrm{d}\omega$$

上式两边对 t 求导数,得

$$\frac{\mathrm{d}f(t)}{\mathrm{d}t} = \frac{1}{2\pi}\int_{-\infty}^{\infty} \left[\mathrm{j}\omega F(\mathrm{j}\omega)\right] \mathrm{e}^{\mathrm{j}\omega t}\,\mathrm{d}\omega$$

所以

$$\mathscr{F}\left[\frac{\mathrm{d}f(t)}{\mathrm{d}t}\right] = \mathrm{j}\omega F(\mathrm{j}\omega)$$

同理,可以推导出

$$\mathscr{F}\left[\frac{\mathrm{d}^n f(t)}{\mathrm{d}t^n}\right] = (\mathrm{j}\omega)^n F(\mathrm{j}\omega)$$

可见,在时域中 $f(t)$ 对 t 取 n 阶导数等效于在频域中 $f(t)$ 的频谱 $F(\mathrm{j}\omega)$ 乘以 $(\mathrm{j}\omega)^n$。

7. 频域微分性质

若 $f(t) \leftrightarrow F(\mathrm{j}\omega)$,则

$$(-\mathrm{j}t)f(t) \leftrightarrow \frac{\mathrm{d}F(\mathrm{j}\omega)}{\mathrm{d}\omega} \tag{3.59}$$

$$(-jt)^n f(t) \leftrightarrow \frac{d^n F(j\omega)}{d\omega^n} \tag{3.60}$$

证明与性质 6 类似,读者可自行完成。

8. 时域积分性质

若 $f(t) \leftrightarrow F(j\omega)$,则

$$\int_{-\infty}^{t} f(\tau) d\tau \leftrightarrow \frac{F(j\omega)}{j\omega} + \pi F(0)\delta(\omega) \tag{3.61}$$

证明:

$$\mathscr{F}\left[\int_{-\infty}^{t} f(\tau) d\tau\right] = \int_{-\infty}^{\infty} \left[\int_{-\infty}^{t} f(\tau) d\tau\right] e^{-j\omega t} dt$$

$$= \int_{-\infty}^{\infty} \left[\int_{-\infty}^{\infty} f(\tau)\varepsilon(t-\tau) d\tau\right] e^{-j\omega t} dt$$

变换积分次序

$$\int_{-\infty}^{\infty} f(\tau)\left[\int_{-\infty}^{\infty} \varepsilon(t-\tau) e^{-j\omega t} dt\right] d\tau = \int_{-\infty}^{\infty} f(\tau)\pi\delta(\omega) e^{-j\omega\tau} d\tau + \int_{-\infty}^{\infty} f(\tau) \frac{e^{-j\omega\tau}}{j\omega} d\tau$$

$$= \pi F(0)\delta(\omega) + \frac{F(j\omega)}{j\omega}$$

如果 $F(0)=0$,上式可化简为

$$\mathscr{F}\left[\int_{-\infty}^{t} f(\tau) d\tau\right] = \frac{F(j\omega)}{j\omega}$$

即

$$\int_{-\infty}^{t} f(\tau) d\tau \leftrightarrow \frac{F(j\omega)}{j\omega} \tag{3.62}$$

同理可导出

若 $f(t) \leftrightarrow F(j\omega)$,则

$$-\frac{f(t)}{jt} + \pi f(0)\delta(t) \leftrightarrow \int_{-\infty}^{\infty} F(\Omega) d\Omega \tag{3.63}$$

9. 奇偶性

在一般情况下,$f(t)$ 的傅里叶变换 $F(j\omega)$ 是复函数,可写成

$$F(j\omega) = |F(j\omega)| e^{j\varphi(\omega)} = R(\omega) + jX(\omega)$$

显然

$$|F(j\omega)| = \sqrt{R^2(\omega) + X^2(\omega)}$$

$$\varphi(\omega) = \arctan\left[\frac{X(\omega)}{R(\omega)}\right] \tag{3.64}$$

(1) 当 $f(t)$ 是实函数时,因为

$$F(j\omega) = \int_{-\infty}^{\infty} f(t) e^{-j\omega t} dt = \int_{-\infty}^{\infty} f(t)\cos(\omega t) dt - j\int_{-\infty}^{\infty} f(t)\sin(\omega t) dt$$

则有

$$R(\omega) = \int_{-\infty}^{\infty} f(t)\cos(\omega t)\,\mathrm{d}t \tag{3.65}$$

$$X(\omega) = -\int_{-\infty}^{\infty} f(t)\sin(\omega t)\,\mathrm{d}t$$

显然 $R(\omega)$ 为偶函数，$X(\omega)$ 为奇函数，即满足

$$\begin{cases} R(\omega) = R(-\omega) \\ X(\omega) = -X(-\omega) \end{cases} \tag{3.66}$$

同时有

$$|F(\mathrm{j}\omega)| = |F(-\mathrm{j}\omega)|$$

$$\varphi(\omega) = -\varphi(-\omega)$$

即实函数傅里叶变换的幅度谱和相位谱分别为偶、奇函数。这一特性在信号分析中得到广泛应用。

若 $f(t)$ 在积分区间内为实偶函数，即

$$f(t) = f(-t)$$

由式(3.65)有：
$$X(\omega) = 0$$

则
$$F(\mathrm{j}\omega) = R(\omega) = 2\int_{-\infty}^{\infty} f(t)\cos(\omega t)\,\mathrm{d}t$$

可见，若 $f(t)$ 为实偶函数，则 $F(\mathrm{j}\omega)$ 为 ω 的实偶函数。

若 $f(t)$ 在积分区间内为实奇函数，即

$$f(t) = -f(-t)$$

由式(3.65)有：
$$R(\omega) = 0$$

则
$$F(\mathrm{j}\omega) = \mathrm{j}X(\omega) = -2\mathrm{j}\int_{-\infty}^{\infty} f(t)\sin(\omega t)\,\mathrm{d}t$$

可见，若 $f(t)$ 为实奇函数，则 $F(\mathrm{j}\omega)$ 必为 ω 的虚奇函数。

(2) 当 $f(t)$ 是虚函数时，即 $f(t) = \mathrm{j}g(t)$，则

$$\begin{cases} R(\omega) = \int_{-\infty}^{\infty} g(t)\sin(\omega t)\,\mathrm{d}t \\ X(\omega) = \int_{-\infty}^{\infty} g(t)\cos(\omega t)\,\mathrm{d}t \end{cases} \tag{3.67}$$

显然，$R(\omega)$ 为奇函数，$X(\omega)$ 为偶函数，即满足

$$\begin{cases} R(\omega) = -R(-\omega) \\ X(\omega) = X(-\omega) \end{cases} \tag{3.68}$$

同时有

$$\begin{cases} |F(\mathrm{j}\omega)| = |F(-\mathrm{j}\omega)| \\ \varphi(\omega) = -\varphi(-\omega) \end{cases} \tag{3.69}$$

10. 卷积定理

卷积定理分为时域卷积定理和频域卷积定理。

(1) 时域卷积定理

若　$f_1(t) \leftrightarrow F_1(j\omega)$、$f_2(t) \leftrightarrow F_2(j\omega)$，则

$$f_1(t) * f_2(t) \leftrightarrow F_1(j\omega) \cdot F_2(j\omega) \tag{3.70}$$

证明：

由卷积的定义

$$f_1(t) * f_2(t) = \int_{-\infty}^{\infty} f_1(\tau) f_2(t-\tau) \mathrm{d}\tau$$

得

$$
\begin{aligned}
\mathscr{F}\big[f_1(t) * f_2(t)\big] &= \int_{-\infty}^{\infty} \left[\int_{-\infty}^{\infty} f_1(\tau) f_2(t-\tau) \mathrm{d}\tau\right] \mathrm{e}^{-\mathrm{j}\omega t} \mathrm{d}t \\
&= \int_{-\infty}^{\infty} f_1(\tau) \left[\int_{-\infty}^{\infty} f_2(t-\tau) \mathrm{e}^{-\mathrm{j}\omega t} \mathrm{d}t\right] \mathrm{d}\tau \\
&= \int_{-\infty}^{\infty} f_1(\tau) F_2(j\omega) \mathrm{e}^{-\mathrm{j}\omega\tau} \mathrm{d}\tau \\
&= F_2(j\omega) \int_{-\infty}^{\infty} f_1(\tau) \mathrm{e}^{-\mathrm{j}\omega\tau} \mathrm{d}\tau \\
&= F_1(j\omega) \cdot F_2(j\omega)
\end{aligned}
$$

即

$$f_1(t) * f_2(t) \leftrightarrow F_1(j\omega) \cdot F_2(j\omega)$$

时域卷积定理说明两个时间函数卷积的频谱等于两个时间函数频谱的乘积，即在时域中的卷积运算等效于在频域中的频谱相乘。

(2) 频域卷积定理

若　$f_1(t) \leftrightarrow F_1(j\omega)$、$f_2(t) \leftrightarrow F_2(j\omega)$，则

$$f_1(t) \cdot f_2(t) \leftrightarrow \frac{1}{2\pi} F_1(j\omega) * F_2(j\omega) \tag{3.71}$$

其证明方法同时域卷积定理类似，读者可自行证明。频域卷积定理说明时域的乘法运算等效于频域的卷积运算。

为方便使用将傅里叶变换的基本性质列于表 3.3。

表 3.3　傅里叶变换的性质

性质	时域 $f(t)$	频域 $F(j\omega)$
1. 线性	$\sum\limits_{i=1}^{n} a_i f_i(t)$	$\sum\limits_{i=1}^{n} a_i F_i(j\omega)$
2. 时移	$f(t-t_0)$	$F(j\omega)e^{-j\omega t_0}$
3. 频移	$f(t)e^{j\omega_0 t}$	$F[j(\omega-\omega_0)]$
4. 尺度变换	$f(at)$	$\dfrac{1}{|a|}F\left(j\dfrac{\omega}{a}\right)$
	$f(at-b)$	$\dfrac{1}{|a|}F\left(j\dfrac{\omega}{a}\right)e^{-j\omega\frac{b}{a}}$
5. 对称性	$F(t)$	$2\pi f(-\omega)$
6. 时域微分	$\dfrac{d^n f(t)}{dt^n}$	$(j\omega)^n F(j\omega)$
7. 频域微分	$(-jt)^n f(t)$	$\dfrac{d^n F(j\omega)}{d\omega^n}$
8. 时域积分	$\displaystyle\int_{-\infty}^{t} f(\tau)d\tau$	$\dfrac{1}{j\omega}F(j\omega)+\pi F(0)\delta(\omega)$
9. 时域卷积	$f_1(t)*f_2(t)$	$F_1(j\omega)\cdot F_2(j\omega)$
10. 频域卷积	$f_1(t)\cdot f_2(t)$	$\dfrac{1}{2\pi}F_1(j\omega)*F_2(j\omega)$

3.6　连续时间系统的频域分析

　　线性时不变系统的频域分析法是一种变换域分析法,它把时域中求解响应的问题通过傅里叶变换转换成频域中的问题。整个分析过程在频域内进行,因此它主要是研究信号频谱通过系统后产生的变化,利用频域分析法可分析系统的频率响应、波形失真、物理可实现等实际问题。

　　在第二章中,我们讨论了线性时不变连续时间系统的时域分析。定义了表征系统本身时域特性的单位冲激响应 $h(t)$。当系统激励信号为 $e(t)$ 时,系统的零状态响应 $r_{zs}(t)$ 等于输入信号 $e(t)$ 与系统单位冲激响应 $h(t)$ 的卷积积分,即

$$r_{zs}(t)=e(t)*h(t)$$

若 $e(t)$、$h(t)$ 的傅里叶变换均存在,即 $e(t)\leftrightarrow E(j\omega)$、$h(t)\leftrightarrow H(j\omega)$,设 $R_{zs}(j\omega)$ 为

$r_{zs}(t)$ 的频谱函数，由时域卷积定理可知

$$R_{zs}(j\omega) = E(j\omega)H(j\omega) \tag{3.72}$$

有

$$H(j\omega) = \frac{R_{zs}(j\omega)}{E(j\omega)} \tag{3.73}$$

$H(j\omega)$ 称为系统函数，由于它是频率的函数，故又称为频率响应函数，简称为频响函数。$H(j\omega)$ 一般为频率的复函数，又可写为幅值与相位的形式，即

$$H(j\omega) = |H(j\omega)| e^{j\varphi(\omega)} \tag{3.74}$$

式中 $|H(j\omega)|$ 为 $H(j\omega)$ 的幅值，其随频率 ω 的变化关系称为幅频响应；$\varphi(\omega)$ 为 $H(j\omega)$ 的相位，其随频率 ω 的变化关系称为相频响应。

引入频域系统函数的概念后，不难得出用频域分析方法求解系统零状态响应的步骤为：

（1）求激励信号 $e(t)$ 的傅里叶变换 $E(j\omega)$；

（2）确定系统函数 $H(j\omega)$；

（3）求出零状态响应 $r_{zs}(t)$ 的傅里叶变换 $R_{zs}(j\omega) = E(j\omega)H(j\omega)$；

（4）对 $R_{zs}(j\omega)$ 求傅里叶反变换即可得到零状态响应 $r_{zs}(t)$。

例 3.4　单位阶跃电压作用于图 3.20 所示的 RC 电路，求电容器上的响应电压。

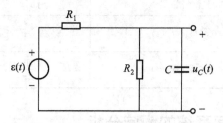

图 3.20　例 3.4 图

解：

（1）求输入单位阶跃信号的频谱 $E(j\omega)$。

$$E(j\omega) = \mathscr{F}[\varepsilon(t)] = \pi\delta(\omega) + \frac{1}{j\omega}$$

（2）确定系统函数 $H(j\omega)$。

由图 3.20 易知

$$H(j\omega) = \cfrac{\cfrac{R_2 \cdot \cfrac{1}{j\omega C}}{R_2 + \cfrac{1}{j\omega C}}}{R_1 + \cfrac{R_2 \cdot \cfrac{1}{j\omega C}}{R_2 + \cfrac{1}{j\omega C}}} = \frac{R_2}{R_1 + R_2 + j\omega R_1 R_2 C} = \frac{R_2}{R_1 + R_2} \cdot \frac{1}{1 + j\omega\tau}$$

式中 $\tau = \dfrac{R_1 R_2}{R_1 + R_2} C$，为电路的时间常数。

（3）求出输出响应的频谱。

$$U_C(j\omega) = E(j\omega) \cdot H(j\omega) = \frac{R_2}{R_1 + R_2}\left[\pi\delta(\omega) + \frac{1}{j\omega}\right]\frac{1}{1 + j\omega\tau}$$

（4）由输出响应的频谱求傅里叶反变换得时域响应 $u_C(t)$。

$$u_C(t) = \mathscr{F}^{-1}[U_C(j\omega)] = \frac{R_2}{R_1 + R_2}\mathscr{F}^{-1}\left[\pi\delta(\omega)\frac{1}{1 + j\omega\tau} + \frac{1}{j\omega(1 + j\omega\tau)}\right]$$

$$= \frac{R_2}{R_1 + R_2}\mathscr{F}^{-1}\left[\pi\delta(\omega) + \frac{1}{j\omega} - \frac{\tau}{1 + j\omega\tau}\right]$$

$$= \frac{R_2}{R_1 + R_2}\left\{\mathscr{F}^{-1}\left[\pi\delta(\omega) + \frac{1}{j\omega}\right] - \mathscr{F}^{-1}\left[\frac{1}{\frac{1}{\tau} + j\omega}\right]\right\}$$

$$= \frac{R_2}{R_1 + R_2}\left(1 - e^{-\frac{t}{\tau}}\right)\varepsilon(t)$$

例 3.5 某连续时间系统的单位冲激响应 $h(t) = e^{-t}\varepsilon(t)$，系统的激励信号 $e(t) = e^{-2t}\varepsilon(t)$，求系统的零状态响应 $r_{zs}(t)$。

解： 激励信号和单位冲激响应的频谱为

$$E(j\omega) = \mathscr{F}[e(t)] = \frac{1}{j\omega + 2}$$

$$H(j\omega) = \mathscr{F}[h(t)] = \frac{1}{j\omega + 1}$$

所以

$$R_{zs}(j\omega) = E(j\omega)H(j\omega) = \frac{1}{(j\omega + 1)(j\omega + 2)}$$

对上式进行部分分式展开，得

$$R_{zs}(j\omega) = \frac{1}{j\omega + 1} - \frac{1}{j\omega + 2}$$

再对上式取傅里叶反变换，则有

$$r_{zs}(t) = \mathscr{F}^{-1}[R_{zs}(j\omega)] = \mathscr{F}^{-1}\left[\frac{1}{j\omega + 1}\right] - \mathscr{F}^{-1}\left[\frac{1}{j\omega + 2}\right] = (e^{-t} - e^{-2t})\varepsilon(t)$$

3.7   系统无失真传输的条件

一般情况下,线性系统的响应波形与激励波形不相同,即信号在传输过程中产生失真。线性系统引起的信号失真由两方面因素造成,一方面是系统对信号中各频率分量的幅度产生不同程度的衰减,结果各频率分量幅度的相对比例产生变化,引起幅度失真。另一方面是系统对各频率分量产生的相移不与频率成正比,使响应的各频率分量在时间轴上的相对位置产生变化,引起相位失真。线性系统的这两种失真均不产生新的频率分量,所以是一种线性失真。

在工程实际应用中,有时需要有意识地利用系统进行波形变换,这时必然产生失真。但大部分情况总是希望在传输过程中使信号的失真尽量小。本节将讨论信号通过线性系统不产生失真的理想条件。

所谓无失真是指响应信号与激励信号相比,只是幅度大小和出现的时间先后不同,而无波形上的变化。设激励信号为 $e(t)$,响应信号为 $r(t)$,无失真传输即是

$$r(t) = Ke(t - t_0) \tag{3.75}$$

式中 K 为一常数,t_0 为延时时间,如图 3.21 所示。

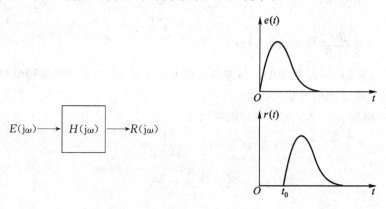

图 3.21   系统无失真传输的激励与响应波形

设 $e(t)$ 和 $r(t)$ 的频谱函数为 $E(j\omega)$ 和 $R(j\omega)$,根据时移性质,式(3.75)可以写出

$$R(j\omega) = KE(j\omega)e^{-j\omega t_0} \tag{3.76}$$

而

$$R(j\omega) = H(j\omega)E(j\omega) \tag{3.77}$$

则有

$$H(j\omega) = |H(j\omega)| e^{j\varphi(\omega)} = Ke^{-j\omega t_0} \qquad (3.78)$$

这就是系统的频率响应应满足的无失真传输条件。即欲使信号在通过线性系统时不产生任何失真,必须在信号的全部频带内,要求系统频率响应的幅度特性是一常数,相位特性是一通过原点的直线。如图 3.22 所示。

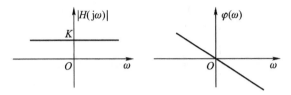

图 3.22　理想传输系统的系统函数的模量和相角

由式(3.78)可以看出,当系统函数的模量为常数时,响应中各频率分量与激励中相应的各频率分量都只差一个因子 K,响应中各频率分量间的相对振幅将与激励中一样,没有幅度失真。同时还需要保证每个波形中包含的各个分量在时间轴上的相对位置不变,也就是说响应中各个分量与激励中相应的各分量应滞后相同的时间,这一要求反映到相位特性是一条通过原点的直线。

3.8　理想低通滤波器的冲激响应和阶跃响应

所谓理想滤波器就是将滤波网络的某些特性理想化。理想滤波器可按不同的实际需要从不同角度定义。最常用到的是具有矩形幅度特性和线性相移特性的理想低通滤波器。本节将用频域分析方法来分析单位冲激信号通过理想低通滤波器的响应,以讨论系统的可实现性问题。

一、理想低通滤波器的频率特性

理想低通滤波器的频率特性如图 3.23 所示,其系统函数为

$$H(j\omega) = |H(j\omega)| e^{j\varphi(\omega)} = \begin{cases} e^{-j\omega t_0} & |\omega| \leqslant \omega_c \\ 0 & |\omega| > \omega_c \end{cases} \qquad (3.79)$$

这种低通滤波器将低于某一频率 ω_c 的所有信号无失真传输,而频率高于 ω_c 的信号完全抑制,ω_c 称为截止频率。相移特性是通过原点的直线。

二、理想低通滤波器的冲激响应

对式(3.76)进行傅里叶反变换,可得理想低通滤波器的冲激响应。即

$$h(t) = \mathscr{F}^{-1}[H(j\omega)] = \frac{1}{2\pi}\int_{-\infty}^{\infty} H(j\omega) e^{j\omega t}\, d\omega$$

$$= \frac{1}{2\pi}\int_{-\omega_c}^{\omega_c} e^{-j\omega t_0} e^{j\omega t}\, d\omega = \frac{1}{2\pi}\left. \frac{e^{j\omega(t-t_0)}}{j(t-t_0)}\right|_{-\omega_c}^{\omega_c}$$

$$= \frac{\omega_c}{\pi}\frac{\sin[\omega_c(t-t_0)]}{\omega_c(t-t_0)} = \frac{\omega_c}{\pi}\mathrm{Sa}[\omega_c(t-t_0)]$$

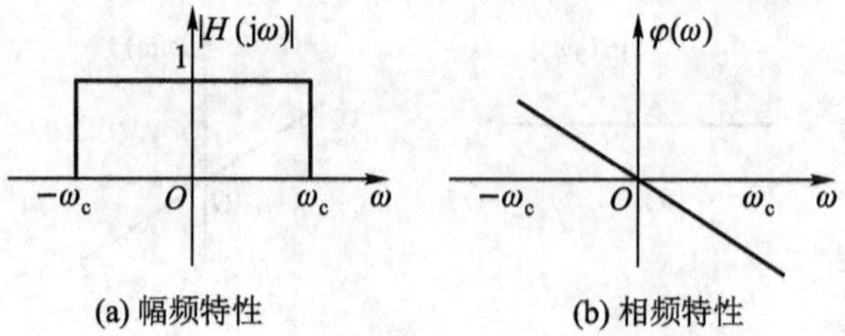

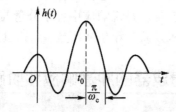

(a) 幅频特性　　　　　(b) 相频特性

图 3.23　理想低通滤波器的频率特性

理想低通滤波器的冲激响应是一个延时的抽样响应,峰值位于 t_0 时刻,其波形如图 3.24 所示。

图 3.24　理想低通滤波器的冲激响应波形

可以看出,激励信号 $\delta(t)$ 在 $t=0$ 时刻加入,然而响应在 t 为负值时就已经出现,由此表明系统是非因果的,违背因果规律的系统是物理不可实现的。然而,有关理想滤波器的研究并不因其无法实现而失去价值,实际滤波器的分析与设计往往需要理想滤波器的理论作指导,下面将会讨论系统物理可实现的条件。

三、理想低通滤波器的阶跃响应

设理想低通滤波器的阶跃响应为 $g(t)$

$$g(t) = h(t) * \varepsilon(t) = \int_{-\infty}^{t} h(\tau)\, d\tau$$

$$= \int_{-\infty}^{t} \frac{\omega_c}{\pi}\mathrm{Sa}[\omega_c(\tau-t_0)]\, d\tau$$

$$= \int_{-\infty}^{t} \frac{\omega_c}{\pi}\cdot\frac{\sin[\omega_c(\tau-t_0)]}{\omega_c(\tau-t_0)}\, d\tau$$

令 $x=\omega_\mathrm{c}(\tau-t_0)$，则 $\omega_\mathrm{c}\mathrm{d}\tau=\mathrm{d}x$，积分上限 t 为 $\omega_\mathrm{c}(\tau-t_0)$，于是有

$$g(t) = \frac{1}{\pi}\int_{-\infty}^{\omega_\mathrm{c}(t-t_0)} \frac{\sin x}{x}\mathrm{d}x$$

$$= \frac{1}{\pi}\left[\int_{-\infty}^{0} \frac{\sin x}{x}\mathrm{d}x + \int_{0}^{\omega_\mathrm{c}(t-t_0)} \frac{\sin x}{x}\mathrm{d}x\right]$$

上式第一项积分

$$\int_{-\infty}^{0} \frac{\sin x}{x}\mathrm{d}x = \frac{\pi}{2}$$

第二项积分是正弦积分函数

$$\mathrm{Si}(y) = \int_{0}^{y} \frac{\sin \eta}{\eta}\mathrm{d}\eta$$

的形式，它的函数值可从正弦积分函数表中查得，于是可得理想低通滤波器的阶跃响应为

$$g(t)=\frac{1}{2}+\frac{1}{\pi}\mathrm{Si}[\omega_\mathrm{c}(t-t_0)]$$

响应的波形如图 3.25(b) 所示。其最大峰值所对应的时刻为 $t_0+\dfrac{\pi}{\omega_\mathrm{c}}$。由图可见，理想低通滤波器的截止频率 ω_c 越大，输出 $g(t)$ 上升越快。如果定义输出由最小值到最大值所需时间为上升时间 t_r，则

$$t_\mathrm{r}=\frac{2\pi}{\omega_\mathrm{c}}=\frac{1}{f_\mathrm{c}}$$

式中 f_c 为滤波器带宽。可见，阶跃响应的上升时间与系统的带宽成反比。这一重要结论具有普遍意义，适用于各种实际滤波器。

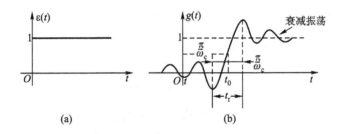

图 3.25 理想低通滤波器的阶跃响应

四、系统的物理可实现性

通过前面的分析，可知理想低通滤波器在物理上是不可实现的，那么究竟怎样的系统数学模型可以在物理上实现？

就时间域特性而言，一个物理可实现系统的冲激响应 $h(t)$ 在 $t<0$ 时必须为

零。这也是因果系统应满足的条件。因此常称这一要求为"因果条件"。

在频域，由"佩利－维纳准则"给出了物理可实现系统的必要条件，即

$$\int_{-\infty}^{\infty} \frac{\big|\ln|H(j\omega)|\big|}{1+\omega^2}\,d\omega < \infty \tag{3.80}$$

违反"佩利－维纳准则"的系统是非因果系统。对于物理可实现系统，可以允许 $|H(j\omega)|$ 特性在某些不连续的频率点上为零，但不允许在一个有限频带内为零。这是因为在 $|H(j\omega)|=0$ 的频带内，$\ln|H(j\omega)|=\infty$。

"佩利－维纳准则"是系统物理可实现的必要条件，而不是充分条件。如果 $|H(j\omega)|$ 已被检验满足此准则，就可找到适当的相位函数 $\varphi(\omega)$ 与 $|H(j\omega)|$ 一起构成一个物理可实现的系统函数。

3.9　调制与解调

调制与解调是通信技术中最主要的技术之一，在几乎所有的通信系统中为实现信号的有效、可靠和远距离传输，都需要进行调制和解调。本节仅应用傅里叶变换的某些性质说明调制与解调的原理。

实现调制的原理方框图如图 3.26(a) 所示。若调制信号 $g(t)$ 的频谱记为 $G(j\omega)$，占据 $-\omega_m$ 至 ω_m 的有限频带，如图 3.26(b) 所示，将 $g(t)$ 与 $\cos(\omega_0 t)$ 进行时域相乘，如图 3.26(a) 所示，即可得到已调信号 $f(t)=g(t)\cos(\omega_0 t)$。

设载波信号为 $\cos(\omega_0 t)$，其傅里叶变换为

$$\cos(\omega_0 t) \leftrightarrow \pi[\delta(\omega+\omega_0)+\delta(\omega-\omega_0)]$$

如图 3.26(c) 所示。

根据卷积定理，易求得已调信号的频谱 $F(j\omega)$

$$F(j\omega) = \mathscr{F}[f(t)] = \frac{1}{2\pi}G(j\omega) * [\pi\delta(\omega+\omega_0)+\pi\delta(\omega-\omega_0)]$$

$$= \frac{1}{2}[G(j\omega+j\omega_0)+G(j\omega-j\omega_0)] \tag{3.81}$$

其频谱图如图 3.26(d) 所示。可见，信号的频谱被搬移到载频 ω_0 附近。

由已调信号 $f(t)$ 恢复原始信号 $g(t)$ 的过程称为解调。图 3.27(a) 所示为实现解调的一种原理方框图，这里 $\cos(\omega_0 t)$ 信号是接收端的本地载波信号，它与发送端的载波同频同相，因此该解调方案又称为同步解调。$f(t)$ 与 $\cos(\omega_0 t)$ 相乘的结果使频谱 $F(j\omega)$ 向左、右分别移动 $\pm\omega_0$（并乘以系数 $\frac{1}{2}$），得到如图 3.27(d) 所示的频谱 $G_0(j\omega)$，此图形也可从时域的相乘关系得到解释：

$$g_0(t) = [g(t)\cos(\omega_0 t)]\cos(\omega_0 t)$$

$$= \frac{1}{2}g(t)\left[1+\cos(2\omega_0 t)\right]$$

$$= \frac{1}{2}g(t) + \frac{1}{2}g(t)\cos(2\omega_0 t)$$

$$\mathscr{F}[g_0(t)] = G_0(j\omega) = \frac{1}{2}G(j\omega) + \frac{1}{4}\left[G(j\omega+j2\omega_0) + G(j\omega-j2\omega_0)\right] \quad (3.82)$$

再利用一个带宽为 ω_d($\omega_m \leqslant \omega_d \leqslant 2\omega_0 - \omega_m$)的低通滤波器，滤除在频率为 $2\omega_0$ 附近的分量，即可取出 $g(t)$，完成解调，详见图 3.27。

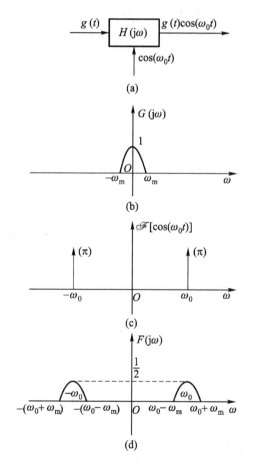

图 3.26 调制原理方框图及其频谱图

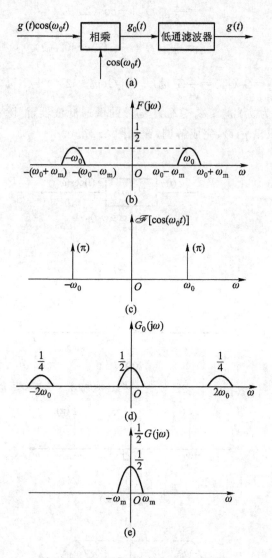

图 3.27   解调原理方框图及其频谱图

3.10   综合举例

例 3.6   设 $f(t)$ 的傅里叶变换为 $F(j\omega)$,试求下列信号的傅里叶变换表达式:

(1) $f^2(t)\cos(\omega_0 t)$;   (2) $\displaystyle\int_{-\infty}^{t} f[2(\tau-2)]\mathrm{d}\tau$ 。

解：

（1）已知 $f(t) \leftrightarrow F(j\omega)$

由傅里叶变换的频域卷积定理得

$$f(t)\cos(\omega_0 t) \leftrightarrow \frac{1}{2\pi} F(j\omega) * \{\pi[\delta(\omega+\omega_0)+\delta(\omega-\omega_0)]\}$$

$$= \frac{1}{2}\{F[j(\omega+\omega_0)]+F[j(\omega-\omega_0)]\}$$

$$f^2(t)\cos(\omega_0 t) \leftrightarrow \frac{1}{2\pi} F(j\omega) * \frac{1}{2}\{F[j(\omega+\omega_0)]+F[j(\omega-\omega_0)]\}$$

$$= \frac{1}{4\pi} F(j\omega) * \{F[j(\omega+\omega_0)]+F[j(\omega-\omega_0)]\}$$

（2）已知 $f(t) \leftrightarrow F(j\omega)$

由傅里叶变换的尺度变换性质得

$$f(2t) \leftrightarrow \frac{1}{2} F\left(j\frac{\omega}{2}\right)$$

由傅里叶变换的时移性质得

$$f[2(t-2)] \leftrightarrow \frac{1}{2} F\left(j\frac{\omega}{2}\right) e^{-j2\omega}$$

由傅里叶变换的时域积分性质得

$$\int_{-\infty}^{t} f[2(\tau-2)]d\tau \leftrightarrow \frac{1}{2j\omega} F\left(j\frac{\omega}{2}\right) e^{-j2\omega} + \frac{\pi}{2} F(0)\delta(\omega)$$

例 3.7 已知 $f(t)$ 的波形如图 3.28 所示。试回答以下问题：

（1）计算 $F(0)$；

（2）计算 $\int_{-\infty}^{+\infty}\left[F(j\omega) * \frac{2\sin\omega}{\omega}\right] e^{j\frac{1}{2}\omega}d\omega$；

（3）画出 $\mathscr{F}^{-1}\{\text{Re}[F(j\omega)]\}$ 的波形。

解：

（1）因为 $F(j\omega) = \int_{-\infty}^{\infty} f(t) e^{-j\omega t}dt$

所以 $F(0) = \int_{-\infty}^{\infty} f(t)dt = \int_{-1}^{3} dt = 4$

（2）令 $G(j\omega) = F(j\omega) * \frac{2\sin\omega}{\omega}$

则

$$g(t) = 2\pi f(t) \cdot [\varepsilon(t+1)-\varepsilon(t-1)]$$

而

$$\int_{-\infty}^{+\infty}\left[F(j\omega) * \frac{2\sin\omega}{\omega}\right] e^{j\frac{1}{2}\omega}d\omega = 2\pi g\left(\frac{1}{2}\right)$$

于是

$$\int_{-\infty}^{+\infty}\left[F(j\omega) * \frac{2\sin\omega}{\omega}\right] e^{j\frac{1}{2}\omega}d\omega = 4\pi^2 f\left(\frac{1}{2}\right) = 4\pi^2$$

（3）由于 $\mathscr{F}^{-1}\{\operatorname{Re}[F(j\omega)]\}=f_e(t)=\dfrac{1}{2}[f(t)+f(-t)]$，所以波形如图 3.29 所示。

图 3.28   例 3.7 图   图 3.29   例 3.7 图

例 3.8   如图 3.30 所示系统中，已知激励的频谱函数 $F(j\omega)$ 带限于 $-\omega_m\sim$ ω_m 之间，又已知 $\omega_c\gg\omega_m$，$H(j\omega)=-j\operatorname{sgn}(\omega)$，$\operatorname{sgn}(\cdot)$ 为符号函数。求响应的频谱函数 $Y(j\omega)$。

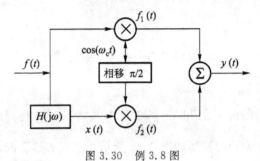

图 3.30   例 3.8 图

解： 设带限信号 $f(t)$ 的频谱函数 $F(j\omega)$ 如图 3.31(a) 所示，滤波器输出为 $x(t)$。

又设 $\cos(\omega_c t)$ 经 $\dfrac{\pi}{2}$ 相移后输出 $\sin(\omega_c t)$，且乘法器的输出分别为 $f_1(t)$ 和 $f_2(t)$，见图 3.30，即

$$f_1(t)=f(t)\cos(\omega_c t)$$

$$F_1(j\omega)=\frac{1}{2\pi}F(j\omega)*\pi[\delta(\omega+\omega_c)+\delta(\omega-\omega_c)]$$

$$=\frac{1}{2}\{F[j(\omega+\omega_c)]+F[j(\omega-\omega_c)]\}$$

如图 3.31(b) 所示。

滤波器 $x(t)$ 所对应的频谱函数为

$$X(j\omega)=F(j\omega)\cdot H(j\omega)$$

$$=-j\operatorname{sgn}(\omega)\cdot F(j\omega)$$

因 $f_2(t)=x(t)\sin(\omega_c t)$

则

$$F_2(j\omega) = \frac{1}{2\pi} X(j\omega) * j\pi[\delta(\omega+\omega_c) - \delta(\omega-\omega_c)]$$

$$= \frac{1}{2}\{F[j(\omega+\omega_c)]\text{sgn}(\omega+\omega_c) - F[j(\omega-\omega_c)]\text{sgn}(\omega-\omega_c)\}$$

如图 3.31(c)所示。

$$Y(j\omega) = F_1(j\omega) + F_2(j\omega)$$

$$= \frac{1}{2}\{F[j(\omega+\omega_c)] + F[j(\omega-\omega_c)]\}$$

$$+ \frac{1}{2}\{F[j(\omega+\omega_c)]\text{sgn}(\omega+\omega_c) - F[j(\omega-\omega_c)]\text{sgn}(\omega-\omega_c)\}$$

$$= \frac{1}{2}\{F[j(\omega+\omega_c)][1+\text{sgn}(\omega+\omega_c)] + F[j(\omega-\omega_c)][1-\text{sgn}(\omega-\omega_c)]\}$$

如图 3.31(d)所示。

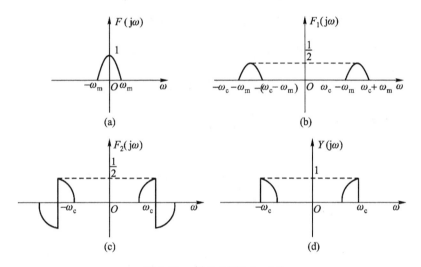

图 3.31 例 3.8 图(a)～(d)

例 3.9 已知信号 $f(t)$ 为 $f(t) = \begin{cases} \dfrac{1}{2} + \dfrac{1}{\tau}t & \left(-\dfrac{\tau}{2} < t < \dfrac{\tau}{2}\right) \\ 0 & \left(|t| > \dfrac{\tau}{2}\right) \end{cases}$

(1) 画出 $f(t)$ 的波形图；

(2) 由冲激函数的频谱求 $f(t)$ 的频谱函数 $F(\omega)$；

(3) 求 $f(-2t+1)$ 的频谱函数。

解：

(1) $f(t)$ 的波形如图 3.32(a)所示。

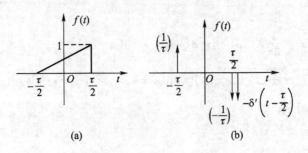

图 3.32   例 3.9 图

(2) $\dfrac{\mathrm{d}^2 f(t)}{\mathrm{d}t^2}$ 的波形如图 3.32(b)所示,由图可知

$$f''(t) = \frac{1}{\tau}\delta\left(t+\frac{\tau}{2}\right) - \frac{1}{\tau}\delta\left(t-\frac{\tau}{2}\right) - \delta'\left(t-\frac{\tau}{2}\right)$$

由傅里叶变换的时域微分性质及冲激函数的频谱可知

$$(\mathrm{j}\omega)^2 F(\mathrm{j}\omega) = \frac{1}{\tau}\mathrm{e}^{\mathrm{j}\frac{\omega\tau}{2}} - \frac{1}{\tau}\mathrm{e}^{-\mathrm{j}\frac{\omega\tau}{2}} - \mathrm{j}\omega\mathrm{e}^{-\mathrm{j}\frac{\omega\tau}{2}}$$

即 $$F(\mathrm{j}\omega) = \frac{1}{\mathrm{j}\omega}\mathrm{Sa}\left(\frac{\omega\tau}{2}\right) - \frac{1}{\mathrm{j}\omega}\mathrm{e}^{-\mathrm{j}\frac{\omega\tau}{2}}$$

(3) 由于 $\mathscr{F}[f(-2t)] = \dfrac{1}{2}F\left(-\mathrm{j}\dfrac{\omega}{2}\right)$

所以

$$\mathscr{F}\left\{f\left[-2\left(t-\frac{1}{2}\right)\right]\right\} = \mathscr{F}[f(-2t+1)] = \frac{1}{2}F\left(-\frac{\omega}{2}\right)\mathrm{e}^{-\mathrm{j}\frac{\omega}{2}}$$

即 $f(-2t+1)$ 的频谱函数为

$$\left[\frac{\frac{1}{2}}{\mathrm{j}\left(-\frac{\omega}{2}\right)}\mathrm{Sa}\left(\frac{-\frac{\omega}{2}\tau}{2}\right) + \frac{\frac{1}{2}}{\mathrm{j}\cdot\frac{\omega}{2}}\mathrm{e}^{\mathrm{j}\frac{\frac{\omega}{2}\tau}{2}}\right]\mathrm{e}^{-\mathrm{j}\frac{\omega}{2}} = \left[\frac{\mathrm{j}}{\omega}\mathrm{Sa}\left(\frac{\omega\tau}{4}\right) + \frac{1}{\mathrm{j}\omega}\mathrm{e}^{\mathrm{j}\frac{\omega\tau}{4}}\right]\mathrm{e}^{-\mathrm{j}\frac{\omega}{2}}$$

3.11   连续时间信号与系统的频域分析的 MATLAB 实现

一、周期信号振幅频谱的 MATLAB 实现

例 3.10   试用 MATLAB 绘出如图 3.33 所示的周期矩形脉冲信号的振幅频谱。

解: MATLAB 程序如下:
echo off

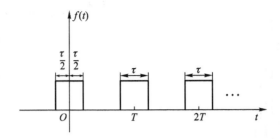

图 3.33 例 3.10 图

```
a=-5;
b=5;
n=50;
j=sqrt(-1);
%积分精度
tol=1e-6;
%设置脉冲波形周期
T0=b-a;
%定义脉冲波波形
xsqual=@(x)1/2.*(x==-1/2)+1.*(x>-1/2&x<1/2)+1/2.*(x==-1/2);
%计算直流分量
out(1)=1/T0.*quad(xsqual,a,b,tol);
%积分计算基波和各次谐波分量
xfun=@(x,k,T)xsqual(x).*exp(-j*2*pi*x*k/T);
for i=1:n
    out(i+1)=1/T0.*quad(xfun,a,b,tol,[],i,T0);
end
out1=out(n+1:-1:2);
out1=[conj(out1),out];
absout=abs(out1);
n1=[-n:n];
stem(n1(n+1:2*n+1),absout(n+1:2*n+1));
title('幅度谱');
```

周期矩形脉冲信号的振幅频谱如图 3.34 所示。由图可见:(1) 周期矩形脉冲的频谱具有一般周期信号频谱的共同特点,即它们的频谱都是离散的,仅含有

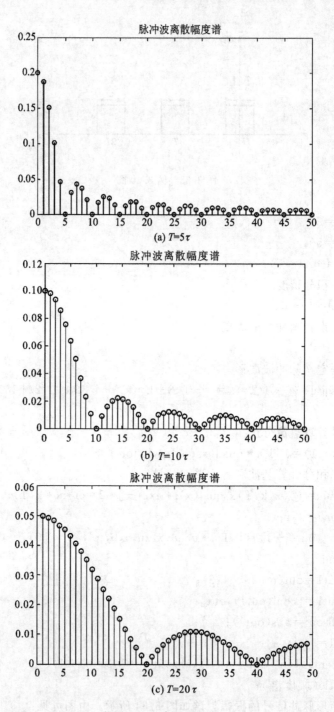

图 3.34　例 3.10 图

$\omega = n\Omega$ 的各分量,其相邻两谱线的间隔是 $\Omega = \dfrac{2\pi}{T}$;(2) 由于周期 T 相同,因而相邻谱线的间隔相同;脉冲宽度 τ 愈窄,其频谱包络线第一零点的频率愈高,即信号带宽愈宽,频带内所含的分量愈多。可见,信号的频带宽度与脉冲宽度 τ 成反比,与理论结果一致。

二、非周期信号的傅里叶变换的 MATLAB 实现

MATLAB 的 Symbolic Math Toolbox 提供了能直接求解傅里叶变换及与反变换的函数 fourier() 与 ifourier()。在调用 fourier() 与 ifourier() 之前,要用 syms 命令对所用到的变量进行说明,即要将这些变量说明成符号变量。对 fourier() 中的函数 f 及 ifourier() 的函数 F,也要用符号定义符 sym 将 f 和 F 说明为符号表达式。若 f 或 F 是 MATLAB 中的通用函数表达式,则不必用 sym 加以说明。

例 3.11　　例求 $f(t) = e^{-2|t|}$ 的傅里叶变换,试画出 $f(t)$ 及其幅度频谱图。

解:　　实现该例题的 MATLAB 命令为:

```
syms t
x＝exp(−2∗abs(t))
F＝fourier(x)
subplot(211);
ezplot(x);
subplot(212);
ezplot(F);
```

$f(t)$ 的幅度频谱图如图 3.35 所示。

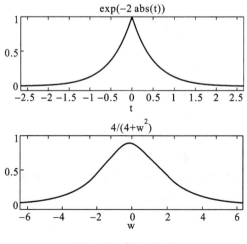

图 3.35　例 3.11 图

三、傅里叶变换对称性质 MATLAB 实现

例 3.12 设 $f(t)=\mathrm{Sa}(t)$，已知信号 $f(t)$ 的傅里叶变换为

$$F(j\omega)=\pi g_2(\omega)=\pi[\varepsilon(\omega+1)-\varepsilon(\omega-1)]$$

用 MATLAB 求 $f_1(t)=\pi g_2(t)$ 的傅里叶变换 $F_1(j\omega)$，并验证对称性。

解： MATLAB 程序如下：

```
syms t
r=0.01;
j=sqrt(-1);
t=-15:r:15;
f=sin(t)./t;
f1=pi*(Heaviside(t+1)-Heaviside(t-1));
N=500;
W=5*pi*1;
k=-N:N;
w=k*W/N;
F=r*sinc(t/pi)*exp(-j*t'*w);
F1=r*f1*exp(-j*t'*w);
subplot(221);plot(t,f);
xlabel('t');ylabel('f(t)');
subplot(222);plot(w,F);
axis([-2 2 -1 4]);
xlabel('w');ylabel('F(w)');
subplot(223);plot(t,f1);
axis([-2 2 -1 4]);
xlabel('t');ylabel('f1(t)');
subplot(224);plot(w,F1);
axis([-20 20 -3 7]);
xlabel('w');ylabel('F1(w)');
```

傅里叶变换对称性质如图 3.36 所示，由图可见，$f(t)=\mathrm{Sa}(t)$ 的傅里叶变换为 $F(j\omega)=\pi g_2(\omega)$，$F(jt)=f_1(t)=\pi g_2(t)$ 的傅里叶变换为 $F_1(j\omega)=2\pi\mathrm{Sa}(\omega)=2\pi f(\omega)$，考虑到 $\mathrm{Sa}(\omega)$ 是 ω 的偶函数，因此有 $F(jt)\leftrightarrow 2\pi f(-\omega)$，即验证了傅里叶变换的对称性。

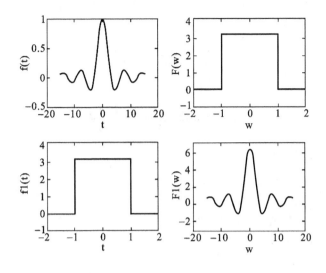

图 3.36 例 3.12 图

四、连续时间系统频率响应 MATLAB 实现

MATLAB 提供了专门对连续时间系统频率响应 $H(j\omega)$ 进行分析的函数 freqs()。该函数可以求出系统频率响应的数值解,并可绘出系统的幅频及相频响应曲线。

例 3.13 已知一 RLC 二阶低通滤波器,其电路图如图 3.37 所示,该电路的频率响应为 $H(j\omega)=\dfrac{1}{1-\omega^2 LC+j\omega\dfrac{L}{R}}$,设 $R=\sqrt{\dfrac{L}{2C}}$,$L=0.8$ H,$C=0.1$ F,$R=2$ Ω,试用 MATLAB 的 freqs() 函数绘出该频率响应。

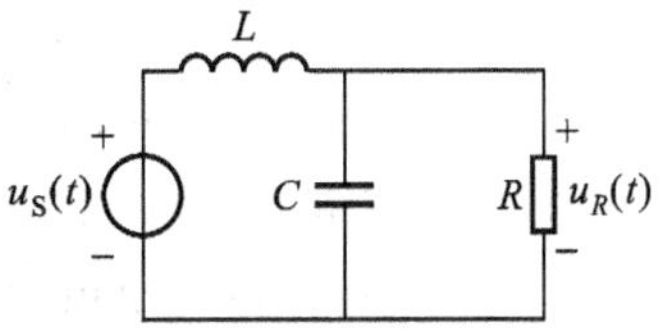

图 3.37 例 3.13 图

解: 令截止频率 $\omega_c=\dfrac{1}{\sqrt{LC}}$,当 $\omega=\omega_c=\dfrac{1}{\sqrt{0.08}}=3.54$ 时

$$|H(j\omega)|_{\omega=\omega_c}=\frac{1}{\sqrt{2}}|H(j\omega)|_{\omega=0}=\frac{1}{\sqrt{2}}|H(0)|=\frac{1}{\sqrt{2}}$$

将 L,C,R 的值代入 $H(j\omega)$ 的表达式,得

$$H(j\omega)=\frac{1}{0.08(j\omega)^2+0.4j\omega+1}=|H(j\omega)|e^{j\varphi(\omega)}$$

其中

$$|H(j\omega)| = \frac{1}{\sqrt{1+\left(\frac{\omega}{\omega_c}\right)^4}} = \frac{1}{\sqrt{1+0.08^2\omega^4}}$$

$$\varphi(\omega) = -\arctan\left(\frac{\sqrt{2\times0.08}\,\omega}{1-0.08\omega^2}\right)$$

MATLAB 程序如下：

```
b=[0 0 1];
a=[0.08 0.4 1];
[h,w]=freqs(b,a,100);
h1=abs(h);
h2=angle(h);
subplot(211);
plot(w,h1);
grid
xlabel('角频率(w)');
ylabel('幅度');
title(' H(jw)的幅频特性');
subplot(212);
plot(w,h2*180/pi);
grid
xlabel('角频率(w)');
ylabel('相位(度)');
title(' H(jw)的相频特性');
```

系统的幅频及相频响应曲线分别如图 3.38 所示。

由图可见，当 ω 从 0 增大时，该低通滤波器的幅度从 1 降到 0，ω_c 约为 3.5；而 $\varphi(\omega)$ 从 0°降到 $-180°$，与理论分析的结果一致。

五、连续时间信号幅度调制 MATLAB 实现

MATLAB 提供了专门的函数 modulate()用于实现信号的调制。调用格式为：

```
y=modulate(x,Fc,Fs,' method')
[y,t]=modulate(x,Fc,Fs)
```

其中，x 为被调信号，Fc 为载波频率，Fs 为信号 x 的抽样频率，method 为所

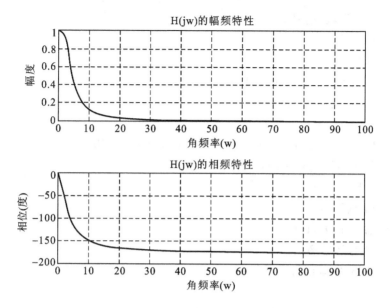

图 3.38 例 3.13 图

采用的调制方式,本书所介绍的调制方法为抑制载波方式,即已调信号的频谱中不包含载波的频率分量,则' method '为' am '。其执行的算法为:

y=x * cos(2 * pi * Fc * t)

其中 y 为已调制信号,t 为函数计算时间间隔量。下面举例说明如何调用 modulate()来实现信号的调制。

例 3.14 设信号 $f(t) = \sin(100\pi t)$,载波信号为频率为 400 Hz 的余弦信号。试用 MATLAB 实现调幅信号 $y(t)$,并观察 $f(t)$ 的频谱和 $y(t)$ 的频谱,以及两者在频域上的关系。

解: MATLAB 程序如下:

```
Fs=1000;                    %被调信号 x 的采样频率
Fc=400;                     %载波信号的载波频率
N=1000;                     %FFT 的长度
n=0:N-2;
t=n/Fs;
x=sin(2 * pi * 50 * t);     %被调信号
subplot(221)
plot(t,x);
xlabel(' t(s)');
ylabel(' x');
```

```
title('被调信号')
axis([0 0.1 -1 1])
Nfft=1024;
window=hamming(512);
noverlap=256;
dflag=' none ';
[Pxx,f]=psd(x,Nfft,Fs,window,noverlap,dflag);
%求被调信号 x 的功率谱
subplot(222)
plot(f,Pxx)
xlabel(' f(Hz)');
ylabel('功率谱(X)');
title('被调信号的功率谱')
grid
y=modulate(x,Fc,Fs,' am ');        %已调信号
subplot(223)
plot(t,y)
xlabel(' t(s)');
ylabel(' y ');
axis([0 0.1 -1 1])
title('已调信号')
[Pxx,f]=psd(y,1024,Fs,window,noverlap,dflag);
%求已调信号的功率谱
subplot(224)
plot(f,Pxx)
xlabel(' f(Hz)');
ylabel('功率谱(Y)');
title('已调信号的功率谱')
grid
```

已调信号和被调信号的频谱如图 3.39 所示。

由图可见,$y(t)$ 的功率谱处在频域的频率 $f=400$ Hz 为中心的两侧,偏移值为 50 Hz 的双边带。显然,上述结果与理论分析结果完全一致。本例的主要目的是观察被调信号 $f(t)$ 及已调信号 $y(t)$ 的谱线在频域上的位置变化关系,验证调制定理。

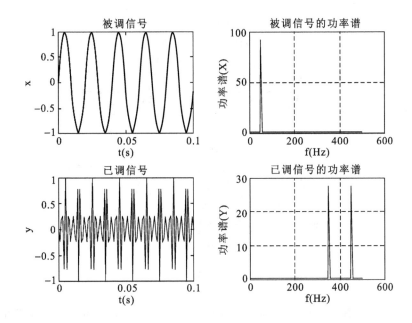

图 3.39 例 3.14 图

习　　题

3.1　如题图 3.1 所示周期矩形信号 $f(t)$

（1）求信号的傅里叶级数表达式（三角形式与指数形式）；

（2）若周期 $T = 2 \times 10^{-4}$ s；$\tau = 20\ \mu s$，$E = 10$ V 试求直流分量大小以及基波和二次谐波的有效值。

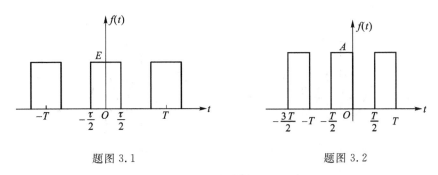

题图 3.1　　　　　　　　　　　　　　　题图 3.2

3.2　试求题图 3.2 所示周期信号的三角形傅里叶级数展开式，并画出频谱图。

3.3　求题图 3.3(a) 所示的周期性半波整流余弦脉冲信号及题图 3.3(b) 所示的周期性半波整流正弦脉冲信号的傅里叶级数展开式。绘出频谱图并作比较，说明其差别所在。

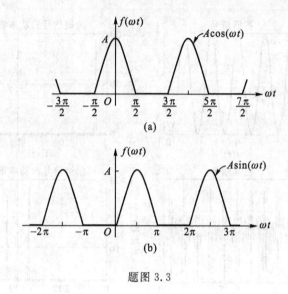

题图 3.3

3.4 （1）证明:周期性偶函数的三角傅里叶级数表示式中只含有余弦分量;周期性奇函数的三角傅里叶级数中只含有正弦分量。

（2）证明偶谐信号的傅里叶级数中只包含偶次谐波;奇谐信号的傅里叶级数中只包含奇次谐波。

3.5 判断题图 3.4 中各周期信号的傅里叶级数中所含有的频率分量。

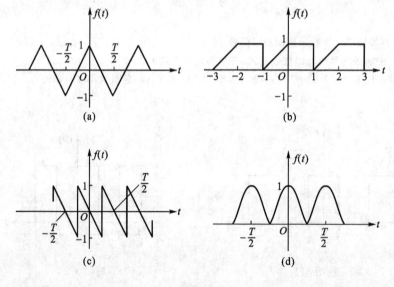

题图 3.4

3.6 $f(t)$ 是周期为 2 的奇谐信号,且 $f(t)=t,0<t<1$,试画出 $f(t)$ 的波形,并求出其傅

里叶级数表达式。

3.7　已知周期信号 $f(t)$ 前四分之一周期的波形如题图 3.5 所示,试分别绘出在下列条件下信号在一个周期内的波形:

(1) 是 t 的偶函数,其傅里叶级数只有偶次谐波;

(2) 是 t 的偶函数,其傅里叶级数只有奇次谐波;

(3) 是 t 的偶函数,其傅里叶级数有偶次谐波和奇次谐波;

(4) 是 t 的奇函数,其傅里叶级数只有偶次谐波;

(5) 是 t 的奇函数,其傅里叶级数只有奇次谐波;

(6) 是 t 的奇函数,其傅里叶级数有偶次谐波和奇次谐波。

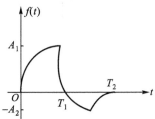

题图 3.5

3.8　试判断 $f(t)=A\cos\left(\dfrac{2\pi}{T}t\right)$ 在时间区间 $\left(0,\dfrac{T}{2}\right)$ 上展开的傅里叶级数是仅有余弦项,还是仅有正弦项,还是二者都有。如展开时间区间改为 $\left(-\dfrac{T}{4},\dfrac{T}{4}\right)$,则又如何。

3.9　$f_1(t)$ 和 $f_2(t)$ 的波形如题图 3.6 所示,已知 $f_1(t)$ 的傅里叶变换为 $F_1(j\omega)$,试根据已知的 $F_1(j\omega)$ 求 $f_2(t)$ 的傅里叶变换 $F_2(j\omega)$。

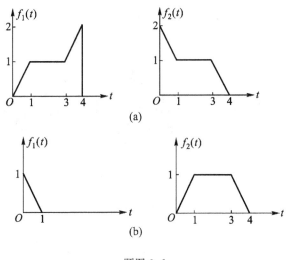

题图 3.6

3.10　一理想滤波器,其幅频特性如题图 3.7(b) 所示,相频特性 $\varphi(\omega)=0$,若输入 $f(t)$ 如题图 3.7(a) 所示,图中 $T=1$ ms,幅度为 5,宽度为 $T/2$ 的方波,求滤波器的输出 $y(t)$。

3.11　利用时域微分性质求题图 3.8 所示信号的傅里叶变换。

3.12　已知题图 3.9 所示信号 $f_1(t)$ 的频谱函数为 $F_1(j\omega)=R(\omega)+jX(\omega)$,式中 $R(\omega)$、$X(\omega)$ 均为 ω 的实函数,试求 $f_2(t)$ 的频谱函数 $F_2(j\omega)$。

3.13　求下列信号的傅里叶变换:

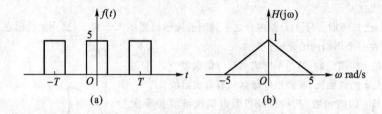

题图 3.7

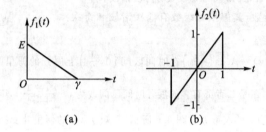

题图 3.8

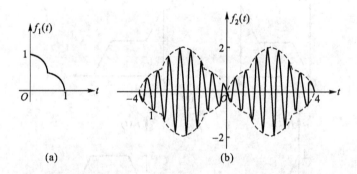

题图 3.9

(1) $f(t) = e^{t-1}\varepsilon(-t+1)$；　　　　　　　(2) $f(t) = \dfrac{\sin[2\pi(t-1)]}{\pi(t-1)}$；

(3) $f(t) = \dfrac{1}{\pi t}$；　　　　　　　(4) $f(t) = e^{-3t}\sin(2\pi t)\varepsilon(t)$。

3.14　已知 $f(t) \leftrightarrow F(j\omega)$，求下列信号的傅里叶变换：

(1) $tf(3t)$；　　　(2) $f(5-2t)$；　　　(3) $t\dfrac{\mathrm{d}}{\mathrm{d}t}f(1-t)$；　　　(4) $f'(t) * \dfrac{1}{\pi t}$。

3.15　利用时域和频域的对称性，求下列傅里叶变换的反变换 $f(t)$：

(1) $F(j\omega) = \delta(\omega - \omega_0)$；

(2) $F(j\omega) = \varepsilon(\omega + \omega_0) - \varepsilon(\omega - \omega_0)$。

3.16 已知梯形信号 $f(t)$ 如题图 3.10 所示，

（1）利用三角形脉冲信号的傅里叶变换及时移性质，求 $f(t)$ 的傅里叶变换；

（2）利用微分性质求 $f(t)$ 的傅里叶变换。

3.17 试用时域微分、积分特性求题图 3.11 所示波形信号 的傅里叶变换。

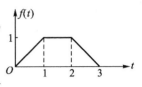

题图 3.10

3.18 试利用调制定理，求取题图 3.12 所示信号的傅里叶变换，并画出频谱图。

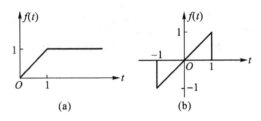

(a) (b)

题图 3.11

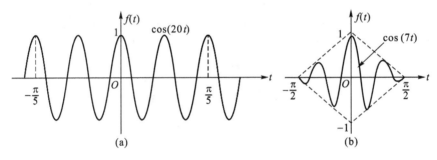

(a) (b)

题图 3.12

3.19 题图 3.13 所示 $f(t)$ 的傅里叶变换为 $F(j\omega)$，试求：

（1）$\varphi(\omega)$； （2）$F(0)$；

（3）$\int_{-\infty}^{\infty} F(j\omega) d\omega$； （4）$\int_{-\infty}^{\infty} F(j\omega) \frac{2\sin\omega}{\omega} e^{j2\omega} d\omega$。

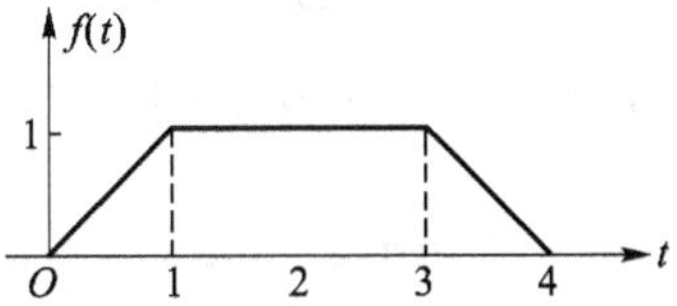

3.20 已知 $f_1(t)$ 的傅里叶变换为 $F_1(j\omega)$，将 $f_1(t)$ 按题图 3.14 所示的波形关系构成周期信号 $f_2(t)$，求此 周期信号的傅里叶变换。

题图 3.13

3.21 试求题图 3.15 所示各电路的系统函数

$$H(j\omega) = \frac{V_2(j\omega)}{V_1(j\omega)}。$$

3.22 题图 3.16 所示的周期性矩形脉冲信号，其频率 $f = 10$ kHz，加到一谐振频率为

$$f_0 = \frac{1}{2\pi\sqrt{LC}} = 30 \text{ kHz}$$ 的并联谐振电路，以取得三倍频信号输出。并联谐振电路的转移函

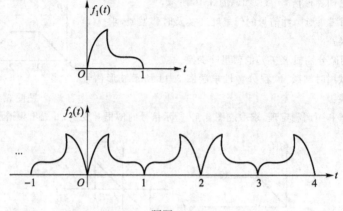

题图 3.14

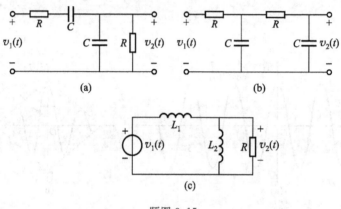

题图 3.15

数为 $H(j\omega) = \dfrac{1}{1 + jQ\left(\dfrac{\omega}{\omega_0} - \dfrac{\omega_0}{\omega}\right)}$，如要求输出中其他分量的幅度小于三次谐波分量幅度的

1%，求并联谐振电路的品质因素 Q。

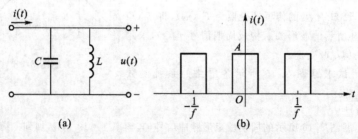

题图 3.16

3.23　已知系统函数为 $H(j\omega)=\dfrac{j\omega}{-\omega^2+j3\omega+2}$，系统的初始状态为 $y(0)=2,y'(0)=1$，激励 $e(t)=e^{-t}\varepsilon(t)$。求全响应 $r(t)$。

3.24　如题图 3.17(a)所示的系统，$e(t)$ 如题图 3.17(b)所示，已知 $s(t)=2\cos t$，$H(j\omega)=\begin{cases}1-0.5|\omega| & |\omega|<2 \\ 0 & |\omega|\geqslant 2\end{cases}$，求输出 $r(t)$。

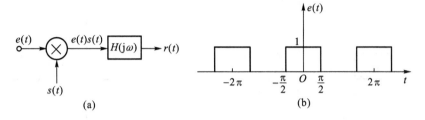

题图 3.17

3.25　某系统幅频特性 $|H(j\omega)|$ 和相频特性 $\varphi(\omega)$ 如题图 3.18 所示。试求其冲激响应 $h(t)$。

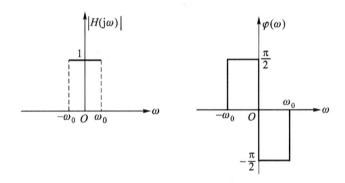

题图 3.18

3.26　已知 $e(t)=\dfrac{\sin(\omega_c t)}{\omega_c t}$，$s(t)=\cos(\omega_0 t)$，且 $\omega_0\geqslant\omega_c$，求题图 3.19 所示系统的输出 $r(t)$。

3.27　试分析信号通过题图 3.20 所示的斜格型网络有无幅度失真与相位失真。

3.28　如题图 3.21 所示电路。

(1) 求网络转移函数 $H(j\omega)$；

(2) 要使响应 $r(t)$ 的波形不失真，确定 R_1、R_2 的值。

3.29　有一调幅信号为 $a(t)=A[1+0.3\cos(\omega_1 t)+0.1\cos(\omega_2 t)]\sin(\omega_c t)$ 其中 $\omega_1=2\pi\times 5\times 10^3$ rad/s，$\omega_2=2\pi\times 3\times 10^3$ rad/s，$\omega_c=2\pi\times 45\times 10^6$ rad/s，$A=100$ V。试求：

(1) 部分调幅系数；

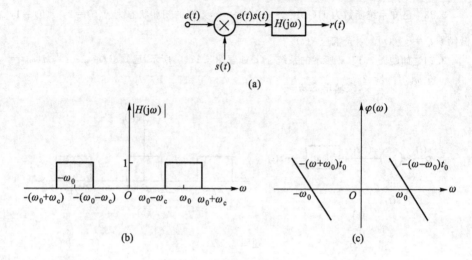

题图 3.19

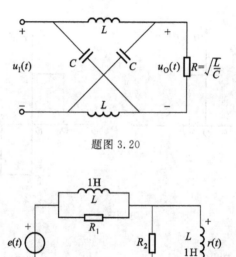

题图 3.20

题图 3.21

（2）调幅信号包含的频率分量,绘出调制信号与调幅信号的频谱图,并求此调幅信号的频带宽度。

3.30　试用 MATLAB 绘制题 3.2 所示周期信号的振幅频谱。

3.31　试用 MATLAB 绘制题 3.13 中各函数 $f(t)$ 的时域波形及其幅度频谱图。

3.32　试用 MATLAB 绘制题 3.27 系统的幅频及相频响应曲线。

第四章

连续时间信号与系统的复频域分析

傅里叶变换建立了信号与其频谱之间一一对应的关系,具有明确的物理意义。但是在实际应用上,傅里叶变换存在一定的局限性,其变换式的形式和运算较为复杂,一些常用信号因不满足狄里赫利条件而不存在傅里叶变换。特别是对具有初始条件的系统问题,也不能利用傅里叶变换求得系统的完全响应。因而人们就寻求新的变换方法,以解决这些问题。

19 世纪末法国数学家拉普拉斯提出了一种新的积分变换,即拉普拉斯变换,简称拉氏变换。运用拉氏变换可以简便地对线性时不变系统的时域模型进行变换,从而大大简化了微分方程的求解。

本章首先由傅里叶变换导出拉普拉斯变换,重点讨论拉普拉斯变换的基本性质和常用信号的拉普拉斯变换对,再以此为基础,着重讨论线性系统的拉普拉斯变换分析法,并应用系统函数 $H(s)$ 及其零极点来分析系统的时域特性、频域特性和系统稳定性等问题。

4.1 拉普拉斯变换

一、拉普拉斯变换的定义

由前章可知,当函数 $f(t)$ 满足狄里赫利条件时,可构成一对傅里叶变换:

$$\begin{cases} F(\mathrm{j}\omega) = \displaystyle\int_{-\infty}^{\infty} f(t)\mathrm{e}^{-\mathrm{j}\omega t}\,\mathrm{d}t \\[2mm] f(t) = \dfrac{1}{2\pi}\displaystyle\int_{-\infty}^{\infty} F(\mathrm{j}\omega)\mathrm{e}^{\mathrm{j}\omega t}\,\mathrm{d}\omega \end{cases} \tag{4.1}$$

为了使更多的函数存在变换,并简化变换形式,引入一个衰减因子(收敛因子)$\mathrm{e}^{-\sigma t}$ 与 $f(t)$ 相乘。只要 σ 取适当正值,可使 $f(t)\mathrm{e}^{-\sigma t}$ 满足绝对可积条件。写出 $f(t)\mathrm{e}^{-\sigma t}$ 的傅里叶变换,并用 $F_1(\mathrm{j}\omega)$ 表示,有

$$F_1(\mathrm{j}\omega) = \mathscr{F}[f(t)\mathrm{e}^{-\sigma t}] = \int_{-\infty}^{\infty} f(t)\mathrm{e}^{-\sigma t}\mathrm{e}^{-\mathrm{j}\omega t}\,\mathrm{d}t = \int_{-\infty}^{\infty} f(t)\mathrm{e}^{-(\sigma+\mathrm{j}\omega)t}\,\mathrm{d}t \tag{4.2}$$

将上式与式(4.1)正变换比较,可以看出 $F_1(j\omega)$ 是将 $F(j\omega)$ 中的 $j\omega$ 换成 $\sigma+j\omega$ 的结果。

即
$$F_1(j\omega)=F(\sigma+j\omega)$$

令复变量 $s=\sigma+j\omega$,由(4.2)式可得

$$F_1(j\omega) = F(s) = \int_{-\infty}^{\infty} f(t)\mathrm{e}^{-st}\,\mathrm{d}t \tag{4.3}$$

而其傅里叶反变换

$$f(t)\mathrm{e}^{-\sigma t} = \frac{1}{2\pi}\int_{-\infty}^{\infty} F(\sigma+j\omega)\mathrm{e}^{j\omega t}\,\mathrm{d}\omega$$

将上式两边乘以 $\mathrm{e}^{\sigma t}$,得

$$f(t) = \frac{1}{2\pi}\int_{-\infty}^{\infty} F(\sigma+j\omega)\mathrm{e}^{(\sigma+j\omega)t}\,\mathrm{d}\omega$$

$$= \frac{1}{2\pi}\int_{-\infty}^{\infty} F(s)\mathrm{e}^{st}\,\mathrm{d}\omega \tag{4.4}$$

由 $s=\sigma+j\omega$,得 $\mathrm{d}s=j\mathrm{d}\omega$,即 $\mathrm{d}\omega=\mathrm{d}s/j$,并相应地改变积分上下限,上式可写为

$$f(t) = \frac{1}{2\pi j}\int_{\sigma-j\infty}^{\sigma+j\infty} F(s)\mathrm{e}^{st}\,\mathrm{d}s \tag{4.5}$$

式(4.3)中的 $F(s)$ 称为象函数,式(4.5)中的 $f(t)$ 称为原函数,$f(t)$ 与 $F(s)$ 就构成一对拉普拉斯变换对(或称拉氏变换对),称之为双边拉普拉斯变换。

在实际应用中,人们用物理手段和实验方法所能记录与产生的信号大都是有起始时刻的,不妨令起始时刻 $t=0$,并考虑到信号 $f(t)$ 在 $t=0$ 时刻可能包含有冲激函数及其导数项,取积分的下限为 0_-。于是,式(4.3)改写为

$$F(s) = \int_{0_-}^{+\infty} f(t)\mathrm{e}^{-st}\,\mathrm{d}t \tag{4.6}$$

而原函数 $f(t)$ 为有始函数,即在 $t<0$ 时为零,由式(4.5)得

$$f(t) = \left[\frac{1}{2\pi j}\int_{\sigma-j\infty}^{\sigma+j\infty} F(s)\mathrm{e}^{st}\,\mathrm{d}s\right]\varepsilon(t) \tag{4.7}$$

称式(4.6)和(4.7)为单边拉普拉斯变换对。通常用下列符号分别表示,即

$$\begin{cases} F(s)=\mathscr{L}[f(t)] \\ f(t)=\mathscr{L}^{-1}[F(s)] \end{cases} \tag{4.8}$$

也可用双箭头表示

$$f(t)\leftrightarrow F(s) \tag{4.9}$$

本书中无特别说明均指单边拉普拉斯变换(或称单边拉氏变换)。

二、拉普拉斯变换的收敛域

从以上讨论可知,当函数 $f(t)$ 乘以收敛因子 $\mathrm{e}^{-\sigma t}$ 后,就有可能满足绝对可积

条件。然而是否一定满足,还要看 $f(t)$ 的性质与 σ 值的大小。也就是说,并不是对所有的 σ 值而言,函数 $f(t)$ 都存在拉普拉斯变换。

通常把使 $f(t)\mathrm{e}^{-\sigma t}$ 满足绝对可积条件的 σ 的取值范围称为拉普拉斯变换的收敛域。$F(s)$ 存在的条件是被积函数收敛,即 $\int_{0_-}^{\infty}|f(t)\mathrm{e}^{-\sigma t}|\,\mathrm{d}t<\infty$。从而要求满足

$$\lim_{t\to\infty}f(t)\mathrm{e}^{-\sigma t}=0 \qquad (4.10)$$

此即拉普拉斯变换存在的充要条件。

因此,对于函数 $f(t)$,若 $\sigma>\sigma_0$ 时,满足式 (4.10),则称 $\sigma>\sigma_0$ 为收敛域。并且根据 σ_0 的值可将 s 平面划分为两个区域,如图 4.1 所示,其阴影部分表示收敛域。通过 σ_0 并垂直于 σ 轴的直线是收敛域的边界,称为收敛轴,σ_0 称为收敛坐标。下面讨论几种典型函数的拉普拉斯变换的收敛域问题。

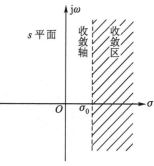

图 4.1 收敛域

例 4.1 求函数 $f(t)=A\varepsilon(t)-A\varepsilon(t-\tau)$ 的拉氏变换的收敛域。

解: $\lim\limits_{t\to\infty}[A\varepsilon(t)-A\varepsilon(t-\tau)]\cdot\mathrm{e}^{-\sigma t}=\lim\limits_{t\to\infty}0\cdot\mathrm{e}^{-\sigma t}=0$

无论 σ 取何值,被积函数均收敛。所以其收敛域为整个 s 平面,即 $\sigma>\infty$。一般而言,对于任何有界的非周期函数,其拉氏变换的收敛域就是整个 s 平面。

例 4.2 求函数 $f(t)=t^n(n>0)$ 的拉氏变换的收敛域。

解: $\lim\limits_{t\to\infty}t^n\mathrm{e}^{-\sigma t}=\lim\limits_{t\to\infty}\dfrac{t^n}{\mathrm{e}^{\sigma t}}=\lim\limits_{t\to\infty}\dfrac{n!}{\sigma^n\mathrm{e}^{\sigma t}}=0 \quad \sigma>0$

即 $\sigma_0=0$,收敛坐标位于坐标原点,收敛轴为虚轴,收敛域为右半 s 平面。

通常称满足式(4.10)的函数 $f(t)$ 为"指数阶函数",即此类 $f(t)$ 可以借助乘衰减的指数函数满足绝对可积条件。

例 4.3 设函数 $f_1(t)=\mathrm{e}^{-\alpha t}\varepsilon(t),(\alpha>0)$;$f_2(t)=-\mathrm{e}^{-\alpha t}\varepsilon(-t),(\alpha>0)$。求它们的双边拉氏变换 $F_1(s)$ 和 $F_2(s)$,并画出各自的收敛域。

解: 根据定义

$$F_1(s)=\int_{-\infty}^{\infty}\mathrm{e}^{-\alpha t}\varepsilon(t)\mathrm{e}^{-st}\,\mathrm{d}t=\int_{0}^{\infty}\mathrm{e}^{-\alpha t}\mathrm{e}^{-st}\,\mathrm{d}t=\int_{0}^{\infty}\mathrm{e}^{-(\sigma+\alpha)t}\mathrm{e}^{-\mathrm{j}\omega t}\,\mathrm{d}t=\frac{1}{s+\alpha}$$

由绝对可积条件,得 $\sigma+\alpha>0$,因此收敛域为 $\sigma>-\alpha$。

同理 $F_2(s)=-\int_{-\infty}^{0}\mathrm{e}^{-\alpha t}\varepsilon(-t)\mathrm{e}^{-st}\,\mathrm{d}t=-\int_{-\infty}^{0}\mathrm{e}^{-(s+\alpha)t}\,\mathrm{d}t=\frac{1}{s+\alpha}$

由绝对可积条件,$\sigma+\alpha<0$,因此收敛域为 $\sigma<-\alpha$。

图 4.2、图 4.3 中阴影区分别表示了 $F_1(s)$ 和 $F_2(s)$ 的收敛域。

由例 4.2 可知,$F_1(s)$ 和 $F_2(s)$ 虽然有相同的表达式,但由于收敛域的不同,而表示了完全不同的函数,所以时间函数只有在给定收敛域内才与其拉普拉斯变换式一一对应。

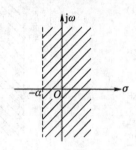

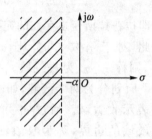

图 4.2 $F_1(s)$ 的收敛域   图 4.3 $F_2(s)$ 的收敛域

三、常用信号的拉普拉斯变换

下面根据定义给出几个简单信号的拉普拉斯变换对。为使用方便,在表4.1中还列出了一些常用信号的拉普拉斯变换。读者在学习了拉普拉斯变换的性质后,可自行证明。

1. 单位冲激函数 $\delta(t)$

$$F(s) = \mathscr{L}[\delta(t)] = \int_{0_-}^{\infty} \delta(t)\mathrm{e}^{-st}\,\mathrm{d}t = \mathrm{e}^{-st}\Big|_{t=0} = 1$$

即
$$\delta(t)\leftrightarrow 1 \tag{4.11}$$

2. 单位阶跃函数 $\varepsilon(t)$

$$F(s) = \mathscr{L}[\varepsilon(t)] = \int_{0}^{\infty} \mathrm{e}^{-st}\,\mathrm{d}t = -\frac{1}{s}\mathrm{e}^{-st}\Big|_{0}^{\infty} = \frac{1}{s}$$

即
$$\varepsilon(t)\leftrightarrow \frac{1}{s} \tag{4.12}$$

3. 指数衰减信号 $\mathrm{e}^{-\alpha t}\varepsilon(t)$

$$F(s) = \mathscr{L}[\mathrm{e}^{-\alpha t}\varepsilon(t)] = \int_{0_-}^{\infty} \mathrm{e}^{-\alpha t}\mathrm{e}^{-st}\,\mathrm{d}t = \int_{0_-}^{\infty} \mathrm{e}^{-(\alpha+s)t}\,\mathrm{d}t = \frac{1}{s+\alpha}$$

即
$$\mathrm{e}^{-\alpha t}\varepsilon(t)\leftrightarrow \frac{1}{s+\alpha} \tag{4.13}$$

表 4.1　常用函数的拉普拉斯变换表

序号	$f(t)$　$(t>0)$	$F(s)$	序号	$f(t)$　$(t>0)$	$F(s)$
1	$\delta(t)$	1	8	$\sin(\omega_0 t)$	$\dfrac{\omega_0}{s^2+\omega_0^2}$
2	$\delta'(t)$	s			
3	$\varepsilon(t)$	$\dfrac{1}{s}$	9	$\cos(\omega_0 t)$	$\dfrac{s}{s^2+\omega_0^2}$
4	$e^{-\alpha t}$	$\dfrac{1}{s+\alpha}$	10	$e^{-\alpha t}\sin(\omega_0 t)$	$\dfrac{\omega_0}{(s+\alpha)^2+\omega_0^2}$
5	t^n（n 为正整数）	$\dfrac{n!}{s^{n+1}}$	11	$e^{-\alpha t}\cos(\omega_0 t)$	$\dfrac{s+\alpha}{(s+\alpha)^2+\omega_0^2}$
6	$te^{-\alpha t}$	$\dfrac{1}{(s+\alpha)^2}$	12	$t\sin(\omega_0 t)$	$\dfrac{2\omega_0 s}{(s^2+\omega_0^2)^2}$
7	$t^n e^{-\alpha t}$	$\dfrac{n!}{(s+\alpha)^{n+1}}$	13	$t\cos(\omega_0 t)$	$\dfrac{s^2-\omega_0^2}{(s^2+\omega_0^2)^2}$

4.2　拉普拉斯变换的性质

　　与傅里叶变换类似,拉普拉斯变换也有许多重要性质。掌握好这些性质,有助于求解一些复杂信号的拉普拉斯变换。

　　1. 线性性质

　　若 $f_1(t)\leftrightarrow F_1(s)$ 和 $f_2(t)\leftrightarrow F_2(s)$,则

$$a_1 f_1(t)+a_2 f_2(t)\leftrightarrow a_1 F_1(s)+a_2 F_2(s) \tag{4.14}$$

式中,a_1 和 a_2 为任意常数。

　　证明:

$$\mathscr{L}[a_1 f_1(t)+a_2 f_2(t)]=\int_{0_-}^{\infty}[a_1 f_1(t)+a_2 f_2(t)]e^{-st}\,dt$$

$$=a_1\int_{0_-}^{\infty}f_1(t)e^{-st}\,dt+a_2\int_{0_-}^{\infty}f_2(t)e^{-st}\,dt$$

$$=a_1 F_1(s)+a_2 F_2(s)$$

　　例 4.4　求函数 $f(t)=\cos(\omega_0 t)\varepsilon(t)$ 的拉普拉斯变换 $F(s)$。

　　解:　由欧拉公式和线性性质

$$\mathscr{L}[\cos(\omega_0 t)\varepsilon(t)]=\mathscr{L}\left\{\frac{1}{2}(e^{j\omega_0 t}+e^{-j\omega_0 t})\varepsilon(t)\right\}$$

$$= \mathscr{L}\left[\frac{1}{2}\mathrm{e}^{\mathrm{j}\omega_0 t}\varepsilon(t)\right] + \mathscr{L}\left[\frac{1}{2}\mathrm{e}^{-\mathrm{j}\omega_0 t}\varepsilon(t)\right]$$

$$= \frac{1}{2}\left(\frac{1}{s-\mathrm{j}\omega_0} + \frac{1}{s+\mathrm{j}\omega_0}\right) = \frac{s}{s^2+\omega_0^2}$$

同理

$$\sin(\omega_0 t)\varepsilon(t) \leftrightarrow \frac{\omega_0}{s^2+\omega_0^2}$$

2. 时移（延时）性质

若 $f(t) \leftrightarrow F(s)$，则

$$f(t-t_0)\varepsilon(t-t_0) \leftrightarrow F(s)\mathrm{e}^{-st_0} \tag{4.15}$$

证明：

$$\mathscr{L}[f(t-t_0)\varepsilon(t-t_0)] = \int_{0_-}^{\infty} f(t-t_0)\varepsilon(t-t_0)\mathrm{e}^{-st}\mathrm{d}t = \int_{t_0}^{\infty} f(t-t_0)\mathrm{e}^{-st}\mathrm{d}t$$

令 $t-t_0=x$，有 $t=x+t_0$，$\mathrm{d}x=\mathrm{d}t$，则

$$\mathscr{L}[f(t-t_0)\varepsilon(t-t_0)] = \int_{0}^{\infty} f(x)\mathrm{e}^{-s(x+t_0)}\mathrm{d}x$$

$$= \mathrm{e}^{-st_0}\int_{0}^{\infty} f(x)\mathrm{e}^{-sx}\mathrm{d}x = \mathrm{e}^{-st_0}F(s)$$

在使用这一性质时，要注意区分下列不同的 4 种时间函数：$f(t-t_0)$，$f(t-t_0)\varepsilon(t)$，$f(t)\varepsilon(t-t_0)$ 和 $f(t-t_0)\varepsilon(t-t_0)$。其中只有最后一个函数才是原有始信号 $f(t)\varepsilon(t)$ 延时 t_0 后所得的延时信号，只有它的拉普拉斯变换才能应用此性质。

例 4.5 已知斜坡信号 $t\varepsilon(t)$ 的拉普拉斯变换为 $\frac{1}{s^2}$。试分别求 $f_1(t)=t-t_0$，$f_2(t)=(t-t_0)\varepsilon(t)$，$f_3(t)=t\varepsilon(t-t_0)$ 和 $f_4(t)=(t-t_0)\varepsilon(t-t_0)$ 的拉普拉斯变换（假设 $t_0>0$）。

解： 4 种信号波形如图 4.4 所示。

由图可见，$f_1(t)$ 和 $f_2(t)$ 两种信号，在 $t\geqslant 0$ 时，二者的波形相同，所以它们的拉氏变换也应该相同，即

$$F_1(s)=\mathscr{L}[f_1(t)]=\mathscr{L}[t-t_0]=\frac{1}{s^2}-\frac{t_0}{s}=\frac{1-st_0}{s}$$

$$F_2(s)=\mathscr{L}[f_2(t)]=\mathscr{L}[(t-t_0)\varepsilon(t)]=F_1(s)=\frac{1-st_0}{s}$$

信号 $f_3(t)$ 的拉普拉斯变换为

$$F_3(s)=\mathscr{L}[f_3(t)]=\int_{0}^{\infty} t\varepsilon(t-t_0)\mathrm{e}^{-st}\mathrm{d}t$$

$$= \int_{t_0}^{\infty} t\mathrm{e}^{-st}\mathrm{d}t = \frac{t_0\mathrm{e}^{-st_0}}{s}+\frac{1}{s^2}\mathrm{e}^{-st_0}$$

信号 $f_4(t)$ 的拉普拉斯变换由时移性质得

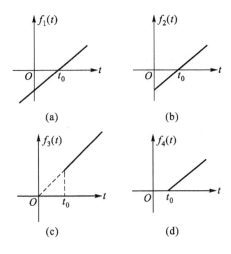

图 4.4　例 4.5 的 4 种信号的波形图

$$\mathscr{L}[f_4(t)]=\frac{1}{s^2}\mathrm{e}^{-st_0}$$

时移性质的一个重要应用是求有始周期信号的拉普拉斯变换。设 $f(t)$ 为以 T 为周期的周期信号，$f_1(t)$、$f_2(t)$、……等分别表示它的第一周期、第二周期、……等的函数，则可将 $f(t)$ 表示为

$$f(t)=f_1(t)+f_2(t)+f_3(t)+\cdots$$
$$=f_1(t)+f_1(t-T)\varepsilon(t-T)+f_1(t-2T)\varepsilon(t-2T)+\cdots \quad (4.16)$$

若 $f_1(t)\leftrightarrow F_1(s)$，则根据时移性质，可写出 $f(t)$ 的象函数为

$$F(s)=\mathscr{L}[f(t)]=F_1(s)+\mathrm{e}^{-sT}F_1(s)+\mathrm{e}^{-2sT}F_1(s)+\cdots$$

$$=(1+\mathrm{e}^{-sT}+\mathrm{e}^{-2sT}+\cdots)F_1(s)=\frac{1}{1-\mathrm{e}^{-sT}}F_1(s) \quad (4.17)$$

上式表明，周期信号的拉普拉斯变换等于其第一周期单个信号的拉普拉斯变换式乘以 $\dfrac{1}{1-\mathrm{e}^{-sT}}$ 因子。

例 4.6　求图 4.5 所示信号的拉普拉斯变换。

解：　$t<0$ 时，$f(t)=0$；$t>0$ 时，信号以 T 为周期重复出现，通常称这类信号为有始周期信号，也即因果周期信号。由 $f(t)$ 的波形可写出其函数表达式

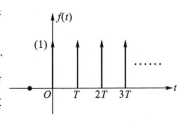

图 4.5　例 4.6 图

$$f(t) = \sum_{n=0}^{\infty} \delta(t-nT), \quad n=0,1,2,\cdots$$

而第一个周期函数的拉普拉斯变换为

$$F_1(s) = \mathscr{L}[\delta(t)] = 1$$

由式(4.17)可得

$$F(s) = \frac{1}{1-e^{-sT}} F_1(s) = \frac{1}{1-e^{-sT}}$$

3. 尺度变换性质

若 $f(t) \leftrightarrow F(s)$,则

$$f(at) \leftrightarrow \frac{1}{a} F\left(\frac{s}{a}\right) \quad (a>0) \tag{4.18}$$

证明:

$$\mathscr{L}[f(at)] = \int_{0_-}^{\infty} f(at) e^{-st} dt$$

令 $x=at, dx=adt$,则

$$\mathscr{L}[f(at)] = \int_{0_-}^{\infty} f(x) e^{-\frac{s}{a}x} \frac{1}{a} dx = \frac{1}{a} \int_{0_-}^{\infty} f(x) e^{-\frac{s}{a}x} dx = \frac{1}{a} F\left(\frac{s}{a}\right)$$

若 $a<0$,则 $f(at)$ 在 $t>0$ 区间为零,从而使 $\mathscr{L}[f(at)]=0$,不能使用此性质。

如果信号函数既有时移又有尺度变换,则其拉普拉斯变换为

$$f(at-t_0)\varepsilon(at-t_0) \leftrightarrow \frac{1}{a} F\left(\frac{s}{a}\right) e^{-\frac{s}{a}t_0} \tag{4.19}$$

读者可自行证明。

例 4.7 已知 $f(t) \leftrightarrow \dfrac{s}{s^2+1}$,求 $f(3t-2)$ 的拉普拉斯变换。

解: 由时移性质　　　$f(t-2) \leftrightarrow \dfrac{s}{s^2+1} e^{-2s}$

再由尺度变换性质

$$f(3t-2) = f\left[3\left(t-\frac{2}{3}\right)\right] \leftrightarrow \frac{1}{3} \frac{\frac{s}{3}}{\left(\frac{s}{3}\right)^2+1} e^{-\frac{2}{3}s} = \frac{s}{s^2+9} e^{-\frac{2}{3}s}$$

4. 频移性质

若 $f(t) \leftrightarrow F(s)$,则

$$\mathscr{L}[f(t) e^{\pm s_0 t}] \leftrightarrow F(s \mp s_0) \quad (s_0 = a_0 + j\omega_0) \tag{4.20}$$

证明:

$$\mathscr{L}[f(t) e^{\pm s_0 t}] = \int_0^{\infty} f(t) e^{\pm s_0 t} e^{-st} dt = \int_0^{\infty} f(t) e^{-(s \mp s_0)t} dt = F(s \mp s_0)$$

此性质表明,时间函数乘以 $e^{\pm s_0 t}$,其变换式在 s 域内移动 $\mp s_0$。式中 s_0 可以为实数或复数。

例 4.8 求 $e^{-\alpha t}\cos\omega_0 t\varepsilon(t)$ 和 $e^{-\alpha t}\sin(\omega_0 t)\varepsilon(t)$ 的象函数。

解: 因为
$$\cos(\omega_0 t)\varepsilon(t)\leftrightarrow\frac{s}{s^2+\omega_0^2}$$

由频移性质
$$e^{-\alpha t}\cos(\omega_0 t)\varepsilon(t)\leftrightarrow\frac{s+\alpha}{(s+\alpha)^2+\omega_0^2}$$

$$e^{-\alpha t}\sin(\omega_0 t)\varepsilon(t)\leftrightarrow\frac{\omega_0}{(s+\alpha)^2+\omega_0^2}$$

5. 时域微分性质

若 $f(t)\leftrightarrow F(s)$,且 $f(t)$ 的一阶导数存在,则
$$\frac{\mathrm{d}f(t)}{\mathrm{d}t}\leftrightarrow sF(s)-f(0_-) \tag{4.21}$$

$$\frac{\mathrm{d}^n f(t)}{\mathrm{d}t^n}\leftrightarrow s^n F(s)-s^{n-1}f(0_-)-s^{n-2}f'(0_-)-\cdots-f^{(n-1)}(0_-) \tag{4.22}$$

证明:

由拉普拉斯变换定义有
$$\mathscr{L}\left[\frac{\mathrm{d}f(t)}{\mathrm{d}t}\right]=\int_{0_-}^{\infty}\frac{\mathrm{d}f(t)}{\mathrm{d}t}e^{-st}\mathrm{d}t=f(t)e^{-st}\Big|_{0_-}^{\infty}+s\int_{0_-}^{\infty}f(t)e^{-st}\mathrm{d}t$$

因为 $f(t)$ 是指数阶函数,在收敛域内有 $\lim\limits_{t\to\infty}f(t)e^{-st}=0$,则有
$$\mathscr{L}\left[\frac{\mathrm{d}f(t)}{\mathrm{d}t}\right]=sF(s)-f(0_-)$$

同理可推得式(4.22)

如果 $f(t)$ 为一有始函数,则 $f(0_-)$,$f'(0_-)$,$\cdots$,$f^{(n-1)}(0_-)$ 均为零,那么式(4.21)和式(4.22)可化简为
$$\frac{\mathrm{d}f(t)}{\mathrm{d}t}\leftrightarrow sF(s) \tag{4.23}$$

$$\frac{\mathrm{d}^n f(t)}{\mathrm{d}t^n}\leftrightarrow s^n F(s) \tag{4.24}$$

例 4.9 $f_1(t)$ 和 $f_2(t)$ 的波形如图 4.6(a)和(b)所示。求 $f_1(t)$、$f_2(t)$ 及其一阶导数的拉普拉斯变换。

解: 由图 4.6(a)可得
$$f_1(t)=\varepsilon(t)-\varepsilon(t-1)$$

应用时移性质和线性性质有
$$F_1(s)=\frac{1}{s}(1-e^{-s})$$

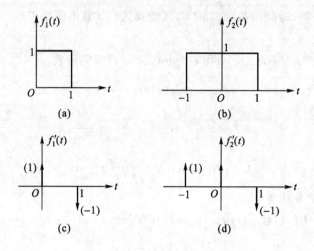

图 4.6   例 4.9 图

由于单边拉氏变换的积分是从 $t=0_-$ 开始的,故 $f_2(t)$ 的拉普拉斯变换与 $F_1(s)$ 相同。即

$$F_2(s)=\mathscr{L}[f_2(t)\varepsilon(t)]=\frac{1}{s}(1-e^{-s})$$

再来计算 $f_1'(t)$ 和 $f_2'(t)$ 的拉普拉斯变换,其波形分别如图 4.6(c) 和(d) 所示。

由于 $f_1'(t)=\delta(t)-\delta(t-1)$,且 $\delta(t)\leftrightarrow1$ 和 $\delta(t-1)\leftrightarrow e^{-s}$,因而有

$$f_1'(t)\leftrightarrow1-e^{-s}$$

还可利用时域微分性质,即

$$\mathscr{L}[f_1'(t)]=sF_1(s)-f_1(0_-)$$

因 $f_1(0_-)=0$,有

$$\mathscr{L}[f_1'(t)]=sF_1(s)=s\cdot\frac{1}{s}(1-e^{-s})=1-e^{-s}$$

因 $f_2(t)$ 的一阶导数为

$$f_2'(t)=\delta(t+1)-\delta(t-1)$$

由于 $\delta(t+1)$ 位于 $t<0$ 的区域,$\mathscr{L}[\delta(t+1)]=0$,所以

$$\mathscr{L}[f_2'(t)]=\mathscr{L}[-\delta(t-1)]=-e^{-s}$$

同样也可应用时域微分性质求 $f_2'(t)$ 的拉氏变换。考虑到 $f_2(0_-)=1$,有

$$\mathscr{L}[f_2'(t)]=sF_2(s)-f_2(0_-)=s\frac{1}{s}(1-e^{-s})-1=-e^{-s}$$

从例 4.9 看出:$f_1(t)$ 和 $f_2(t)$ 的拉氏变换是相同的,但它们导数的拉氏变换却不同。特别应该注意,当函数具有间断点时,其导函数 $f'(t)$ 在间断点处必然

出现冲激函数。此外,单边拉氏变换考虑的是 $f(t)$ 在 0_- 到 ∞ 时间区间的函数值。

6. 时域积分性质

若 $f(t) \leftrightarrow F(s)$,则

$$\int_{0_-}^{t} f(\tau)\mathrm{d}\tau \leftrightarrow \frac{F(s)}{s} \tag{4.25}$$

证明:

因为 $\mathscr{L}\left[\int_{0_-}^{t} f(\tau)\mathrm{d}\tau\right] = \int_{0_-}^{\infty} \left[\int_{0_-}^{t} f(\tau)\mathrm{d}\tau\right]\mathrm{e}^{-st}\mathrm{d}t$

对上式运用分部积分法,得

$$\mathscr{L}\left[\int_{0_-}^{t} f(\tau)\mathrm{d}\tau\right] = \frac{-\mathrm{e}^{-st}}{s}\int_{0_-}^{t} f(\tau)\mathrm{d}\tau\bigg|_{0_-}^{\infty} + \int_{0_-}^{\infty} \frac{1}{s}f(t)\mathrm{e}^{-st}\mathrm{d}t$$

上式中右边第一项为零,则有

$$\mathscr{L}\left[\int_{0_-}^{t} f(\tau)\mathrm{d}\tau\right] = \frac{1}{s}\int_{0_-}^{\infty} f(t)\mathrm{e}^{-st}\mathrm{d}t = \frac{F(s)}{s}$$

如果函数的积分区间不由 0 开始,而是由 $-\infty$ 开始,则因

$$\int_{-\infty}^{t} f(\tau)\mathrm{d}\tau = \int_{-\infty}^{0_-} f(\tau)\mathrm{d}\tau + \int_{0_-}^{t} f(\tau)\mathrm{d}\tau$$

有

$$\int_{-\infty}^{t} f(\tau)\mathrm{d}\tau \leftrightarrow \frac{F(s)}{s} + \frac{\int_{-\infty}^{0_-} f(\tau)\mathrm{d}\tau}{s} \tag{4.26}$$

将积分性质推广到 n 重积分,则有

$$\mathscr{L}\left\{\int_{0_-}^{t}\cdots\int_{0_-}^{\tau} f(\lambda)\mathrm{d}\lambda\mathrm{d}\tau\right\} = \frac{F(s)}{s^n} \tag{4.27}$$

例 4.10 求图 4.7(a)所示函数的拉普拉斯变换。

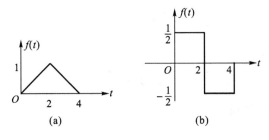

图 4.7 例 4.10 图

解: 图 4.7(a)所示三角波的函数表达式为

$$f(t) = \begin{cases} \dfrac{1}{2}t & 0 < t \leqslant 2 \\[2mm] -\dfrac{1}{2}(t-4) & 2 < t \leqslant 4 \\[2mm] 0 & \text{其他} \end{cases}$$

$$f'(t) = \begin{cases} \dfrac{1}{2} & 0 < t \leqslant 2 \\[2mm] -\dfrac{1}{2} & 2 < t \leqslant 4 \\[2mm] 0 & \text{其他} \end{cases}$$

$f'(t)$ 的波形如图 4.7(b) 所示，$f'(t)$ 还可表示为

$$f'(t) = \frac{1}{2}\varepsilon(t) - \varepsilon(t-2) + \frac{1}{2}\varepsilon(t-4)$$

由时移性质和线性性质得

$$f'(t) \leftrightarrow \frac{1}{2} \cdot \frac{1}{s} - \frac{1}{s}\mathrm{e}^{-2s} + \frac{1}{2} \cdot \frac{1}{s}\mathrm{e}^{-4s} = \frac{1}{2s}(1 - \mathrm{e}^{-2s})^2$$

由图 4.7(b) 可知 $f'(t)$ 是因果信号，再由时域积分性质(4.25)可得

$$F(s) = \frac{1}{s} \cdot \frac{1}{2s}(1 - \mathrm{e}^{-2s})^2 = \frac{1}{2s^2}(1 - \mathrm{e}^{-2s})^2$$

例 4.11 设信号 $f(t) = t^n\varepsilon(t)$，求其拉普拉斯变换 $F(s)$。

解： 因 $\displaystyle\int_0^t \varepsilon(\tau)\,\mathrm{d}\tau = t\varepsilon(t)$，且 $\varepsilon(t) \leftrightarrow \dfrac{1}{s}$

由时域积分性质得

$$t\varepsilon(t) \leftrightarrow \frac{1}{s^2}$$

而

$$\int_0^t t\varepsilon(\tau)\,\mathrm{d}\tau = \frac{1}{2}t^2\varepsilon(t)$$

所以

$$t^2\varepsilon(t) \leftrightarrow \frac{2}{s}\mathscr{L}[t\varepsilon(t)] = \frac{2}{s^3} = \frac{2!}{s^3}$$

以此类推，可以求得

$$t^n\varepsilon(t) \leftrightarrow \frac{n!}{s^{n+1}}$$

7. 复频域微分性质

若 $f(t) \leftrightarrow F(s)$，则

$$-tf(t) \leftrightarrow \frac{\mathrm{d}F(s)}{\mathrm{d}s} \tag{4.28}$$

$$(-t)^n f(t) \leftrightarrow \frac{\mathrm{d}^n F(s)}{\mathrm{d}s^n} \tag{4.29}$$

证明：

根据定义有

$$\frac{\mathrm{d}F(s)}{\mathrm{d}s} = \frac{\mathrm{d}}{\mathrm{d}s}\int_{0_-}^{\infty} f(t)\mathrm{e}^{-st}\,\mathrm{d}t = \int_{0_-}^{\infty} f(t)\,\frac{\mathrm{d}}{\mathrm{d}s}\mathrm{e}^{-st}\,\mathrm{d}t$$

$$= \int_{0_-}^{\infty}\left[-tf(t)\right]\mathrm{e}^{-st}\,\mathrm{d}t = \mathcal{L}\left[-tf(t)\right]$$

同理可推出

$$\frac{\mathrm{d}^n F(s)}{\mathrm{d}s^n} = \int_{0_-}^{\infty} (-t)^n f(t)\mathrm{e}^{-st}\,\mathrm{d}t = \mathcal{L}\left[(-t)^n f(t)\right]$$

8. 复频域积分性质

若有 $f(t)\leftrightarrow F(s)$，则

$$\frac{f(t)}{t}\leftrightarrow\int_{s}^{\infty} F(\eta)\,\mathrm{d}\eta \tag{4.30}$$

证明：

$$\int_{s}^{\infty} F(\eta)\,\mathrm{d}\eta = \int_{s}^{\infty}\left[\int_{0}^{\infty} f(t)\mathrm{e}^{-\eta t}\,\mathrm{d}t\right]\mathrm{d}\eta \quad (变换积分次序)$$

$$= \int_{0}^{\infty} f(t)\left(\int_{s}^{\infty}\mathrm{e}^{-\eta t}\,\mathrm{d}\eta\right)\mathrm{d}t = \int_{0}^{\infty} f(t)\left(-\frac{1}{t}\mathrm{e}^{-\eta t}\right)\Big|_{s}^{\infty}\,\mathrm{d}t$$

$$= \int_{0}^{\infty} f(t)\cdot\frac{1}{t}\mathrm{e}^{-st}\,\mathrm{d}t = \mathcal{L}\left[\frac{1}{t}f(t)\right]$$

复频域微分和复频域积分这两个性质可以用于一些非有理函数的变换。

例 4.12 求 $f(t)=\dfrac{\sin t}{t}\varepsilon(t)$ 的拉氏变换。

解： 因为

$$\sin t\varepsilon(t)\leftrightarrow\frac{1}{s^2+1}$$

所以

$$\mathcal{L}\left[\frac{\sin t}{t}\varepsilon(t)\right] = \int_{s}^{\infty}\frac{1}{\eta^2+1}\,\mathrm{d}\eta = \arctan\eta\Big|_{s}^{\infty} = \frac{\pi}{2}-\arctan s = \arctan\left(\frac{1}{s}\right)$$

例 4.13 求正弦积分函数 $\mathrm{Si}(x)$ 的拉氏变换。（$\mathrm{Si}(x)=\displaystyle\int_{0}^{x}\frac{\sin t}{t}\,\mathrm{d}t$ ）

解： 由例 4.14 知

$$\frac{\sin t}{t}\varepsilon(t)\leftrightarrow\arctan\left(\frac{1}{s}\right)$$

由时域积分性质得

$$\int_{0}^{x}\frac{\sin t}{t}\,\mathrm{d}t\leftrightarrow\frac{1}{s}\arctan\left(\frac{1}{s}\right)$$

9. 初值定理

设函数 $f(t)$ 及其导数 $f'(t)$ 存在，且 $\mathcal{L}\{f(t)\}$、$\mathcal{L}\{f'(t)\}$ 也存在，则 $f(t)$ 的初值为

$$f(0_+)=\lim_{t\to 0_+} f(t)=\lim_{s\to\infty} sF(s) \tag{4.31}$$

初值定理只适用于在原点处没有冲激的函数。

证明：

由时域微分性质，有

$$sF(s) - f(0_-) = \int_{0_-}^{\infty} \frac{\mathrm{d}f(t)}{\mathrm{d}t}\mathrm{e}^{-st}\,\mathrm{d}t = \int_{0_-}^{0_+} \mathrm{e}^{-st}\,\mathrm{d}f(t) + \int_{0_+}^{\infty} \frac{\mathrm{d}f(t)}{\mathrm{d}t}\mathrm{e}^{-st}\,\mathrm{d}t$$

$$= f(t)\mathrm{e}^{-st}\Big|_{0_-}^{0_+} + \frac{1}{s}\int_{0_-}^{0_+} f(t)\mathrm{e}^{-st}\,\mathrm{d}t + \int_{0_+}^{\infty} f'(t)\mathrm{e}^{-st}\,\mathrm{d}t$$

$$= f(0_+) - f(0_-) + \int_{0_+}^{\infty} f'(t)\mathrm{e}^{-st}\,\mathrm{d}t$$

故

$$sF(s) = f(0_+) + \int_{0_+}^{\infty} f'(t)\mathrm{e}^{-st}\,\mathrm{d}t$$

令 $s\to\infty$，有

$$\lim_{s\to\infty} sF(s) = f(0_+) + \lim_{s\to\infty}\int_{0_+}^{\infty} f'(t)\mathrm{e}^{-st}\,\mathrm{d}t$$

$$= f(0_+) + \int_{0_+}^{\infty} f'(t)\left[\lim_{s\to\infty}\mathrm{e}^{-st}\right]\mathrm{d}t = f(0_+)$$

10. 终值定理

设函数 $f(t)$ 及其导数 $f'(t)$ 存在，且 $\mathscr{L}\{f(t)\}$、$\mathscr{L}\{f'(t)\}$ 也存在；$F(s)$ 的所有极点在 s 平面的左半平面内（原点处可有单阶极点），则 $f(t)$ 的终值

$$f(\infty) = \lim_{t\to\infty} f(t) = \lim_{s\to0} sF(s) \qquad (4.32)$$

证明：

由前面的结果

$$sF(s) = f(0_+) + \int_{0_+}^{\infty} f'(t)\mathrm{e}^{-st}\,\mathrm{d}t$$

令 $s\to0$，有

$$\lim_{s\to0} sF(s) = f(0_+) + \lim_{s\to0}\int_{0_+}^{\infty} f'(t)\mathrm{e}^{-st}\,\mathrm{d}t \quad （交换积分与取极限次序）$$

$$= f(0_+) + \int_{0_+}^{\infty}\left[\lim_{s\to0}\mathrm{e}^{-st}\right]\mathrm{d}\left[f'(t)\right]$$

$$= f(0_+) + f(t)\Big|_{0_+}^{\infty} = f(0_+) + f(\infty) - f(0_+) = f(\infty)$$

例 4.14 试求 $F(s) = \dfrac{s^2+2s+1}{(s-1)(s+2)(s+3)}$ 所对应的原函数 $f(t)$ 的初值和终值。

解： $f(0_+) = \lim_{s\to\infty} sF(s) = \lim_{s\to\infty}\dfrac{s(s^2+2s+1)}{(s-1)(s+2)(s+3)} = 1$

由于 $F(s)$ 在 s 平面的右半平面有极点 $s=1$，故 $f(\infty)$ 不存在。

11. 时域卷积定理

若 $f_1(t) \leftrightarrow F_1(s), f_2(t) \leftrightarrow F_2(s)$,则

$$f_1(t) * f_2(t) \leftrightarrow F_1(s) \cdot F_2(s) \qquad (4.33)$$

证明:

因为 $f_1(t)$、$f_2(t)$ 为有始函数,所以

$$\mathscr{L}\{f_1(t) * f_2(t)\} = \int_0^\infty \left[\int_{-\infty}^\infty f_1(\tau)\varepsilon(\tau) f_2(t-\tau)\varepsilon(t-\tau)\mathrm{d}\tau\right]\mathrm{e}^{-st}\,\mathrm{d}t$$

$$= \int_0^\infty \left[\int_0^\infty f_1(\tau) f_2(t-\tau)\varepsilon(t-\tau)\mathrm{d}\tau\right]\mathrm{e}^{-st}\,\mathrm{d}t$$

交换积分次序

$$\mathscr{L}\{f_1(t) * f_2(t)\} = \int_0^\infty f_1(\tau)\left[\int_0^\infty f_2(t-\tau)\varepsilon(t-\tau)\mathrm{e}^{-st}\,\mathrm{d}t\right]\mathrm{d}\tau$$

利用延时性质

$$\mathscr{L}\{f_1(t) * f_2(t)\} = \int_0^\infty f_1(\tau)F_2(s)\mathrm{e}^{-s\tau}\,\mathrm{d}\tau = F_2(s)\int_0^\infty f_1(\tau)\mathrm{e}^{-s\tau}\,\mathrm{d}\tau$$

$$= F_2(s) \cdot F_1(s)$$

12. 复频域卷积定理

若 $f_1(t) \leftrightarrow F_1(s), f_2(t) \leftrightarrow F_2(s)$,则

$$f_1(t) \cdot f_2(t) \leftrightarrow \frac{1}{\mathrm{j}2\pi} F_1(s) * F_2(s) \qquad (4.34)$$

证明:

$$\frac{1}{\mathrm{j}2\pi} F_1(s) * F_2(s) = \frac{1}{\mathrm{j}2\pi}\int_{\sigma-\mathrm{j}\infty}^{\sigma+\mathrm{j}\infty} F_1(x)F_2(s-x)\mathrm{d}x$$

$$= \frac{1}{\mathrm{j}2\pi}\int_{\sigma-\mathrm{j}\infty}^{\sigma+\mathrm{j}\infty} F_1(x)\left[\int_0^\infty f_2(t)\mathrm{e}^{-st}\mathrm{e}^{xt}\,\mathrm{d}t\right]\mathrm{d}x$$

$$= \int_0^\infty f_2(t)\mathrm{e}^{-st}\left[\frac{1}{\mathrm{j}2\pi}\int_{\sigma-\mathrm{j}\infty}^{\sigma+\mathrm{j}\infty} F_1(x)\mathrm{e}^{xt}\,\mathrm{d}x\right]\mathrm{d}t$$

$$= \int_0^\infty f_1(t)f_2(t)\mathrm{e}^{-st}\,\mathrm{d}t = \mathscr{L}\{f_1(t)f_2(t)\}$$

为使用方便,将上述拉普拉斯变换的性质及定理列于表 4.2 中。

表 4.2 拉普拉斯变换的性质及定理

序号	名称	结论
1	线性性质	$a_1 f_1(t) + a_2 f_2(t) \leftrightarrow a_1 F_1(s) + a_2 F_2(s)$
2	时移性质	$f(t-t_0)\varepsilon(t-t_0) \leftrightarrow F(s)\mathrm{e}^{-st_0}$

续表

序号	名称	结论
3	尺度变换性质	$f(at)\leftrightarrow\dfrac{1}{a}F\left(\dfrac{s}{a}\right),a>0$
4	频移性质	$f(t)\mathrm{e}^{\pm s_0 t}\leftrightarrow F(s\mp s_0)$
5	时域微分性质	$\dfrac{\mathrm{d}f(t)}{\mathrm{d}t}\leftrightarrow sF(s)-f(0_-)$ $\dfrac{\mathrm{d}^n f(t)}{\mathrm{d}t^n}\leftrightarrow s^n F(s)-s^{n-1}f(0_-)-s^{n-2}f'(0_-)-\cdots-f^{(n-1)}(0_-)$
6	时域积分性质	$\displaystyle\int_{-\infty}^{t}f(x)\mathrm{d}x\leftrightarrow\dfrac{F(s)}{s}+\dfrac{1}{s}f^{(-1)}(0_-)$ $f^{(-n)}(t)=\left(\displaystyle\int_{-\infty}^{t}\right)^{n}f(x)\mathrm{d}x\leftrightarrow\dfrac{F(s)}{s^n}+\displaystyle\sum_{m=1}^{n}\dfrac{1}{s^{n-m+1}}f^{(-m)}(0_-)$
7	复频域微分性质	$-tf(t)\leftrightarrow\dfrac{\mathrm{d}F(s)}{\mathrm{d}s}$ $(-t)^n f(t)\leftrightarrow\dfrac{\mathrm{d}^n F(s)}{\mathrm{d}s^n}$
8	复频域积分性质	$\dfrac{f(t)}{t}\leftrightarrow\displaystyle\int_{s}^{\infty}F(\eta)\mathrm{d}\eta$
9	初值定理	$f(0_+)=\lim_{t\to 0_+}f(t)=\lim_{s\to\infty}sF(s)$
10	终值定理	$f(\infty)=\lim_{t\to\infty}f(t)=\lim_{s\to 0}sF(s)$
11	时域卷积定理	$f_1(t)*f_2(t)\leftrightarrow F_1(s)\cdot F_2(s)$
12	复频域卷积定理	$f_1(t)\cdot f_2(t)\leftrightarrow\dfrac{1}{2\pi\mathrm{j}}F_1(s)*F_2(s)$

4.3 拉普拉斯反变换

从象函数 $F(s)$ 求原函数 $f(t)$ 的过程称为拉普拉斯反变换,简称拉氏反变换。

简单函数求拉氏反变换只要应用表 4.1 和表 4.2 便可得到,而当象函数较复杂时,可利用部分分式法和留数法求解。部分分式法是将复杂象函数分解为多个简单函数之和,然后分别求其原函数,它适用于 $F(s)$ 为有理函数的情况;留数法则是利用复变函数中的围线积分和留数定理进行,适用范围更广。下面分别介绍这两种方法。

一、部分分式法

设象函数 $F(s)$ 是复变量 s 的两个有理多项式之比,即是 s 的一个有理分式

$$F(s)=\frac{N(s)}{D(s)}=\frac{b_m s^m+b_{m-1}s^{m-1}+\cdots+b_1 s+b_0}{s^n+a_{n-1}s^{n-1}+\cdots+a_1 s+a_0} \tag{4.35}$$

式中,$a_0,a_1,\cdots,a_{n-1}$ 和 $b_0,b_1,\cdots,b_m$ 等均为实系数,m 和 n 均为正整数。

$F(s)$ 展开成部分分式时,如果分子多项式的次数高于分母,即当 $m \geqslant n$ 时,必须先用长除法将 $F(s)$ 表示为一个 s 的多项式与一个余式 $\dfrac{N_0(s)}{D(s)}$ 之和,即

$$F(s)=\frac{N(s)}{D(s)}=A_{m-n}s^{m-n}+\cdots+A_1 s+A_0+\frac{N_0(s)}{D(s)}$$

余式 $\dfrac{N_0(s)}{D(s)}$ 应为一真分式。对应于多项式 $A(s)=A_{m-n}s^{m-n}+\cdots+A_1 s+A_0$ 各项的时间函数,是冲激函数及其各阶导数的线性组合。本节着重讨论 $F(s)$ 是真分式的情况。

部分分式展开的第一步是把分母 $D(s)$ 进行因式分解;第二步是根据极点的类型,分别求取待定系数。下面分别讨论极点为单实根、共轭复根和多重根时待定系数的求解方法。

1. $D(s)=0$ 的所有根均为单实根

若 $D(s)=0$ 的 n 个单实根分别为 $p_1,p_2,\cdots,p_n$,则 $F(s)$ 可分解为以下形式

$$F(s)=\frac{N(s)}{D(s)}=\frac{K_1}{s-p_1}+\frac{K_2}{s-p_2}+\cdots+\frac{K_n}{s-p_n} \tag{4.36}$$

式中的 $K_1,K_2,\cdots,K_n$ 为待定系数。可见,只要将待定系数 K_i 求出,则 $F(s)$ 的原函数 $f(t)$ 由表 4-1 中序号 4 的公式可得

$$f(t)=K_1 e^{p_1 t}+K_2 e^{p_2 t}+\cdots+K_i e^{p_i t}+\cdots+K_n e^{p_n t}$$

$$=\sum_{i=1}^{n}K_i e^{p_i t}\varepsilon(t) \quad (i=1,2,\cdots,n)$$

求待定系数 K_i 时,将式(4.36)两边各项同乘以因子 $(s-p_i)$,再令 $s=p_i(i=1,2,\cdots,n)$,等式右边仅留下 K_i 项,有

$$K_i=\frac{N(s)}{D(s)}(s-p_i)\bigg|_{s=p_i} \tag{4.37}$$

例 4.15   求 $F(s) = \dfrac{s^4 + 2s^3 - 2}{s^3 + 2s^2 - s - 2}$ 的原函数 $f(t)$。

解：   由于 $F(s)$ 是一个假分式，首先分解出真分式，为此采用长除法运算

$$s^3 + 2s^2 - s - 2 \overline{\left) \begin{array}{l} \ \ \ s \\ s^4 + 2s^3 \ -2 \\ \underline{s^4 + 2s^3 - s^2 - 2s} \\ \ s^2 + 2s - 2 \end{array}\right.}$$

得
$$F(s) = s + \frac{s^2 + 2s - 2}{s^3 + 2s^2 - s - 2}$$

其中，真分式可展开成以下部分分式形式

$$\frac{N_0(s)}{D(s)} = \frac{s^2 + 2s - 2}{(s+1)(s+2)(s-1)} = \frac{K_1}{s+1} + \frac{K_2}{s+2} + \frac{K_3}{s-1}$$

由式（4.37）可求得系数为

$$K_1 = \frac{N_0(s)}{D(s)}(s+1)\bigg|_{s=-1} = \frac{s^2 + 2s - 2}{(s+2)(s-1)}\bigg|_{s=-1} = \frac{3}{2}$$

$$K_2 = \frac{N_0(s)}{D(s)}(s+2)\bigg|_{s=-2} = \frac{s^2 + 2s - 2}{(s+1)(s-1)}\bigg|_{s=-2} = -\frac{2}{3}$$

$$K_3 = \frac{N_0(s)}{D(s)}(s-1)\bigg|_{s=1} = \frac{s^2 + 2s - 2}{(s+2)(s+1)}\bigg|_{s=1} = \frac{1}{6}$$

分别代入，可得

$$F(s) = s + \frac{3}{2} \cdot \frac{1}{s+1} - \frac{2}{3} \cdot \frac{1}{s+2} + \frac{1}{6} \cdot \frac{1}{s-1}$$

则
$$f(t) = \delta'(t) + \left(\frac{3}{2}e^{-t} - \frac{2}{3}e^{-2t} + \frac{1}{6}e^{t}\right)\varepsilon(t)$$

2. $D(s) = 0$ 具有共轭复根且无重复根

$D(s) = 0$ 有一对共轭复数根，即存在二次多项式因子 $s^2 + bs + c (b^2 < 4c)$，简便的方法可将其配成二项式的平方，将一对共轭复数根作为一个整体来求解，例如

$$\frac{1}{s^2 + 2s + 5} = \frac{1}{(s^2 + 2s + 1) + 4} = \frac{1}{(s+1)^2 + 2^2}$$

再由表 4.1 中公式 10 可得

$$\mathscr{L}^{-1}\left[\frac{1}{(s+1)^2 + 2^2}\right] = \mathscr{L}^{-1}\left[\frac{1}{2} \cdot \frac{2}{(s+1)^2 + 2^2}\right] = \frac{1}{2}e^{-t}\sin(2t)\varepsilon(t)$$

例 4.16   求 $F(s) = \dfrac{s^2 + 3}{(s^2 + 2s + 5)(s+2)}$ 的原函数 $f(t)$。

解：   将 $F(s)$ 展开

$$F(s) = \frac{As + B}{s^2 + 2s + 5} + \frac{K}{s+2}$$

由于 $s=-2$ 是单根,所以由式(4.37)可得

$$K=(s+2)F(s)\Big|_{s=-2}=\frac{7}{5}$$

将 $K=\frac{7}{5}$ 代入,用等式两边对应系数相等的方法求得系数 $A=-\frac{2}{5}$,$B=-2$,则有

$$F(s)=\frac{-\dfrac{2}{5}s-2}{s^2+2s+5}+\frac{\dfrac{7}{5}}{s+2}$$

$$=-\frac{2}{5}\Big[\frac{s+1}{(s+1)^2+2^2}+2\cdot\frac{2}{(s+1)^2+2^2}\Big]+\frac{\dfrac{7}{5}}{s+2}$$

所以

$$f(t)=-\frac{2}{5}\big[\mathrm{e}^{-t}\cos(2t)+2\mathrm{e}^{-t}\sin(2t)\big]+\frac{7}{5}\cdot\mathrm{e}^{-2t}\quad t\geqslant0$$

3. $D(s)=0$ 含有重根

若 $D(s)=0$ 有一个 p 重根 p_1,即

$$D(s)=a_n(s-p_1)^p(s-p_{p+1})\cdots(s-p_n)$$

则

$$F(s)=\frac{N(s)}{D(s)}$$

$$=\frac{K_{1p}}{(s-p_1)^p}+\frac{K_{1(p-1)}}{(s-p_1)^{p-1}}+\cdots+\frac{K_{12}}{(s-p_1)^2}+\frac{K_{11}}{s-p_1}+\frac{K_{p+1}}{s-p_{p+1}}+\cdots$$

$$+\frac{K_n}{s-p_n}\tag{4.38}$$

$D(s)$ 的非重根因子对应的系数 K_{p+1},K_{p+2},$\cdots$,K_n 用前述方法求得;求重根因子对应的待定系数 K_{1p},$K_{1(p-1)}$,$\cdots$,K_{12},K_{11},可将上式两边同乘以$(s-p_1)^p$,有

$$(s-p_1)^p\frac{N(s)}{D(s)}=K_{1p}+K_{1(p-1)}(s-p_1)+\cdots+K_{12}(s-p_1)^{p-2}+K_{11}(s-p_1)^{p-1}$$

$$+(s-p_1)^p\Big[\frac{K_{p+1}}{s-p_{p+1}}+\cdots+\frac{K_n}{s-p_n}\Big]\tag{4.39}$$

令 $s=p_1$ 代入上式,可得

$$K_{1p}=(s-p_1)^p\frac{N(s)}{D(s)}\Big|_{s=p_1}$$

再将式(4.39)两边对 s 求导,并令 $s=p_1$ 可得

$$K_{1(p-1)} = \frac{\mathrm{d}}{\mathrm{d}s}\left[(s-p_1)^p \frac{N(s)}{D(s)}\right]\Bigg|_{s=p_1}$$

以此类推,可求得重根项对应的所有系数,其求解的一般公式为

$$K_{1k} = \frac{1}{(p-k)!}\left\{\frac{\mathrm{d}^{p-k}}{\mathrm{d}s^{p-k}}\left[(s-p_1)^p \frac{N(s)}{D(s)}\right]\right\}\Bigg|_{s=p_1} \tag{4.40}$$

待定系数确定后,再由表 4.1 中的相应公式得

$$f(t) = \mathscr{L}^{-1}[F(s)]$$

$$= \left[\frac{K_{1p}}{(p-1)!}t^{p-1} + \frac{K_{1(p-1)}}{(p-2)!}t^{p-2} + \cdots + \frac{K_{12}}{1!}t + K_{11}\right]\mathrm{e}^{p_1 t} +$$

$$\sum_{i=p+1}^{n} K_i \mathrm{e}^{p_i t} \quad (t \geqslant 0)$$

例 4.17　求象函数 $F(s) = \dfrac{s-2}{s(s+1)^3}$ 的原函数 $f(t)$。

解:　将 $F(s)$ 部分分式展开

$$F(s) = \frac{K_{13}}{(s+1)^3} + \frac{K_{12}}{(s+1)^2} + \frac{K_{11}}{(s+1)} + \frac{K_2}{s}$$

$s=0$ 为单根,由式(4.37)可得

$$K_2 = sF(s)\Big|_{s=0} = -2$$

$s=-1$ 为三重根,由式(4.40)可得

$$K_{13} = (s+1)^3 F(s)\Big|_{s=-1} = 3$$

$$K_{12} = \frac{\mathrm{d}}{\mathrm{d}s}\left(\frac{s-2}{s}\right)\Big|_{s=-1} = 2$$

$$K_{11} = \frac{1}{2} \cdot \frac{\mathrm{d}^2}{\mathrm{d}s^2}\left(\frac{s-2}{s}\right)\Big|_{s=-1} = 2$$

则

$$F(s) = \frac{3}{(s+1)^3} + \frac{2}{(s+1)^2} + \frac{2}{(s+1)} - \frac{2}{s}$$

从而

$$f(t) = \mathscr{L}^{-1}[F(s)] = \left[\frac{3}{2}t^2 \mathrm{e}^{-t} + 2t\mathrm{e}^{-t} + 2\mathrm{e}^{-t} - 2\right]\varepsilon(t)$$

二、留数法

根据复变函数理论中的留数定理有

$$\frac{1}{2\pi\mathrm{j}}\oint_C F(s)\mathrm{e}^{st}\,\mathrm{d}s = \sum_{i=1}^{n}\mathrm{Res}[F(s)\mathrm{e}^{st}, s_i] \tag{4.41}$$

等式左边是一个沿围线 $C(C$ 是 s 平面内一不通过被积函数极点的封闭曲线)的积分,等式右边为围线 C 中被积函数各极点上的留数之和。

而拉普拉斯反变换式为

$$f(t) = \frac{1}{2\pi j}\int_{\sigma-j\infty}^{\sigma+j\infty} F(s)e^{st}\,ds, t \geqslant 0$$

为了应用留数定理,从 $\sigma-j\infty$ 到 $\sigma+j\infty$ 补足一条积分路径 L,构成一闭合围线,如图 4.8 所示。补足的这条路径 L 是半径为 ∞ 的圆弧。这样就可用留数定理求出拉普拉斯反变换积分式结果,它等于围线中被积函数 $F(s)e^{st}$ 所有极点的留数和,即

$$f(t) = \frac{1}{2\pi j}\int_{\sigma-j\infty}^{\sigma+j\infty} F(s)e^{st}\,ds$$

$$= \frac{1}{2\pi j}\oint_L F(s)e^{st}\,ds = \sum_{i=1}^{n}\mathrm{Res}[F(s)e^{st},s_i] \quad (4.42)$$

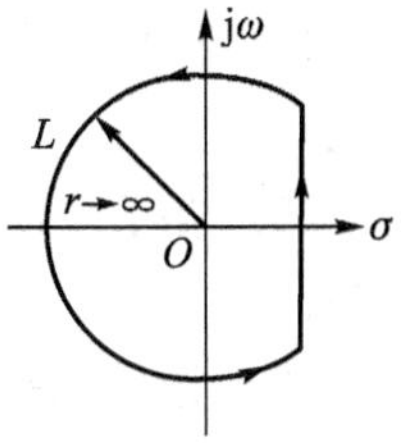

从而由留数法求拉普拉斯反变换的公式为

图 4.8 $F(s)$ 的围线积分路径

(1) 若 p_i 为一阶极点,则

$$f(t) = \sum_{i=1}^{n}\mathrm{Res}[F(s)e^{st},p_i] = \sum_{i=1}^{n}\big[(s-p_i)F(s)e^{st}\big]\Big|_{s=p_i} \quad (4.43)$$

(2) 若 p_i 为 k 阶极点,则

$$f(t) = \sum_{i=1}^{n}\mathrm{Res}[F(s)e^{st},p_i] = \frac{1}{(k-1)!}\Big[\frac{d^{k-1}}{ds^{k-1}}(s-p_i)^k F(s)e^{st}\Big]\Big|_{s=p_i} \quad (4.44)$$

例 4.18 已知 $F(s) = \dfrac{s-2}{s(s+1)^3}$,试用留数法求 $f(t)$。

解: $F(s)$ 有一个单根 $p_1=0$ 和一个三重根 $p_2=-1$,它们的留数分别为

$$\mathrm{Res}[F(s)e^{st},p_1] = \big[(s-p_1)F(s)e^{st}\big]\Big|_{s=p_1} = \Big[\frac{s-2}{(s+1)^3}e^{st}\Big]\Big|_{s=0} = -2$$

$$\mathrm{Res}[F(s)e^{st},p_2] = \frac{1}{(3-1)!}\cdot\Big\{\frac{d^2}{ds^2}\big[(s-p_2)^3 F(s)e^{st}\big]\Big\}\Big|_{s=p_2}$$

$$= \frac{1}{2}\Big\{\frac{d^2}{ds^2}\big[(s+1)^3 F(s)e^{st}\big]\Big\}\Big|_{s=-1}$$

$$= \frac{1}{2}(3t^2 e^{-t} + 4te^{-t} + 4e^{-t})$$

$$= \frac{3}{2}t^2 e^{-t} + 2te^{-t} + 2e^{-t}$$

所以 $f(t) = \mathrm{Res}[F(s)e^{st},p_1] + \mathrm{Res}[F(s)e^{st},p_2] = \Big(\dfrac{3}{2}t^2 e^{-t} + 2te^{-t} + 2e^{-t} - 2\Big)\varepsilon(t)$

可见该例与例 4.17 的计算结果相同。一般 $F(s)$ 不便展开成部分分式时,就只能用留数法了。

4.4 连续时间系统的复频域分析

连续时间系统的复频域分析法,即拉普拉斯变换分析法的特点是:

(1) 该方法能将时域中的微分方程变换为复频域中的代数方程,使求解简化;

(2) 微分方程的初始条件可以自动包含到象函数中,直接求得方程的完全解;

(3) 用该方法分析电路时,不必列出系统的微分方程,而直接利用电路的 s 域模型,列出电路的 s 域方程,先求出响应的象函数,再由拉氏反变换求得原函数。

一、用拉普拉斯变换法求解线性常系数微分方程

设线性时不变系统的激励为 $e(t)$,响应为 $r(t)$,描述 n 阶系统的输入输出方程的一般形式,由式(2−38)

$$a_n \frac{\mathrm{d}^n r(t)}{\mathrm{d}t^n} + a_{n-1} \frac{\mathrm{d}^{n-1} r(t)}{\mathrm{d}t^{n-1}} + \cdots + a_1 \frac{\mathrm{d}r(t)}{\mathrm{d}t} + a_0 r(t)$$

$$= b_m \frac{\mathrm{d}^m e(t)}{\mathrm{d}t^m} + b_{m-1} \frac{\mathrm{d}^{m-1} e(t)}{\mathrm{d}t^{m-1}} + \cdots + b_1 \frac{\mathrm{d}e(t)}{\mathrm{d}t} + b_0 e(t)$$

上式也可写为

$$\sum_{i=0}^{n} a_i r^{(i)}(t) = \sum_{j=0}^{m} b_j e^{(j)}(t) \tag{4.45}$$

式中 $a_i(i=0,1,\cdots,n)$,$b_j(j=0,1,\cdots,m)$ 均为常数,设系统的初始状态为 $r(0_-),r'(0_-),\cdots,r^{(n-1)}(0_-)$。

令 $\mathscr{L}[r(t)]=R(s)$,$\mathscr{L}[e(t)]=E(s)$。根据时域微分定理,$r(t)$ 及其各阶导数的拉普拉斯变换为

$$\mathscr{L}[r^{(i)}(t)] = s^i R(s) - \sum_{p=0}^{i-1} s^{i-1-p} r^{(p)}(0_-) \quad (i=0,1,\cdots,n) \tag{4.46}$$

如果 $e(t)$ 是在 $t=0$ 时接入,则在 $t=0_-$ 时 $e(t)$ 及其各阶导数均为零,即 $e^{(j)}(0_-)=0$ $(j=0,1,\cdots,m)$。所以 $e(t)$ 及其各阶导数的拉普拉斯变换

$$\mathscr{L}[e^{(j)}(t)] = s^j E(s) \quad (j=0,1,\cdots,m) \tag{4.47}$$

对式(4.45)取拉普拉斯变换,并将式(4.46)和式(4.47)代入,得

$$\sum_{i=0}^{n} a_i \left[s^i R(s) - \sum_{p=0}^{i-1} s^{i-1-p} r^{(p)}(0_-) \right] = \sum_{j=0}^{m} b_j s^j E(s) \tag{4.48}$$

即

$$\Big[\sum_{i=0}^{n}a_i s^i\Big]R(s) - \sum_{i=0}^{n}a_i\Big[\sum_{p=0}^{i-1}s^{i-1-p}r^{(p)}(0_-)\Big] = \Big[\sum_{j=0}^{m}b_j s^j\Big]E(s)$$

则

$$R(s) = \underbrace{\frac{\sum\limits_{i=0}^{n}a_i\Big[\sum\limits_{p=0}^{i-1}s^{i-1-p}r^{(p)}(0_-)\Big]}{\sum\limits_{i=0}^{n}a_i s^i}}_{\substack{\mathrm{I}\\R_{zi}(s)}} + \underbrace{\frac{\sum\limits_{j=0}^{m}b_j s^j}{\sum\limits_{i=0}^{n}a_i s^i}E(s)}_{\substack{\mathrm{II}\\R_{zs}(s)}} \qquad (4.49)$$

观察(4.49)可以看出,其第 I 项仅与系统的初始状态有关而与激励无关,因而是系统的零输入响应 $r_{zi}(t)$ 对应的象函数 $R_{zi}(s)$;其第 II 项仅与激励有关而与系统的初始状态无关,因而是系统的零状态响应 $r_{zs}(t)$ 对应的象函数 $R_{zs}(s)$。于是式 (4.49)可写为

$$R(s) = R_{zi}(s) + R_{zs}(s) \qquad (4.50)$$

取上式的拉普拉斯反变换,得系统的全响应

$$r(t) = r_{zi}(t) + r_{zs}(t) \qquad (4.51)$$

例 4.19　如图 4.9 所示,电感有初始电流 $i(0_-)$,电容有初始电压 $U_C(0_-)$,求回路电流 $i(t)$。

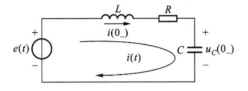

图 4.9　例 4.19 图

解:　利用基尔霍夫电压定律得系统的微分方程

$$Ri(t) + L\frac{\mathrm{d}i(t)}{\mathrm{d}t} + \frac{1}{C}\int_{-\infty}^{t}i(\tau)\mathrm{d}\tau = e(t)$$

利用拉普拉斯变换的微分和积分性质,对上式逐项进行拉普拉斯变换,得

$$RI(s) + LsI(s) - Li(0_-) + \frac{I(s)}{Cs} + \frac{\int_{-\infty}^{0_-}i(\tau)\mathrm{d}\tau}{Cs} = E(s)$$

其中 $I(s)$、$E(s)$ 分别为 $i(t)$、$e(t)$ 的拉普拉斯变换,而

$$\frac{1}{C}\int_{-\infty}^{0_-}i(\tau)\mathrm{d}\tau = U_C(0_-)$$

从而有

$$I(s) = \frac{E(s)}{R+Ls+\dfrac{1}{Cs}} + \frac{Li(0_-) - \dfrac{U_c(0_-)}{s}}{R+Ls+\dfrac{1}{Cs}}$$

对上式进行拉普拉斯反变换，即可得系统的回路电流 $i(t) = \mathscr{L}^{-1}[I(s)]$。

例 4.20　描述某线性时不变系统的微分方程为

$$r''(t) + 3r'(t) + 2r(t) = 2e'(t) + 6e(t)$$

已知输入 $e(t) = \varepsilon(t)$，初始状态 $r(0_-) = 2$，$r'(0_-) = 1$，求系统的零输入响应 $r_{zi}(t)$，零状态响应 $r_{zs}(t)$ 和全响应 $r(t)$。

解：　对微分方程两边取单边拉氏变换，有

$$[s^2 R(s) - sr(0_-) - r'(0_-)] + 3[sR(s) - r(0_-)] + 2R(s) = 2sE(s) + 6E(s)$$

即

$$(s^2 + 3s + 2)R(s) - [sr(0_-) + r'(0_-) + 3r(0_-)] = 2(s+3)E(s)$$

解上式，得

$$R(s) = \frac{sr(0_-) + r'(0_-) + 3r(0_-)}{s^2 + 3s + 2} + \frac{2(s+3)E(s)}{s^2 + 3s + 2} = R_{zi}(s) + R_{zs}(s)$$

将 $E(s) = \mathscr{L}[\varepsilon(t)] = \dfrac{1}{s}$ 和已知的各初始值代入上式，得

$$R_{zi}(s) = \frac{2s+7}{s^2+3s+2} = \frac{2s+7}{(s+1)(s+2)} = \frac{5}{s+1} - \frac{3}{s+2}$$

$$R_{zs}(s) = \frac{2(s+3)}{s^2+3s+2} \cdot \frac{1}{s} = \frac{2(s+3)}{s(s+1)(s+2)} = \frac{3}{s} - \frac{4}{s+1} + \frac{1}{s+2}$$

对以上二式取反变换，分别得零输入响应和零状态响应

$$r_{zi}(t) = \mathscr{L}^{-1}[R_{zi}(s)] = (5e^{-t} - 3e^{-2t})\varepsilon(t)$$

$$r_{zs}(t) = \mathscr{L}^{-1}[R_{zs}(s)] = (3 - 4e^{-t} + e^{-2t})\varepsilon(t)$$

系统的全响应

$$r(t) = r_{zi}(t) + r_{zs}(t) = (3 + e^{-t} - 2e^{-2t})\varepsilon(t)$$

本例如果只求全响应，可将各初始状态和 $E(s)$ 直接代入 $R(s)$，再对 $R(s)$ 求反拉氏变换，即得 $r(t)$。

二、电路的 s 域模型法

通过拉普拉斯变换可以将微分方程转换为代数方程求解，但当电路本身很复杂时，列写其微分方程就比较困难。这时考虑用类似电路频域分析的方法（正弦稳态分析中的相量法），先对元件和支路进行变换，形成电路的 s 域模型，再将变换后的 s 域电流电压用基尔霍夫定律联系起来，并将初始条件引入，从而使分析过程简化，这就是所谓 s 域模型法。

1. 基尔霍夫定律的 s 域形式

在时域中,基尔霍夫电流定律(KCL)的数学表达式为

$$\sum i(t) = 0$$

利用拉普拉斯变换的线性性质,对上式取拉氏变换即得

$$\sum I(s) = 0 \tag{4.52}$$

式中 $I(s)$ 是各相应电流 $i(t)$ 的象函数。式(4.52)称为 KCL 的 s 域形式。它表明,对任意结点,流出(或流入)该结点的象电流的代数和恒等于零。

同理,可得基尔霍夫电压定律(KVL)的 s 域形式为

$$\sum U(s) = 0 \tag{4.53}$$

此式表明,对任意回路,沿该回路闭合巡行一周,各段电路象电压的代数和恒等于零。

2. 电路元件的 s 域模型

R、L 和 C 元件的时域关系分别为

$$u_R(t) = R i_R(t) \tag{4.54}$$

$$u_L(t) = L \frac{\mathrm{d}i_L(t)}{\mathrm{d}t} \tag{4.55}$$

$$u_C(t) = \frac{1}{C} \int_{-\infty}^{t} i_C(\tau) \mathrm{d}\tau \tag{4.56}$$

将以上三式分别进行拉氏变换,得

$$U_R(s) = R I_R(s) \tag{4.57}$$

$$U_L(s) = sL I_L(s) - L i_L(0_-) \tag{4.58}$$

$$U_C(s) = \frac{1}{sC} I_C(s) + \frac{1}{s} u_C(0_-) \tag{4.59}$$

经过变换以后的方程式可以直接用来处理 s 域中 $U(s)$ 和 $I(s)$ 之间的关系,对每个关系式都可构成一个 s 域网络模型,如图 4.10 所示,元件符号是 s 域中广义欧姆定律的符号,也就是说,电阻符号表示下列关系

$$U_R(s) = R I_R(s) \tag{4.60}$$

而电感与电容的符号分别表示为(不考虑起始条件)

$$U_L(s) = sL I_L(s) \tag{4.61}$$

$$U_C(s) = \frac{1}{sC} I_C(s) \tag{4.62}$$

式(4.58)和式(4.59)中起始状态引起的附加项,在图 4.10 中用串联的电压源来表示。这样做的实质就是把 KVL 和 KCL 直接用于 s 域。

然而,图 4.10 的模型并非惟一的,将式(4.57)到(4.59)对电流求解,得到

$$I_R(s) = \frac{1}{R} U_R(s) \tag{4.63}$$

$$I_L(s) = \frac{1}{sL}U_L(s) + \frac{1}{s}i_L(0_-) \tag{4.64}$$

$$I_C(s) = sCU_C(s) - Cu_C(0_-) \tag{4.65}$$

与此对应的 s 域网络模型如图 4.11 所示。在列写结点方程式时用图 4.11 的模型方便,而列写回路方程时则宜采用图 4.10 的模型。

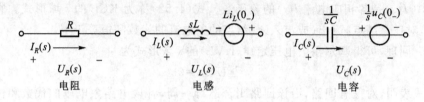

图 4.10 s 域元件的串联模型

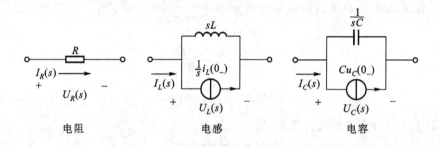

图 4.11 s 域元件的并联模型

3. 用拉普拉斯变换法分析电路

利用拉普拉斯变换对电路进行分析的步骤如下:

(1) 建立电路的 s 域模型。将电路中的元件用 s 域模型表示;电路中已知的电压源、电流源和其他的各电压、电流均用象函数表示。

(2) 依据元件的电压、电流象函数关系及 KCL 和 KVL 的 s 域形式,列写电路 s 域 KCL、KVL 方程。

(3) 解出所求量的象函数,取其拉普拉斯反变换,即得所求的时间函数。

例 4.21   电路如图 4.12 所示,$t<0$ 时,开关 S 处于"1",电路已达稳态,$t=0$ 时,开关 S 由"1"置向"2",求 $i_L(t)(t>0)$。

解: 先求电路的初始状态

$$i_L(0_-) = -\frac{E_1}{R_1}$$

画出电路的 s 域模型,如图 4.13 所示。

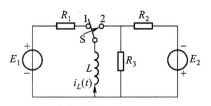

图 4.12 例 4.21 图

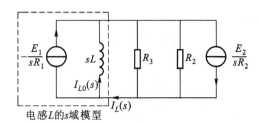

图 4.13 例 4.21 的 s 域模型图

从而

$$I_{L0}(s) = \frac{\dfrac{E_1}{sR_1} + \dfrac{E_2}{sR_2}}{\dfrac{1}{R_3} + \dfrac{1}{R_2} + \dfrac{1}{sL}} \cdot \frac{1}{sL}$$

令 $\tau = \dfrac{L(R_2 + R_3)}{R_2 R_3}$，有

$$I_{L0}(s) = \left(\frac{E_1}{R_1} + \frac{E_2}{R_2}\right)\left(\frac{1}{s} - \frac{1}{s + \dfrac{1}{\tau}}\right)$$

由节点电流关系得

$$I_L(s) = I_{L0}(s) - \frac{E_1}{sR_1} = \frac{E_2}{sR_2} - \left(\frac{E_1}{R_1} + \frac{E_2}{R_2}\right)\frac{1}{s + \dfrac{1}{\tau}}$$

所以

$$i_L(t) = \left[\frac{E_2}{R_2} - \left(\frac{E_1}{R_1} + \frac{E_2}{R_2}\right)e^{-\frac{t}{\tau}}\right]\varepsilon(t)$$

例 4.22 电路如图 4.14 所示，已知 $e(t) = 10\varepsilon(t)$，$C = 1$ F，$R_1 = \dfrac{1}{5}$ Ω，$R_2 = 1$ Ω，$L = \dfrac{1}{2}$ H，$U_C(0_-) = 5$ V，$i_L(0_-) = 4$ A。求响应电流 $i_1(t)$，并指出零输入响应 $i_{1zi}(t)$ 和零状态响应 $i_{1zs}(t)$。

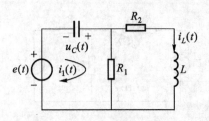

图 4.14   例 4.22 图

解:

(1) 求零输入响应 $i_{1zi}(t)$

画出零输入响应 s 域模型，如图 4.15 所示。

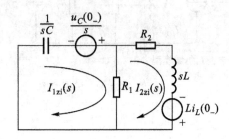

图 4.15   例 4.24 零输入响应 s 域模型图

列写 KVL 方程

$$\begin{cases} \left(\dfrac{1}{sC}+R_1\right)I_{1zi}(s)-R_1 I_{2zi}(s)=\dfrac{U_C(0_-)}{s} \\ -R_1 I_{1zi}(s)+(R_1+R_2+sL)I_{2zi}(s)=Li_L(0_-) \end{cases}$$

代入已知条件解得，

$$I_{1zi}(s)=\frac{29s+60}{s^2+7s+12}=\frac{-27}{s+3}+\frac{56}{s+4}$$

求拉普拉斯反变换得

$$i_{1zi}(t)=(-27e^{-3t}+56e^{-4t})\varepsilon(t)$$

(2) 求零状态响应 $i_{1zs}(t)$

画出零状态响应 s 域模型，如图 4.16 所示
直接求出

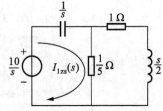

图 4.16   例 4.24 零状态
s 域模型图

$$I_{1zs}(s)=\frac{\dfrac{10}{s}}{\dfrac{1}{s}+\dfrac{\dfrac{1}{5}\left(\dfrac{s}{2}+1\right)}{\dfrac{1}{5}+1+\dfrac{s}{2}}}=\frac{50s+120}{s^2+7s+12}=\frac{-30}{s+3}+\frac{80}{s+4}$$

求拉普拉斯反变换得

$$i_{1zs}(t) = (-30e^{-3t} + 80e^{-4t})\varepsilon(t)$$

（3）求全响应 $i_1(t)$

$$i_1(t) = i_{1zi}(t) + i_{1zs}(t) = (-57e^{-3t} + 136e^{-4t})\varepsilon(t)$$

4.5　系统函数

一、系统函数的定义

由式（2-38），一个线性时不变系统，可由 n 阶常系数线性微分方程描述，即

$$a_n \frac{d^n r(t)}{dt^n} + a_{n-1} \frac{d^{n-1} r(t)}{dt^{n-1}} + \cdots + a_1 \frac{dr(t)}{dt} + a_0 r(t)$$
$$= b_m \frac{d^m e(t)}{dt^m} + b_{m-1} \frac{d^{m-1} e(t)}{dt^{m-1}} + \cdots + b_1 \frac{de(t)}{dt} + b_0 e(t) \tag{4.66}$$

设系统初始状态为零，对式（4.66）两边进行拉普拉斯变换，根据微分性质，可得系统的零状态响应 $r_{zs}(t)$ 的象函数 $R_{zs}(s)$ 为

$$R_{zs}(s) = \frac{b_m s^m + b_{m-1} s^{m-1} + \cdots + b_1 s + b_0}{a_n s^n + a_{n-1} s^{n-1} + \cdots + a_1 s + a_0} E(s) \tag{4.67}$$

其中 $E(s)$ 为 $e(t)$ 的象函数，设

$$N(s) = b_m s^m + b_{m-1} s^{m-1} + \cdots + b_1 s + b_0 \tag{4.68}$$
$$D(s) = a_n s^n + a_{n-1} s^{n-1} + \cdots + a_1 s + a_0 \tag{4.69}$$

可得

$$R_{zs}(s) = \frac{N(s)}{D(s)} E(s) \tag{4.70}$$

定义系统的零状态响应的象函数 $R_{zs}(s)$ 与激励的象函数 $E(s)$ 之比为系统函数，用 $H(s)$ 表示，即

$$H(s) = \frac{N(s)}{D(s)} \tag{4.71}$$

可见，系统函数 $H(s)$ 与系统的激励和响应的形式无关，它只取决于系统本身的特性。一旦系统的拓扑结构确定，$H(s)$ 即可求出。一般情况下，$H(s)$ 的分母多项式与系统的特征多项式对应。方程 $D(s)=0$ 称为系统的特征方程，其解即为特征根。

当系统函数 $H(s)$ 和输入信号象函数 $E(s)$ 已知时，系统零状态响应的象函数可写为

$$R_{zs}(s) = H(s)E(s) \tag{4.72}$$

这与第二章时域分析所得的结论相对应，即将式（2.77）求拉氏变换，并应用卷积

定理,即得式(4.72)。系统冲激响应 $h(t)$ 的拉普拉斯变换即为系统函数 $H(s)$;系统函数 $H(s)$ 的拉普拉斯反变换就是系统的冲激响应 $h(t)$。即 $h(t) \leftrightarrow H(s)$。因此,系统函数 $H(s)$ 既可以由零状态下的系统模型求得,也可以由系统冲激响应 $h(t)$ 取拉普拉斯变换求得。

二、利用系统函数 $H(s)$ 求解系统的零状态响应

基于系统的复频域分析,利用系统函数 $H(s)$,可求得系统的零状态响应,求解的基本步骤为:(1)计算 $H(s)$;(2)求激励信号 $e(t)$ 的象函数 $E(s)$;(3)按式(4.72)求出响应 $r_{zs}(t)$ 的象函数 $R_{zs}(s)$;(4)对 $R_{zs}(s)$ 求拉普拉斯反变换即得时域零状态响应 $r_{zs}(t)$。

例 4.23   图 4.17 所示电路,激励信号 $e(t) = Ee^{-\alpha t}\varepsilon(t)$,求电路的零状态响应 $u_2(t)$。

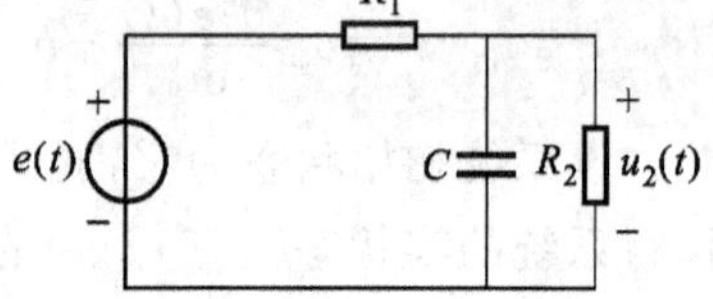

解: 该系统的系统函数为

$$H(s) = \frac{U_2(s)}{E(s)} = \frac{1}{R_1 + \dfrac{1}{\dfrac{1}{R_2} + sC}} \cdot \frac{R_2 \dfrac{1}{sC}}{R_2 + \dfrac{1}{sC}}$$

图 4.17   例 4.23 图

$$= \frac{1}{R_1 C \left(s + \dfrac{R_1 + R_2}{R_1 R_2 C} \right)}$$

为了计算方便,令 $K = \dfrac{1}{R_1 C}$,$\beta = \dfrac{R_1 + R_2}{R_1 R_2 C}$,则 $H(s) = \dfrac{K}{s + \beta}$。

又由于

$$E(s) = \mathscr{L}[e(t)] = \frac{E}{s + \alpha}$$

所以

$$U_2(s) = H(s)E(s) = \frac{KE}{(s + \alpha)(s + \beta)} = \frac{KE}{\beta - \alpha}\left(\frac{1}{s + \alpha} - \frac{1}{s + \beta} \right)$$

则

$$u_2(t) = \mathscr{L}^{-1}[U_2(s)] = \frac{KE}{\beta - \alpha}(e^{-\alpha t} - e^{-\beta t})\varepsilon(t)$$

4.6 系统函数的零、极点分布与系统的时域和频域特性

一、系统函数 $H(s)$ 的零、极点

由式(4.68)、式(4.69)和式(4.70)可得 n 阶系统的系统函数

$$H(s)=\frac{N(s)}{D(s)}=\frac{b_m s^m+b_{m-1}s^{m-1}+\cdots+b_1 s+b_0}{a_n s^n+a_{n-1}s^{n-1}+\cdots+a_1 s+a_0} \tag{4.73}$$

式中 $D(s)=0$ 的 n 个根 $p_1,p_2,\cdots,p_n$ 称为系统函数 $H(s)$ 的极点；$N(s)=0$ 的 m 个根 $z_1,z_2,\cdots,z_m$ 称为系统函数 $H(s)$ 的零点。由此，式(4.73)可改写为

$$H(s)=\frac{N(s)}{D(s)}=K\frac{(s-z_1)(s-z_2)\cdots(s-z_m)}{(s-p_1)(s-p_2)\cdots(s-p_n)}=K\frac{\prod\limits_{j=1}^{m}(s-z_j)}{\prod\limits_{i=1}^{n}(s-p_i)}$$

$$\tag{4.74}$$

式中 $K=\dfrac{b_m}{a_n}$ 为比例常数。极点 p_i 和零点 z_i 的数值有三种情况：实数，虚数和复数。通常 $H(s)$ 中的系数 a_i 和 b_j 都是实数，因此，零、极点中若有虚数或复数时必共轭成对出现。

将系统函数 $H(s)$ 的零、极点标在 s 平面上，并用"○"表示零点，用"×"表示极点，这个图称为系统函数的零、极点分布图，简称系统的零极图。通常零、极点位置就是指 $H(s)$ 的零点、极点在 s 平面上的位置。

例 4.24 已知某系统的系统函数 $H(s)=\dfrac{s^3-4s+5s}{s^4+4s^3+5s^2+4s+4}$，求系统的零、极点，并画出系统的零极图。

解： 将 $H(s)$ 分子、分母作因式分解，得

$$H(s)=\frac{s(s-2-\mathrm{j})(s-2+\mathrm{j})}{(s+2)^2(s-\mathrm{j})(s+\mathrm{j})}$$

由 $H(s)$ 分母为零，得系统的极点

$$p_{1,2}=-2(二重极点)；p_3=\mathrm{j},p_4=-\mathrm{j}$$

由 $H(s)$ 分子为零，得系统的零点

$$z_1=0,z_2=2+\mathrm{j},z_3=2-\mathrm{j}$$

零极点分布如图 4.18 所示。

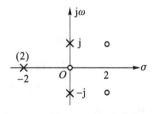

图 4.18 例 4.24 零极点分布图

二、零极点分布与系统的时域特性

若对 $H(s)$ 求拉普拉斯反变换,则 $H(s)$ 的每个
极点将对应一个时间函数。也就是说,冲激响应 $h(t)$ 的函数形式完全取决于 H
(s) 的极点;而幅度和相角将由极点和零点共同决定。因此,$h(t)$ 完全由 $H(s)$ 的
零、极点位置决定。

$H(s)$ 的极点在 s 平面的位置有三种情况:s 的左半开平面、虚轴上和 s 的右
半开平面。这里主要讨论单极点情况,如图 4.19 所示。

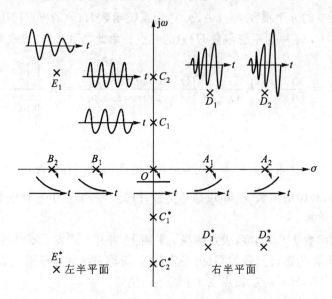

图 4.19　s 平面上不同的复频率相对应的时间函数模式图

(1) 若 $H(s)$ 极点位于 s 平面的坐标原点,即 $p_i=0$,则 $H(s)$ 为 $\dfrac{1}{s}$ 的形式,其
对应的冲激响应的模式为阶跃函数。

(2) 若 $H(s)$ 极点位于 s 平面的实轴上,即 $p_i=\alpha$(α 为实数),则 $H(s)$ 为 $\dfrac{1}{s-\alpha}$
的形式,当 $\alpha>0$ 时,极点位于 s 平面的正实轴上(A_1),冲激响应的模式为单调增
长指数函数;当 $\alpha<0$ 时,极点位于 s 平面的负实轴上(B_1),冲激响应的模式为单
调衰减指数函数。

(3) 若 $H(s)$ 极点位于 s 平面的虚轴上(C_1,C_1^*),则 $H(s)$ 为 $\dfrac{\omega_0}{s^2+\omega_0^2}$ 或 $\dfrac{s}{s^2+\omega_0^2}$
的形式,其对应的冲激响应的模式为等幅振荡。

（4）若 $H(s)$ 极点位于 s 平面的共轭复数处，$H(s)$ 为 $\dfrac{\omega_0}{(s-\alpha)^2+\omega_0^2}$ 或

$\dfrac{s}{(s-\alpha)^2+\omega_0^2}$ 的形式，若 $\alpha>0$，共轭极点位于 s 平面的右半平面（D_1,D_1^*），相应的冲激响应的模式为增幅振荡；若 $\alpha<0$，共轭极点位于 s 平面的左半平面（E_1，E_1^*），相应的冲激响应的模式为减幅振荡。

类似，可讨论系统函数 $H(s)$ 为重极点的情况。为方便学习，将部分 $H(s)$ 与 $h(t)$ 的对应关系列于表 4—3 中。可见：

（1）当系统函数 $H(s)$ 极点位于 s 的左半平面，系统单位冲激响应 $h(t)$ 满足 $\lim\limits_{t\to\infty}h(t)=0$；

（2）若系统函数 $H(s)$ 极点位于 s 的虚轴上，当极点为单阶时，系统单位冲激响应 $h(t)$ 的模式是等幅振荡或直流；若为重阶的，$h(t)$ 为增幅振荡；

（3）若系统函数 $H(s)$ 极点有一个落在 s 右半平面，则系统单位冲激响应 $h(t)$ 就是增幅的。

最后还要强调指出的是，$H(s)$ 的零点分布可影响冲激响应 $h(t)$ 的幅度和相位，但不影响系统的冲激响应的模式。

表 4.3 $H(s)$ 与 $h(t)$ 的对应关系

$H(s)$	s 平面上的零、极点	时域中的波形	$h(t),t\geqslant 0$
$\dfrac{1}{s}$	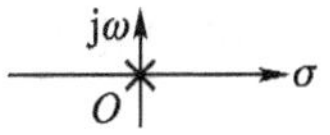	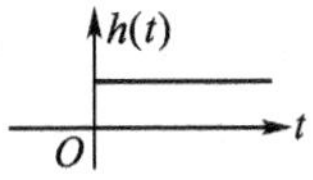	$\varepsilon(t)$
$\dfrac{1}{s^2}$	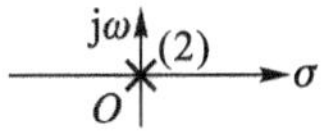	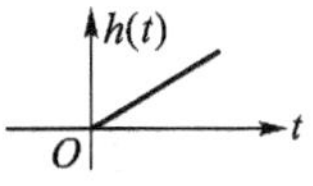	t
$\dfrac{1}{s+\alpha}$	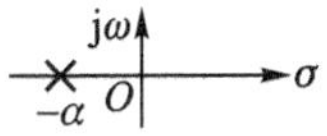	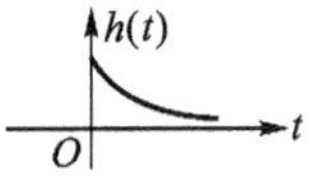	$e^{-\alpha t}$
$\dfrac{1}{(s+\alpha)^2}$	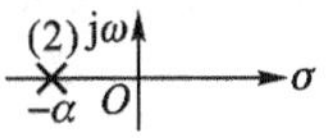	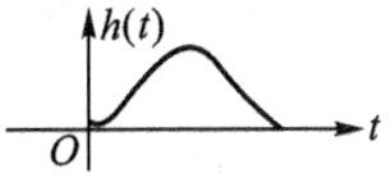	$te^{-\alpha t}$
$\dfrac{\omega_0}{s^2+\omega_0^2}$	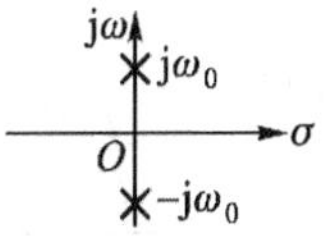	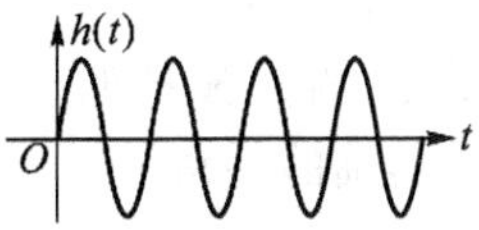	$\sin(\omega_0 t)$

续表

$H(s)$	s 平面上的零、极点	时域中的波形	$h(t), t \geqslant 0$
$\dfrac{\omega_0}{(s-\alpha)^2+\omega_0^2}$			$\mathrm{e}^{-\alpha t}\sin(\omega_0 t)$
$\dfrac{s+\alpha}{(s+\alpha)^2+\omega_0^2}$			$\mathrm{e}^{-\alpha t}\cos(\omega_0 t)$
$\dfrac{2\omega_0 s}{(s^2+\omega_0^2)^2}$			$t\sin(\omega_0 t)$

三、零极点分布与系统的频域特性

由系统的零、极点分布不但可以确定系统时域响应的模式,也可以定性了解系统的频域特性。即可由系统函数 $H(s)$ 大致地描绘出系统的频响特性曲线 $|H(\mathrm{j}\omega)| \sim \omega$ 和 $\varphi(\omega)| \sim \omega$。

由式(4.74),取 $s = \mathrm{j}\omega$,即令 s 沿虚轴移动,得到

$$H(\mathrm{j}\omega) = H(s)\Big|_{s=\mathrm{j}\omega} = K\frac{(\mathrm{j}\omega-z_1)(\mathrm{j}\omega-z_2)\cdots(\mathrm{j}\omega-z_m)}{(\mathrm{j}\omega-p_1)(\mathrm{j}\omega-p_2)\cdots(\mathrm{j}\omega-p_n)} = K\frac{\displaystyle\prod_{j=1}^{m}(\mathrm{j}\omega-z_j)}{\displaystyle\prod_{i=1}^{n}(\mathrm{j}\omega-p_i)}$$

$$(4.75)$$

对于任意零点 z_j 和极点 p_i,相应的复数因子都可以表示为零点与极点矢量,如图 4.20 所示。

$$\mathrm{j}\omega - z_j = B_j \mathrm{e}^{\mathrm{j}\psi_j}$$
$$\mathrm{j}\omega - p_i = A_i \mathrm{e}^{\mathrm{j}\theta_i}$$

其中,B_j,A_i 分别是零、极点矢量的模;ψ_j,θ_i 分别是零、极点矢量与正实轴的夹角。

则

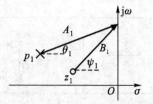

图 4.20　$(\mathrm{j}\omega-z_1)$ 和 $(\mathrm{j}\omega-p_1)$ 矢量

$$H(\mathrm{j}\omega) = K\frac{B_1 B_2 \cdots B_m}{A_1 A_2 \cdots A_n}\mathrm{e}^{\mathrm{j}(\psi_1 + \psi_2 + \cdots + \psi_m - \theta_1 - \theta_2 - \cdots - \theta_n)}$$

$$= K\frac{\prod\limits_{j=1}^{m}B_j}{\prod\limits_{i=1}^{n}A_i}\mathrm{e}^{\mathrm{j}\left(\sum\limits_{j=1}^{m}\psi_j - \sum\limits_{i=1}^{n}\theta_i\right)} = \mid H(\mathrm{j}\omega) \mid \mathrm{e}^{\mathrm{j}\varphi(\omega)} \qquad (4.76)$$

式中

$$\mid H(\mathrm{j}\omega) \mid = K\frac{\prod\limits_{j=1}^{m}B_j}{\prod\limits_{i=1}^{n}A_i} \qquad (4.77)$$

$$\varphi(\omega) = \sum_{j=1}^{m}\psi_j - \sum_{i=1}^{n}\theta_i \qquad (4.78)$$

由图 4.20 可见,随着 ω 变化,B、A 长短会变化;ψ、θ 也会变化。当 ω 从 $0\sim\infty$,可由矢量图解法得到相应的 $\mid H(\mathrm{j}\omega) \mid \sim \omega$ 和 $\mid \varphi(\omega) \mid \sim \omega$ 曲线。

*例 4.25 试求图 4.21 所示 RC 高通滤波网络的频响特性 $H(\mathrm{j}\omega) = \dfrac{U_2(\mathrm{j}\omega)}{U_1(\mathrm{j}\omega)}$。

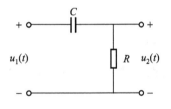

图 4.21 例 4.25 图

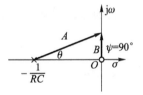

图 4.22 例 4.25 的零、极点分布

解: 写出系统函数表达式

$$H(s) = \frac{U_2(s)}{U_1(s)} = \frac{R}{R + \dfrac{1}{sC}} = \frac{s}{s + \dfrac{1}{RC}}$$

它有一个零点在坐标原点,而极点位于 $-\dfrac{1}{RC}$ 处,也即 $z_1 = 0$,$p_1 = -\dfrac{1}{RC}$,零、极点在 s 平面分布如图 4.22 所示。

将 $H(s)\Big|_{s=\mathrm{j}\omega} = H(\mathrm{j}\omega)$ 以矢量因子 $Be^{\mathrm{j}\psi}$,$Ae^{\mathrm{j}\theta}$ 表示

* 例 4.25—4.27 题参见郑君里等编《信号与系统》(第 2 版)。

$$H(j\omega) = \frac{Be^{j\psi}}{A e^{j\theta}} = |H(j\omega)|e^{j\varphi(\omega)}$$

式中

$$|H(j\omega)| = \frac{B}{A}$$

$$\varphi(\omega) = \varphi - \theta$$

下面分析当 ω 从 0 沿虚轴向 ∞ 增长时，$H(j\omega)$ 如何随之改变。

① 当 $\omega = 0$ 时，由 $B = 0$，$A = \dfrac{1}{RC}$ 得

$$\frac{B}{A} = 0，也即 |H(j\omega)| = 0$$

又由 $\theta = 0$，$\varphi = 90°$ 得

$$\varphi(\omega) = 90°$$

② 当 $\omega = \dfrac{1}{RC}$ 时，$B = \dfrac{1}{RC}$，$A = \dfrac{\sqrt{2}}{RC}$，$\theta = 45°$，$\varphi = 90°$ 不变

故

$$|H(j\omega)| = \frac{B}{A} = \frac{1}{\sqrt{2}}，\varphi(\omega) = 45°$$

此点为高通滤波网络的截止频率点。

③ 当 $\omega \to \infty$ 时，$\dfrac{B}{A} \to 1$，$\theta \to 90°$，则 $|H(j\omega)| \to 1$；$\varphi(\omega) \to 0°$。

按照上述分析可绘制出幅频特性和相频特性曲线如图 4.23(a) 和 (b) 所示。

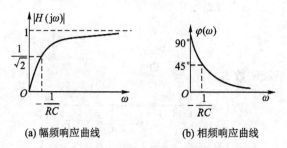

(a) 幅频响应曲线　　　　(b) 相频响应曲线

图 4.23　RC 高通滤波网络的频响特性曲线

*例 4.26　试求图 4.24 所示 RC 网络的频响特性 $H(j\omega) = \dfrac{U_2(j\omega)}{U_1(j\omega)}$。

解： 写出系统函数表达式

$$H(s) = \frac{U_2(s)}{U_1(s)} = \frac{1}{RC} \cdot \frac{1}{\left(s + \dfrac{1}{RC}\right)}$$

极点位于 $p_1 = -\dfrac{1}{RC}$ 处,如图 4.25 所示。

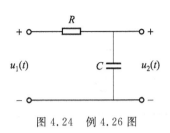

图 4.24　例 4.26 图

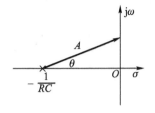

图 4.25　例 4.26 的零、极点分布图

将 $H(s)|_{s=j\omega} = H(j\omega)$ 以矢量因子表示

$$H(j\omega) = \frac{1}{RC} \cdot \frac{1}{Ae^{j\theta}} = |H(j\omega)|e^{j\varphi(\omega)}$$

式中

$$|H(j\omega)| = \frac{1}{RC} \cdot \frac{1}{A}$$

$$\varphi(\omega) = -\theta$$

仿照例 4.28 的分析,容易得出频响曲线如图 4.26 所示,这是一个低通网络,截止频率位于 $\omega = \dfrac{1}{RC}$ 处。

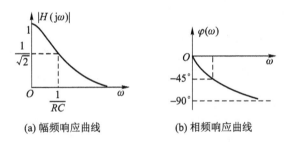

(a) 幅频响应曲线　　　　(b) 相频响应曲线

图 4.26　RC 低通滤波网络的频响特性曲线

　　对于一阶系统,都可采用上述方法进行分析。只要系统的零、极点分布相同,就会具有一样的时域、频域特性。对于由同一类型储能元件构成的二阶系统(如含有两个电容或两个电感),它们的两个极点都落在实轴上,即不出现共轭复数极点,为非谐振系统。系统函数的一般形式为 $K\dfrac{(s-z_1)(s-z_2)}{(s-p_1)(s-p_2)}$ 或 $K\dfrac{(s-z_1)}{(s-p_1)(s-p_2)}$ 和 $K\dfrac{1}{(s-p_1)(s-p_2)}$ 等形式。由于零点数目以及零点、极点位置的不同,它们可以分别具有低通、高通、带通、带阻等滤波特性。就其 s 平面矢量作图法来看,与一阶系统的方法类似,这里仅举一例说明。

*例 4.27 研究图 4.27 所示二阶 RC 系统的频响特性 $H(\mathrm{j}\omega)=\dfrac{U_2(\mathrm{j}\omega)}{U_1(\mathrm{j}\omega)}$。图中 ku_3 是受控电压源，且 $R_1C_1\ll R_2C_2$。

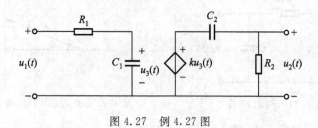

图 4.27 例 4.27 图

解： 写出系统函数表达式

$$H(s)=\frac{U_2(s)}{U_1(s)}=\frac{k}{R_1C_1}\cdot\frac{s}{\left(s+\dfrac{1}{R_1C_1}\right)\left(s+\dfrac{1}{R_2C_2}\right)}$$

它的极点位于 $p_1=-\dfrac{1}{R_1C_1}$，$p_2=-\dfrac{1}{R_2C_2}$，只有一个零点在原点。其零极点分布如图 4.28 所示。

由于题目给定的条件 $R_1C_1\ll R_2C_2$，故 $-\dfrac{1}{R_2C_2}$ 靠近原点，而 $-\dfrac{1}{R_1C_1}$ 则离原点较远。将 $H(s)|_{s=\mathrm{j}\omega}=H(\mathrm{j}\omega)$ 以矢量因子表示

$$H(\mathrm{j}\omega)=\frac{k}{R_1C_1}\cdot\frac{B_1\mathrm{e}^{\mathrm{j}\psi_1}}{A_1\mathrm{e}^{\mathrm{j}\theta_1}A_2\mathrm{e}^{\mathrm{j}\theta_2}}$$

$$=\frac{k}{R_1C_1}\cdot\frac{B_1}{A_1A_2}\mathrm{e}^{\mathrm{j}(\psi_1-\theta_1-\theta_2)}$$

$$=|H(\mathrm{j}\omega)|\mathrm{e}^{\mathrm{j}\varphi(\omega)}$$

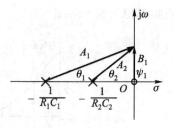

图 4.28 例 4.27 的零、极点分布

由图 4.28 容易看出，(1)当 ω 较低时，$A_1\approx\dfrac{1}{R_1C_1}$，$\theta_1\approx0^\circ$，几乎不随频率而变化，这时只有极点 p_2 与零点 z_1 起作用，这与一阶 RC 高通系统相同，构成 ω 低端的高通特性。

(2)当 ω 较高时，$A_2\approx B_1$，$\theta_2\approx\psi_1$，也可近似认为它们不随频率而变，于是只有极点 p_1 起作用，这与一阶 RC 低通系统相同，构成 ω 高端的低通特性。

(3)当 ω 位于中间频率范围时，同时满足 $A_1\approx\dfrac{1}{R_1C_1}$，$\theta_1=0^\circ$，$A_2\approx B_1=|\mathrm{j}\omega|$，$\theta_2\approx\psi_1=90^\circ$，那么 $H(\mathrm{j}\omega)$ 可近似写作

$$H(\mathrm{j}\omega)\bigg|_{\left(\frac{1}{R_2C_2}<\omega<\frac{1}{R_1C_1}\right)} \approx \frac{k}{R_1C_1}\cdot\frac{\mathrm{j}\omega}{\frac{1}{R_1C_1}\cdot\mathrm{j}\omega}=k$$

这时的频响特性近似为常数。

由此,可以看出该系统的频响特性,如图 4.29(a)和(b)所示。

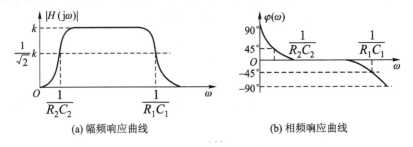

(a) 幅频响应曲线　　　　　　　(b) 相频响应曲线

图 4.29　例 4.27 的频率响应曲线

从物理概念上讲,在低频端,主要是 R_2C_2 的高通特性起作用;在高频端,则是 R_1C_1 的低通特性起主要作用;在中频端,C_1 相当于开路,C_2 相当于短路,它们都不起作用,信号直接以受控源的 k 倍电压送至输出端。可见此系统相当于低通与高通级联构成的带通系统。

4.7 双边拉普拉斯变换

在某些情况下,有时还要考虑双边时间函数,如周期信号、平稳随机过程等,或是不符合因果律的理想系统,这时就需要用双边拉普拉斯变换来分析。

一、双边拉普拉斯变换

双边拉普拉斯变换的定义如下

$$F_{\mathrm{d}}(s)=\mathscr{L}_{\mathrm{d}}[f(t)]=\int_{-\infty}^{+\infty}f(t)\mathrm{e}^{-st}\,\mathrm{d}t \tag{4.79}$$

这里在拉普拉斯变换的符号 $\mathscr{L}$ 上加了个下标 d,以示与单边拉普拉斯变换的区别。这里时间信号 $f(t)$ 是一个双边函数,可将其分解为右边函数 $f_{\mathrm{a}}(t)$ 和左边函数 $f_{\mathrm{b}}(t)$ 之和,即

$$f(t)=f_{\mathrm{a}}(t)\varepsilon(t)+f_{\mathrm{b}}(t)\varepsilon(-t) \tag{4.80}$$

将式(4.80)代入式(4.79)则有

$$F_{\mathrm{d}}(s)=\mathscr{L}_{\mathrm{d}}[f(t)]=\int_{-\infty}^{0}f_{\mathrm{b}}(t)\mathrm{e}^{-st}\,\mathrm{d}t+\int_{0}^{+\infty}f_{\mathrm{a}}(t)\mathrm{e}^{-st}\,\mathrm{d}t$$

$$=F_{\mathrm{b}}(s)+F_{\mathrm{a}}(s) \tag{4.81}$$

式(4.81)表明，若 $F_a(s)$、$F_b(s)$ 同时存在，且二者有公共收敛域，则 $f(t)$ 的双边拉氏变换为右边函数 $f_a(t)$ 的拉氏变换 $F_a(s)$ 和左边函数 $f_b(t)$ 拉氏变换 $F_b(s)$ 之和。如 $F_a(s)$ 与 $F_b(s)$ 没有公共收敛域，则 $f(t)$ 的双边拉氏变换就不存在。

右边函数 $f_a(t)$ 的拉氏变换就是前面已讨论过的单边拉氏变换。现在讨论如何求左边函数的拉氏变换 $F_b(s)$。由式(4.81)有

$$F_b(s) = \int_{-\infty}^{0} f_b(t)\mathrm{e}^{-st}\,\mathrm{d}t \tag{4.82}$$

令 $t = -\tau$，则式(4.82)成为

$$F_b(s) = \int_{0}^{\infty} f_b(-\tau)\mathrm{e}^{s\tau}\,\mathrm{d}\tau \tag{4.83}$$

再令 $-s = p$，则上式成为

$$F_b(p) = \int_{0}^{\infty} f_b(-\tau)\mathrm{e}^{-p\tau}\,\mathrm{d}\tau \tag{4.84}$$

与单边拉氏变换的定义式对比，即可看出，式(4.84)就是右边函数 $f_b(-\tau)$ 的单边拉氏变换，仅积分中的时间变量用 τ 表示，复频率用 p 表示。这样 $F_b(p)$ 仍可用前述的单边拉氏变换的方法来求取。综上所述，求取左边函数的拉氏变换 $F_b(s)$ 可按下列三个步骤进行：

(1) 令 $t = -\tau$，构成右边函数 $f_b(-\tau)$；

(2) 对 $f_b(-\tau)$ 求单边拉氏变换得 $F_b(p)$；

(3) 对复变量 p 取反，即 $p = -s$，就求得 $F_b(s)$。

分别求出 $F_a(s)$ 和 $F_b(s)$ 后，再看它们是否有公共收敛域，即可判定 $f(t)$ 的双边拉氏变换是否存在。如有则按式(4.81)求出 $F_d(s)$。同时给出收敛域。

例 4.28   求双边指数衰减函数 $f(t) = \mathrm{e}^{\alpha t}\varepsilon(t) + \mathrm{e}^{-\alpha t}\varepsilon(-t)$，$\alpha < 0$ 的双边拉普拉斯变换。

解：   首先求右边函数的拉氏变换 $F_a(s)$

$$F_a(s) = \frac{1}{s - \alpha}, \sigma_a > \alpha$$

左边函数的拉氏变换 $F_b(s)$ 求取如下：

(1) $f_b(-\tau) = f_b(t)|_{t=-\tau} = \mathrm{e}^{\alpha\tau}$，$(\tau > 0)$；

(2) $F_b(p) = \mathscr{L}[f_b(-\tau)] = \mathscr{L}[\mathrm{e}^{\alpha\tau}] = \frac{1}{p - \alpha}$

(3) $F_b(s) = F_b(p)|_{p=-s} = -\frac{1}{s + \alpha}$，$\sigma_b < -\alpha$

因为 $\alpha < 0$，所以 $F_a(s)$ 和 $F_b(s)$ 有公共收敛域 $\alpha < \sigma < -\alpha$，其收敛域如图 4.30 所示。

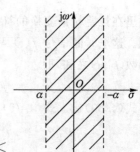

图 4.30   例 4.28 的收敛域

故 $F_d(s)$ 存在并为

$$F_d(s) = F_a(s) + F_b(s) = \frac{1}{s-\alpha} - \frac{1}{s+\alpha}$$

$$= \frac{2\alpha}{s^2 - \alpha^2}, \quad \alpha < \sigma < -\alpha$$

二、双边拉普拉斯反变换

在求解双边拉普拉斯反变换时,首先确定哪些极点对应右边函数,哪些极点对应左边函数。$F_d(s)$ 的极点位于收敛域的两侧,左侧的极点对应于 $t \geqslant 0$ 的右边函数 $f_a(t)$,右侧的极点对应于 $t < 0$ 的左边函数 $f_b(t)$。$f_a(t)$ 可经单边拉氏反变换直接得到,而求 $f_b(t)$ 时,则需将上述求左边函数正变换的三个步骤倒过来求取。下面举例说明。

例 4.29　求 $F_d(s) = \dfrac{-2}{(s-4)(s-6)}$ 的时间原函数。收敛域分别为

(1) $4 < \sigma < 6$

(2) $\sigma > 6$

(3) $\sigma < 4$

解:

(1) 由极点分布和给定收敛域作图 4.31。可见,左侧极点为 $p_1 = 4$,右侧极点为 $p_2 = 6$。

将 $F_d(s)$ 展开成部分分式有

$$F_d(s) = \frac{1}{s-4} + \frac{-1}{s-6}$$

因此对应于 $\dfrac{1}{s-4}$ 的是右边函数 $f_a(t)$

$$f_a(t) = \mathscr{L}^{-1}\left[\frac{1}{s-4}\right] = e^{4t}\varepsilon(t)$$

对应于 $\dfrac{-1}{s-6}$ 的是左边函数 $f_b(t)$,$f_b(t)$ 的求取如下

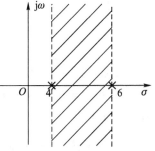

图 4.31　例 4.29(1)的收敛域

① 令 $s = -p$,得 $F(p) = -\dfrac{1}{s-6}\bigg|_{s=-p} = \dfrac{1}{p+6}$;

② 对 $F(p)$ 求单边拉氏反变换,得

$$f_b(\tau) = \mathscr{L}^{-1}[F(p)] = e^{-6\tau}\varepsilon(\tau)$$

③ 令 $\tau = -t$,即

$$f_b(t) = f_b(\tau)\big|_{\tau = -t} = e^{6t}\varepsilon(-t)$$

最后得其解为

$$f(t) = e^{4t}\varepsilon(t) + e^{6t}\varepsilon(-t)$$

（2）根据给定的收敛域和极点分布作图 4.32。可见，极点 $p_1 = 4$ 和 $p_2 = 6$ 均为左侧极点。

因此 $\dfrac{1}{s-4}$ 和 $\dfrac{-1}{s-6}$ 对应的时间函数均为右边函数，可直接求得

$$f(t) = (e^{4t} - e^{6t})\varepsilon(t)$$

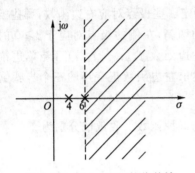 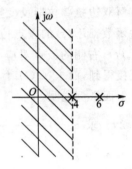

图 4.32　例 4.29(2)的收敛域　　　　图 4.33　例 4.29(3)的收敛域

（3）根据给定的收敛域和极点分布作图 4.33。可见，极点 $p_1 = 4$ 和 $p_2 = 6$ 均为右侧极点。

因此 $\dfrac{1}{s-4}$ 和 $\dfrac{-1}{s-6}$ 对应的时间函数均为左边函数，同（1）求出左边函数的方法，得

$$f(t) = (e^{6t} - e^{4t})\varepsilon(-t)$$

可见，对于同一 $F(s)$，当给定的收敛域不同时，将对应不同的时间函数。因此，在给出双边拉普拉斯变换时，必须同时给出收敛域，这样才能保证反变换解的惟一性。

三、双边信号作用下线性系统的响应

设激励信号为双边信号 $f(t)$，其双边拉氏变换 $F_d(s)$，收敛域为 $\sigma_a < \sigma < \sigma_b$。若系统符合因果律，其冲激响应为 $h(t)$，系统函数 $H(s)$ 的收敛域为 $\sigma > \sigma_h$。则由时域卷积定理有

$$r(t) = f(t) * h(t) \tag{4.85}$$

$$R(s) = F_d(s)H(s) \tag{4.86}$$

显然，如果响应存在，则 $F_d(s)$ 与 $H(s)$ 应有公共收敛域，否则响应不存在。

例 4.30　已知激励信号 $f(t) = e^{-3t}\varepsilon(t) + e^{-t}\varepsilon(-t)$，系统冲激响应为 $h(t) = e^{-2t}\varepsilon(t)$，求系统的响应。

解：　由双边拉氏变换有

$$F_d(s) = \mathscr{L}_d[f(t)] = F_a(s) + F_b(s) = \frac{1}{s+3} - \frac{1}{s+1}, \quad -3 < \sigma < -1$$

而

$$H(s) = \mathscr{L}[h(t)] = \frac{1}{s+2}, \sigma > -2$$

可见，$F_d(s)$ 与 $H(s)$ 有公共收敛域 $-2 < \sigma < -1$，故 $R(s)$ 存在，则有

$$R(s) = F_d(s)H(s) = \frac{-2}{(s+1)(s+2)(s+3)}$$

$$= \frac{-1}{s+1} + \frac{2}{s+2} + \frac{-1}{s+3}, \quad -2 < \sigma < -1$$

由收敛域可知，$s = -1$ 为右侧极点，对应的左边时间函数为

$$r_b(t) = \mathscr{L}_d^{-1}\left[\frac{-1}{s+1}\right] = e^{-t}\varepsilon(-t)$$

$s = -2, s = -3$ 均为右侧极点，对应的右边时间函数为

$$r_a(t) = \mathscr{L}_d^{-1}\left[\frac{2}{s+2} + \frac{-1}{s+3}\right] = (2e^{-2t} - e^{-3t})\varepsilon(t)$$

故系统的响应

$$r(t) = \mathscr{L}_d^{-1}[R(s)] = r_a(t) + r_b(t) = (2e^{-2t} - e^{-3t})\varepsilon(t) + e^{-t}\varepsilon(-t)$$

从本例可以看出，在 $t < 0$ 时激励信号强迫系统作出与激励同模式的响应。而在 $t > 0$ 时响应则由激励与系统的特性共同确定。

4.8　连续时间系统的 s 域模拟

这里所讨论的系统的模拟，并不是指在实验室里仿制该系统，而是指数学意义上的模拟，就是说用来模拟的装置和原系统在输入输出的关系上可以用同样的微分方程或系统函数来描写。系统模拟通常有时域模拟和频域模拟两种表示方法。本书 2.3 节已指出连续时间系统的时域模拟方法。本节重点讨论连续时间系统的 s 域模拟，即将模拟框图用复频域表示。系统函数表征了系统的输入输出关系，并且是有理式，运算关系简单，因此实际系统模拟通常采用复频域表示。

一、基本运算器的 s 域模拟

1. 加法器

加法运算式：　　　　　　$Y(s) = F_1(s) + F_2(s)$　　　　　　　　　(4.87)

加法器的 s 域模型如图 4.34 所示。

2. 标量乘法器

标量乘法的关系式： $Y(s)=aF(s)$ (4.88)

标量乘法器的 s 域模型如图 4.35 所示。

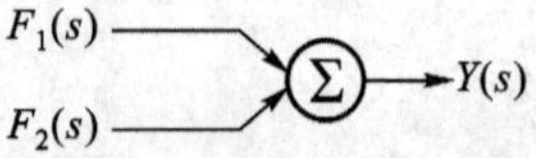

图 4.34   加法器 s 域模型 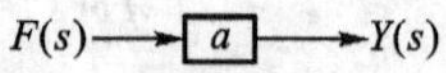   图 4.35   标量乘法器 s 域模型

3. 积分器

积分器的表示法要复杂一些，在初始条件为零时，积分器的输出信号与输入信号的关系为

$$Y(s)=\frac{F(s)}{s}$$ (4.89)

其 s 域模型如图 4.36 所示。

若初始条件不为零，则为

$$Y(s)=\frac{y(0)}{s}+\frac{F(s)}{s}$$ (4.90)

其 s 域模型如图 4.37 所示。

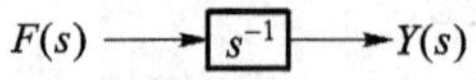

图 4.36   初始条件为零的积分器 s 域模型 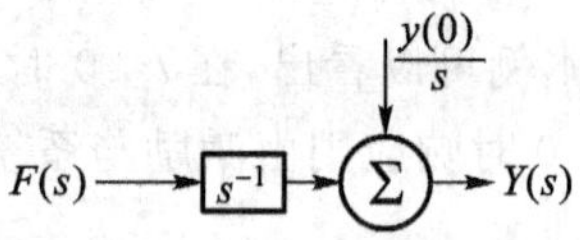   图 4.37   初始条件不为零的积分器 s 域模型

二、连续时间系统的 s 域模拟

1. 一阶系统的模拟

设一阶系统的微分方程为

$$y'(t)+a_0 y(t)=f(t)$$ (4.91)

对应的系统函数表示为

$$H(s)=\frac{Y(s)}{F(s)}=\frac{1}{s+a_0}$$ (4.92)

以 $F(s)$ 作为输入，$Y(s)$ 作为输出，得到一阶系统的复频域模拟图，如图 4.38 所示。

2. 二阶系统的模拟

二阶系统的微分方程

$$y''(t)=e(t)-a_1 y'(t)-a_0 y(t)$$ (4.93)

对应的系统函数表示为

$$H(s) = \frac{1}{s^2 + a_1 s + a_0} \tag{4.94}$$

同理可得到二阶系统的复频域模拟图如图 4.39 所示。

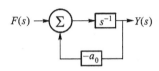
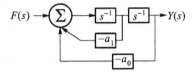

图 4.38　一阶系统的复频域模拟　　　图 4.39　二阶系统的复频域模拟

3. n 阶系统的模拟

依此类推,对一个 n 阶系统,若其微分方程及系统函数为

$$y^{(n)}(t) + a_{n-1} y^{(n-1)}(t) + \cdots + a_1 y'(t) + a_0 y(t) = f(t) \tag{4.95}$$

对应的系统函数表示为

$$H(s) = \frac{1}{s^n + a_{n-1} s^{n-1} + \cdots + a_1 s + a_0} \tag{4.96}$$

则其 n 阶系统的复频域模拟图如图 4.40 所示。

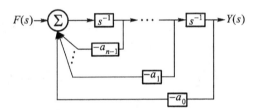

图 4.40　n 阶系统的复频域模拟

若系统的微分方程中含有输入函数的导数项,即系统既有极点,也有零点时,如

$$y^{(n)}(t) + a_{n-1} y^{(n-1)}(t) + \cdots + a_1 y'(t) + a_0 y(t)$$
$$= b_m f^{(m)}(t) + b_{m-1} f^{(m-1)}(t) + \cdots + b_1 f'(t) + b_0 f(t)$$

且 $m < n$,其系统函数

$$H(s) = \frac{N(s)}{D(s)} = \frac{b_m s^m + b_{m-1} s^{m-1} + \cdots + b_1 s + b_0}{s^n + a_{n-1} s^{n-1} + \cdots + a_1 s + a_0} \tag{4.97}$$

与前面 2.4 节 n 阶系统的时域模拟方法类似,可以得出一般 n 阶系统的 s 域模拟如图 4.41 所示,其中令 $m = n - 1$。

4. 其他形式的模拟

复杂系统往往由多个子系统组成,常见的组合形式有子系统的级联、并联、

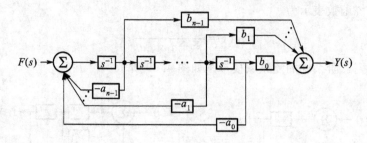

图 4.41 一般 n 阶系统的模拟

混联等。由于用方框图可以简化复杂系统的表示,明确求出系统的输入输出关系,因此常用方框图表示子系统与系统的关系。

(1) 级(串)联形式

级(串)联形式模拟的实现方法是将 $H(s)$ 分解为基本一阶子系统相乘的形式。

令

$$H(s) = K\,\frac{(s-z_1)(s-z_2)\cdots(s-z_m)}{(s-p_1)(s-p_2)\cdots(s-p_n)} = H_1(s)H_2(s)\cdots H_n(s) = \prod_{i=1}^{n} H_i(s)$$

$$(4.98)$$

式中,$H_i(s)$ 是 $H(s)$ 的子系统。式(4.98)表明级(串)联系统的系统函数是各子系统函数的乘积,其级联图如图 4.42 所示。

$$F(s) \longrightarrow \boxed{H_1(s)} \longrightarrow \boxed{H_2(s)} \longrightarrow \cdots \longrightarrow \boxed{H_n(s)} \longrightarrow Y(s)$$

图 4.42 系统的级联模拟框图

(2) 并联形式

并联模拟的实现方法是对 $H(s)$ 进行部分分式展开

$$H(s) = \frac{K_1}{s-p_1} + \frac{K_2}{s-p_2} + \cdots + \frac{K_n}{s-p_n}$$

$$= H_1(s) + H_2(s) + \cdots + H_n(s) = \sum_{i=1}^{n} H_i(s)$$

$$(4.99)$$

式中,$H_i(s)$ 是 $H(s)$ 的子系统。整个系统可以看成是 n 个子系统的叠加(并联),其中每个子系统可按上面的子系统模拟,这种形式称为并联形式。其并联图如图 4.43 所示。

(3) 反馈系统

反馈系统应用广泛,自动控制系统的基本结构就是反馈系统。最基本的反馈系统方框图如图 4.44 所示。

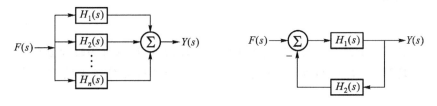

图 4.43 系统的并联模拟框图 　　　　图 4.44 反馈系统方框图

由图 4.44 可见,信号的流通构成闭合回路,即反馈系统的输出信号又被引入到输入端,这种与输入相减的反馈称为负反馈,若是与输入相加的反馈则称为正反馈。通常为保证系统稳定采用的都是负反馈,但正反馈在振荡电路中也有实际应用,根据实际需求可采用不同的反馈。整个反馈系统的系统函数为

$$H(s) = \frac{H_1(s)}{1 + H_1(s)H_2(s)} \tag{4.100}$$

以上是系统的基本模拟方法。模拟方法的实现不同,其调整参数有所不同。例如,直接形式可调整的是微分方程的系数 a_i、b_j;级联形式可调整系统的极点与零点;并联形式可调整系统的极点与留数。通常可根据各种因素,选择适当模拟方式达到好的系统设计效果。

4.9 系统的稳定性

在研究和设计各类系统时,系统的稳定性是一个重要的问题。稳定性是系统本身的特性,与激励无关。

一、系统稳定的条件

一个连续时间系统,如果对任意有界的激励,其零状态响应也有界,则该系统是稳定系统。即对于所有的

$$|e(t)| \leqslant M_e \tag{4.101}$$

有

$$|r_{zs}(t)| \leqslant M_r \tag{4.102}$$

式中 M_e、M_r 为有界正值,则系统稳定。可以证明,连续时间系统稳定的充分条件是

$$\int_{-\infty}^{\infty} |h(t)| \, \mathrm{d}t \leqslant \infty \tag{4.103}$$

也就是说,若 $h(t)$ 满足绝对可积条件,则系统稳定;否则系统不稳定。而对于因果系统,系统稳定的条件为

$$\int_0^\infty |h(t)| \, \mathrm{d}t \leqslant \infty \qquad (4.104)$$

若应用系统稳定的条件判定系统的稳定性,往往计算过程较为复杂。在实际中常是利用 $H(s)$ 与 $h(t)$ 的关系,通过 $H(s)$ 的极点分布来确定系统的稳定性。

从系统稳定性考虑,一个系统可划分为稳定,临界稳定和不稳定三种情况。

(1) 稳定:若 $H(s)$ 的全部极点位于 s 的左半平面,则系统是稳定的;

(2) 临界稳定:若 $H(s)$ 在原点处或虚轴上有单阶极点,其余极点全在 s 的左半平面,则系统是临界稳定的;

(3) 不稳定:若 $H(s)$ 只要有一个极点位于 s 的右半平面,或在虚轴上和原点处有二阶或二阶以上的重极点,则系统是不稳定的。

例 4.31　已知某线性时不变系统的系统函数为

$$H(s) = \frac{s}{s^2 + 2s + 6} \quad \sigma > -1$$

试判断该系统是否是稳定系统。

解:　由 $\sigma > -1$,可知该系统为因果系统。令 $H(s)$ 分母为零

$$s^2 + 2s + 6 = 0$$

得极点 $p_{1,2} = \dfrac{-2 \pm \sqrt{2^2 - 4 \times 6}}{2} = -1 \pm \mathrm{j}\sqrt{5}$,两极点均在左半 s 平面,故可确定该系统是稳定的。

例 4.32　已知某线性时不变系统的系统函数为

$$H(s) = \frac{s+4}{s^2 - s - 2}$$

试判断该系统是否是稳定系统。

解:　通常考虑的系统都属于因果系统,虽然本例题未标注 $H(s)$ 的收敛域,仍可视它为因果系统。令

$$s^2 - s - 2 = 0$$

解得 $\qquad\qquad\qquad p_1 = -1, \ p_2 = 2$

由于 p_2 极点在右半 s 平面,所以系统是不稳定的。

二、罗斯-霍尔维茨准则

根据前面判定系统稳定性的方法,需要求出系统函数的全部极点,才能确定系统是否稳定。然而对于三阶以上的高阶系统,求解系统的全部极点较繁琐。而实际上,判断系统稳定性,并不需要知道极点的确切位置,而只要了解它是否

在左半 s 平面上。可以证明,系统特征方程的根全部具有负的实部,即极点全部在左半 s 平面时,方程的所有系数均应同符号,且不为零。也就是说,只要出现系统特征方程系数有变号或缺项,则可断定它有正实部的根,因而系统不稳定,然而这仅是系统稳定的必要条件,并非充分条件。

罗斯－霍尔维茨提供了一种简便的代数判别法,即罗斯－霍尔维茨准则。

设系统的特征方程为

$$a_n s^n + a_{n-1} s^{n-1} + \cdots + a_1 s + a_0 = 0 \tag{4.105}$$

首先,把该式的所有系数按如下顺序排成两行

$$
\begin{array}{cccc}
a_n & a_{n-2} & a_{n-4} & a_{n-6} \\
\downarrow \nearrow & \downarrow \nearrow & \downarrow \nearrow & \downarrow \nearrow \\
a_{n-1} & a_{n-3} & a_{n-5} & a_{n-7}
\end{array}
\begin{pmatrix} \text{依此类推} \\ \text{排到 } a_0 \text{ 为止} \end{pmatrix}
\tag{4.106}
$$

然后,以这两行为基础,计算下面各行,从而构成一个数值表如下,此表称为罗斯－霍尔维茨阵列。

$$
\begin{array}{c|ccc}
A_n & B_n & C_n & D_n \cdots \\
A_{n-1} & B_{n-1} & C_{n-1} & D_{n-1} \cdots \\
A_{n-2} & B_{n-2} & C_{n-2} & \cdots \\
A_{n-3} & B_{n-3} & C_{n-3} & \cdots \\
\vdots & \vdots & \vdots & \\
A_2 & B_2 & 0 & \\
A_1 & 0 & 0 & \\
A_0 & 0 & 0 &
\end{array}
\tag{4.107}
$$

在该阵列中,头两行就是前面特征方程的系数所排成的两行。即 $A_n = a_n$,$A_{n-1} = a_{n-1}$,$B_n = a_{n-2}$,$B_{n-1} = a_{n-3}$,$C_n = a_{n-4}$,$\cdots$。下面各行按如下公式计算

$$A_{n-2} = -\frac{\begin{vmatrix} A_n & B_n \\ A_{n-1} & B_{n-1} \end{vmatrix}}{A_{n-1}}, B_{n-2} = -\frac{\begin{vmatrix} A_n & C_n \\ A_{n-1} & C_{n-1} \end{vmatrix}}{A_{n-1}}, C_{n-2} = -\frac{\begin{vmatrix} A_n & D_n \\ A_{n-1} & D_{n-1} \end{vmatrix}}{A_{n-1}}, \cdots$$

$$A_{n-3} = -\frac{\begin{vmatrix} A_{n-1} & B_{n-1} \\ A_{n-2} & B_{n-2} \end{vmatrix}}{A_{n-2}}, B_{n-3} = -\frac{\begin{vmatrix} A_{n-1} & C_{n-1} \\ A_{n-2} & C_{n-2} \end{vmatrix}}{A_{n-2}}, \cdots$$

依此类推,可计算阵列中各元素

$$A_{i-1}=-\frac{\begin{vmatrix} A_{i+1} & B_{i+1} \\ A_i & B_i \end{vmatrix}}{A_i},B_{i-1}=-\frac{\begin{vmatrix} A_i & C_i \\ A_{i+1} & C_{i+1} \end{vmatrix}}{A_i},C_{i-1}=-\frac{\begin{vmatrix} A_i & D_i \\ A_{i+1} & D_{i+1} \end{vmatrix}}{A_i},\cdots$$

$$(4.108)$$

这样构成的阵列中共有 $n+1$ 行(以后各行为零)。由阵列中的第一列 A_n，$A_{n-1},A_{n-2},\cdots,A_1,A_0$ 构成的数列称为罗斯－霍尔维茨数列。

罗斯－霍尔维茨准则：在罗斯－霍尔维茨数列中，顺次出现的符号变化的次数等于系统特征方程所具有的实部为正的根的个数。由此就可得出系统稳定性的判据为：系统对应的罗斯－霍尔维茨阵列中，若无符号变化则系统是稳定的，反之，则系统不稳定。

例 4.33   试判断特征方程 $8s^4+2s^3+3s^2+s+5=0$ 对应的系统是否稳定。

解：   罗斯－霍尔维茨阵列

8	3	5
2	1	0
−1	5	0
11	0	0
5	0	0

其中

$$A_2=\frac{2\times3-8\times1}{2}=-1$$

$$A_1=\frac{-1\times1-2\times5}{-1}=11$$

$$A_0=\frac{5\times11-(-1)\times0}{11}=5$$

由此得罗斯－霍尔维茨数列 8、2、−1、11、5。该数列在 2 到 −1 以及 −1 到 11 两次变换符号，故知以上方程有两个根的实部为正。由此可判定与此特征方程对应的系统不稳定。

例 4.34   有一反馈系统如图 4.45 所示，其中

$$G(s)=\frac{K}{s(s+1)(s+10)},\quad H(s)=1$$

（$H(s)=1$ 时，称为全反馈）。问 K 为何值时系统是稳定的。

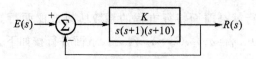

图 4.45   例 4.34 图

解：   系统函数为

$$T(s)=\frac{G(s)}{1+G(s)H(s)}=\frac{\dfrac{K}{s(s+1)(s+10)}}{1+\dfrac{K}{s(s+1)(s+10)}}$$

$$=\frac{K}{s^3+11s^2+10s+K}$$

故系统的特征方程为

$$s^3 + 11s^2 + 10s + K = 0$$

按式(4.107)和式(4.108)构成罗斯－霍尔维茨阵列

1	10
11	K
$\dfrac{110-K}{11}$	0
K	0

由罗斯－霍尔维茨数列可知,因 1,11 均大于 0,故系统稳定条件为 $\dfrac{110-K}{11} > 0$ 及 $K > 0$,即

$$0 < K < 110$$

这就是系统稳定时 K 的取值范围。当 $K < 0$ 或 $K > 110$ 时,数列分别变号一次或二次,即系统函数分别有一个极点或二个极点在右半 s 平面,系统不稳定。

在计算罗斯－霍尔维茨阵列时,可能会遇到某行首项 $A_i = 0$ 的情况,而因为下一行的所有元素都要以 A_i 为分母将无法进行计算。遇到这种情况时,就用一个无穷小的量 ε 去代替零,继续排出阵列,然后令 $\varepsilon \to 0$ 加以判定。

例 4.35 已知系统特征方程为 $s^4 + s^3 + 2s^2 + 2s + 3 = 0$,试判断该系统的稳定性。

解: 构成罗斯－霍尔维茨阵列,则有

1	2	3	
1	2	0	
(0	3)	2	
ε	3	0	此行首项为零,用 ε 代替
$2 - \dfrac{3}{\varepsilon}$	0	0	
3	0	0	

因为 $\varepsilon \to 0$ 时, $2 - \dfrac{3}{\varepsilon}$ 为负值,罗斯－霍尔维茨数列变号两次,该系统有两个正实部根,系统不稳定。

在计算罗斯－霍尔维茨阵列时,如遇到连续两行数字相等或成比例,则下一行元素将全部为零,阵列也无法排下去。这种情况说明系统函数在虚轴上可能有极点。对此可作如下处理,以全零行前一行的元素组成一个辅助多项式,用此多项式的导数的系数来代替全零行,则可继续排出罗斯－霍尔维茨阵列。因为这时辅助多项式必为原系统特征多项式的一个因式,令它等于零所求得的根必也是原系统函数的极点,这些极点可能分布于虚轴上。故这时的判据除要审查罗斯－霍尔维茨数列看其是否变号外,还要审查虚轴上极点的阶数。罗斯－霍尔维茨数列如变号则系统不稳定;而在罗斯－霍尔维茨数列不变号的情况下,如虚轴上的极点都为单极点则系统临界稳定,如虚轴上有重极点则系统不稳定。

例 4.36   系统特征方程为 $s^5 + s^4 + 3s^3 + 3s^2 + 2s + 2 = 0$,试判断该系统的稳定性。

解: 构作罗斯－霍尔维茨阵列,可在阵列左方标注该行首项的 s 幂次,则有

s^5	1	3	2
s^4	1	3	2
s^3	0	0	
	4	6	
s^2	$\dfrac{3}{2}$	2	
s^1	$\dfrac{2}{3}$		
s^0	2		

第三行出现全零行,由辅助多项式 $s^4 + 3s^2 + 2$ 求导可得 $4s^3 + 6s$,以 4,6 代替全零行系数。

由罗斯－霍尔维茨数列可见,元素符号并不改变,说明 s 右半平面无极点。再由

$$s^4 + 3s^2 + 2 = 0$$

可解得
$$s_{1,2} = \pm j, \quad s_{3,4} = \pm j\sqrt{2}$$

这说明该系统的系统函数在虚轴上有四个单极点,故系统为临界稳定。

4.10 综合举例

例 4.37 求象函数 $F(s) = \dfrac{(s^2+1)+(s^2-1)e^{-s}}{s^2(1+e^{-s})}$ 的反拉普拉斯变换。

解： 将上式进行部分分式展开,可得

$$F(s) = 1 - \frac{1}{s^2} + \frac{2}{s^2(1+e^{-s})}$$

$$= 1 - \frac{1}{s^2} + \frac{2}{s^2} \cdot \frac{1-e^{-s}}{1-e^{-2s}}$$

其中 $\mathscr{L}^{-1}[1] = \delta(t)$,$\mathscr{L}^{-1}\left[\dfrac{1}{s^2}\right] = t\varepsilon(t)$。$\dfrac{1-e^{-s}}{1-e^{-2s}}$ 可看成 $\dfrac{F_1(s)}{1-e^{-2s}}$,其中 $F_1(s) = 1 - e^{-s}$

$$\mathscr{L}^{-1}[F_1(s)] = \delta(t) - \delta(t-1) = f_1(t)$$

所以 $\dfrac{1-e^{-s}}{1-e^{-2s}}$ 的原函数 $g(t)$ 是一将 $f_1(t)$ 以 2 为周期进行周期延拓的有始周期函数,即

$$g(t) = \mathscr{L}^{-1}\left[\frac{1-e^{-s}}{1-e^{-2s}}\right] = \sum_{n=0}^{\infty} f_1(t-2n) = \sum_{n=0}^{\infty}[\delta(t-2n) - \delta(t-2n-1)]$$

由时域卷积定理得

$$\mathscr{L}^{-1}\left[\frac{2}{s^2} \cdot \frac{1-e^{-s}}{1-e^{-2s}}\right] = 2t\varepsilon(t) * g(t)$$

$$= \sum_{n=0}^{\infty}\{2t\varepsilon(t) * [\delta(t-2n) - \delta(t-2n-1)]\}$$

$$= \sum_{n=0}^{\infty}[2(t-2n)\varepsilon(t-2n) - 2(t-2n-1)\varepsilon(t-2n-1)]$$

所以

$$f(t) = \delta(t) - t\varepsilon(t) + \sum_{n=0}^{\infty}[2(t-2n)\varepsilon(t-2n) - 2(t-2n-1)$$
$$\varepsilon(t-2n-1)]$$

例 4.38 已知一因果线性时不变系统的冲激响应 $h(t)$ 满足微分方程

$$h'(t) + 2h(t) = e^{-4t}\varepsilon(t) + b\varepsilon(t)$$

b 为待求未知数,当该系统的输入 $f(t) = e^{2t}$(对所有 t)时,输出 $y(t) = \dfrac{1}{6}e^{2t}$(对所有 t),试求该系统的系统函数 $H(s)$。

解： 对微分方程两边进行拉普拉斯变换,有

$$sH(s)+2H(s)=\frac{1}{s+4}+\frac{b}{s}$$

整理,可得

$$H(s)=\frac{1}{(s+4)(s+2)}+\frac{b}{s(s+2)} \tag{1}$$

由系统函数的定义知输入为 e^{st} 的输出响应为 $H(s)e^{st}$,故若输入为 e^{2t} 的响应为 $\frac{1}{6}\cdot e^{2t}$ 时,可得

$$H(s)\big|_{s=2}=\frac{1}{6}$$

此时 $s=2$,将 $H(s)\big|_{s=2}=\frac{1}{6}$ 代入(1)式,可得

$$b=1$$

故系统函数

$$H(s)=\frac{1}{(s+4)(s+2)}+\frac{1}{s(s+2)}$$

即

$$H(s)=\frac{2}{s(s+4)}$$

例 4.39 已知 LTI 系统的冲激响应 $h(t)=\delta(t)-4e^{-t}(\cos t-\sin t)\varepsilon(t)$。
试求:(1) 系统电压传输比 $H(s)$ 的表达式,画出其零极点图;

(2) 求该系统的幅频响应 $|H(j\omega)|$ 和相频响应 $\varphi(\omega)$ 的表达式,并画出其示意图,该系统属于何种系统?

(3) 求 $h(0_+)$,并讨论系统因果性与稳定性。

解：

(1) 由 $h(t)=\delta(t)-4e^{-t}(\cos t-\sin t)\varepsilon(t)$

有

$$H(s)=1-\frac{4(s+1)}{(s+1)^2+1}+\frac{4}{(s+1)^2+1}=\frac{(s-1)^2+1}{(s+1)^2+1}$$

其零点为 $z_{1,2}=1\pm j$,极点为 $p_{1,2}=-1\pm j$,如图 4.46(a)。

(2) $H(j\omega)=\frac{(j\omega-1)^2+1}{(j\omega+1)^2+1}=\frac{2-\omega^2-2j\omega}{2-\omega^2+2j\omega}$

$$|H(j\omega)|=\sqrt{\frac{(2-\omega^2)^2+(-2\omega)^2}{(2-\omega^2)^2+(2\omega)^2}}=1$$

$$\varphi(\omega)=\arctan H(j\omega)=-2\arctan\left(\frac{2\omega}{2-\omega^2}\right)$$

$|H(j\omega)|,\varphi(\omega)$ 如图(b),(c)。

（3）由初值定理

$$h(0_+) = \lim_{s \to \infty} sH(s) = -4$$

系统的极点在左半平面，故系统是稳定的，又收敛域包含 $\sigma \to +\infty$，故系统是因果的。

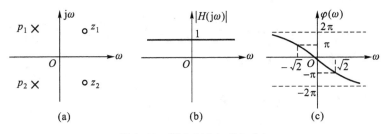

图 4.46 例 4.39(a)、(b)、(c)

例 4.40 描述某线性时不变系统的微分方程为

$$r''(t) + 3r'(t) + 2r(t) = e'(t) + 3e(t)$$

已知，单输入 $e(t) = e^{-t}\varepsilon(t)$ 时，全响应为

$$r(t) = [(2t+3)e^{-t} - 2e^{-2t}]\varepsilon(t)$$

求系统的零输入响应及零状态响应。

解：

（1）先求 $r_{zi}(t)$

在零状态条件下，对微分方程两边进行拉普拉斯变换得

$$s^2 R_{zs}(s) + 3s R_{zs}(s) + 2R_{zs}(s) = sE(s) + 3E(s)$$

于是，可求出

$$H(s) = \frac{R_{zs}(s)}{E(s)} = \frac{s+3}{s^2+3s+2}$$

又因为 $E(s) = \mathscr{L}[e(t)] = \mathscr{L}[e^{-t}\varepsilon(t)] = \dfrac{1}{s+1}$，$R_{zs}(s) = E(s) \cdot H(s)$

所以

$$R_{zs}(s) = \frac{s+3}{s^2+3s+2} \cdot \frac{1}{s+1}$$

$$= \frac{2}{(s+1)^2} - \frac{1}{s+1} + \frac{1}{s+2}$$

所以

$$r_{zs}(t) = \mathscr{L}^{-1}[R_{zs}(s)] = [(2t-1)e^{-t} + e^{-2t}]\varepsilon(t)$$

（2）因为 $r(t) = r_{zi}(t) + r_{zs}(t)$

所以

$$r_{zi}(t) = r(t) - r_{zs}(t)$$

$$=\left[(2t+3)\mathrm{e}^{-t}-2\mathrm{e}^{-2t}\right]\varepsilon(t)-\left[(2t-1)\mathrm{e}^{-t}+\mathrm{e}^{-2t}\right]\varepsilon(t)$$
$$=(4\mathrm{e}^{-t}-3\mathrm{e}^{-2t})\varepsilon(t)$$

例 4.41　已知两个子系统 $H_1(s)$ 和 $H_2(s)$ 按如图 4.47 所示形式连接，其中 $H_1(s)=\dfrac{s+3}{s+2}$，$H_2(s)=\dfrac{s+k}{s^2+4s+3}$。试求：

(1) 总的系统函数 $H(s)=\dfrac{R(s)}{E(s)}$。

(2) k 为何值时，系统稳定？

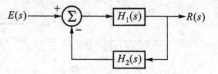

图 4.47　例 4.41 图

解：

(1) 由图 4.47 所示系统框图有

$$\left[E(s)-R(s)H_2(s)\right]H_1(s)=R(s)$$

于是

$$H(s)=\frac{R(s)}{E(s)}=\frac{H_1(s)}{1+H_1(s)H_2(s)}=\frac{s^2+4s+3}{s^2+4s+2+k}$$

(2) 要使系统稳定，$H(s)$ 的极点位于 s 平面的左半平面。$H(s)$ 的两个极点分别为

$$s_1=\frac{-4+\sqrt{8-4k}}{2}, \quad s_2=\frac{-4-\sqrt{8-4k}}{2}$$

① 若 $8<4k$，则 s_1,s_2 均在左半平面；

② 若 $8>4k$，则需

$$\sqrt{8-4k}<4$$

即

$$k>-2$$

综合上述知，当 $k>-2$，系统稳定。

4.11　连续时间信号与系统的复频域分析的 MATLAB 实现

一、系统函数零极点分布图的 MATLAB 实现

系统函数的零点和极点位置可以用 MATLAB 的多项式求根函数 roots() 来求得。用 roots() 函数求得系统函数 $H(s)$ 的零极点后，就可以用 plot 命令在复平面上绘制出系统函数的零极点图。

例 4.42　已知连续时间系统的系统函数如下所示，试用 MATLAB 绘出系统的零极点分布图，并判断系统是否稳定。

$$H(s)=\frac{s^2-4}{s^4+7s^3+17s^2+17s+6}$$

解： MATLAB 程序如下：

```
A=[1 7 17 17 6];
B=[1 0 -4];
p=roots(A);
q=roots(B);
p=p';
q=q';
x=max(abs([p q]));
x=x+0.1;
y=x;
clf
hold on
axis([-x x -y y]);
axis('square')
plot([-x x],[0 0])
plot([0 0],[-y y])
plot(real(p),imag(p),'x')
plot(real(q),imag(q),'o')
title('连续时间系统的零极点图')
text(0.2,x-0.2,'虚轴')
text(y-0.2,0.2,'实轴')
```

上述命令绘制的系统零极点图如图 4.48 所示。

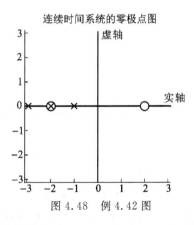

图 4.48　例 4.42 图

由图可以看出，该系统的极点－1(二重)，－2，－3 均落在 s 的左半平面，故该系统是稳定的。

二、系统冲激响应的 MATLAB 实现

用函数 residue()求出 $H(s)$ 部分分式展开的系数后,便可根据其极点位置分布情况直接求出 $H(s)$ 的拉普拉斯反变换 $h(t)$。并且利用绘制连续时间系统冲激响应曲线的 MATLAB 函数 impulse(),将系统冲激响应 $h(t)$ 的时域波形绘制出来。

例 4.43   已知某连续系统的系统函数为

$$H(s) = \frac{s+4}{s^3+3s^2+2s}$$

试用 MATLAB 求出该系统的冲激响应 $h(t)$,并绘出其时域波形图,判断系统稳定性。

解: MATLAB 程序如下:

```
a=[1 3 2 0];
b=[1 4];
[r,p,k]=residue(b,a)
impulse(b,a)
```

运行结果为:

```
r=
    1
   -3
    2
p=
   -2
   -1
    0
k=
   []
```

可见,系统函数有三个实极点,可以根据程序运行结果直接写出系统的冲激响应为

$$h(t) = (e^{-2t} - 3e^{-t} + 2)\varepsilon(t)$$

其冲激响应 $h(t)$ 的时域波形图如图 4.49 所示。

由时域波形可以看出,当时间 t 趋于无穷大时,并不趋于零而是趋于一个有限值,故该系统是临界稳定。另一方面,由于系统有极点位于 s 平面的原点处,这也可以判断该系统是临界稳定的。

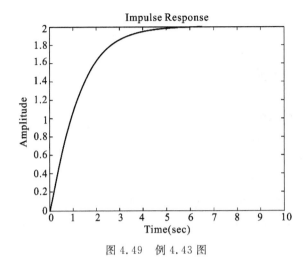

图 4.49 例 4.43 图

三、矢量作图法绘制系统频率响应曲线的 MATLAB 实现

用 MATLAB 实现已知系统零极点分布,求系统频率响应,并绘制其幅频响应曲线的程序流程如下:

(1) 定义包含系统所有零点和极点位置的行向量 q 和 p。

(2) 定义绘制系统频率响应曲线的频率范围向量 f1 和 f2,频率抽样间隔 k,并产生频率等分点向量 f。

(3) 求出系统所有零点和极点到这些等分点的距离。

(4) 根据式(4.77)求出 f1 到 f2 频率范围内各频率等分点的幅值$|H(j\omega)|$。

(5) 绘制 f1～f2 频率范围内系统的幅频响应曲线。

例 4.44 已知某二阶系统的零极点分别为 $p_1=-\alpha_1$,$p_2=-\alpha_2$,$z_1=z_2=0$ (二重零点)。试用 MATLAB 分别绘出该系统在下列三种情况时,系统在 $0\sim$ 1 kHz 频率范围内的幅频响应曲线,说明该系统的作用,并分析极点位置对系统频率响应的影响。

(1) $\alpha_1=100$,$\alpha_2=200$

(2) $\alpha_1=500$,$\alpha_2=100$

(3) $\alpha_1=2000$,$\alpha_2=4000$

解:

(1) 根据系统零极点分析的几何矢量分析法的原理绘制幅频响应曲线,其 MATLAB 程序如下:

```
q=[0 0];
p=[-100 -200];
```

```
        p＝p';
        q＝q';
        f＝0:0.1:1000;
        w＝f*(2*pi);
        y＝i*w;
        n＝length(p);
        m＝length(q);
        if n==0
                yq＝ones(m,1)*y;
                vq＝yq-q*ones(1,length(w));
                bj＝abs(vq);
                ai＝1;
        elseif m==0
                yp＝ones(n,1)*y;
                vp＝yp-p*ones(1,length(w));
                aj＝abs(vp);
                bj＝1;
        else
                yp＝ones(n,1)*y;
                yq＝ones(m,1)*y;
                vp＝yp-p*ones(1,length(w));
                vq＝yq-q*ones(1,length(w));
                ai＝abs(vp);
                bj＝abs(vq);
        end
        Hw＝prod(bj,1)./prod(ai,1);
        plot(f,Hw);
        title('连续时间系统幅频响应曲线')
        xlabel('频率 w(单位:赫兹)')
        ylabel(' F(jw)')
```

上述命令绘制的系统幅频响应曲线如图 4.50 所示。

　　(2) 其 MATLAB 程序如下：

```
        q＝[0 0];
        p＝[-500 -1000];
        p＝p';
```

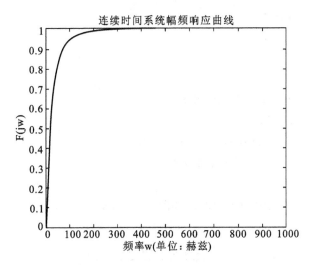

图 4.50　例 4.44 图

```
q＝q';
f＝0:0.1:1000;
w＝f*(2*pi);
y＝i*w;
n＝length(p);
m＝length(q);
if n==0
        yq＝ones(m,1)*y;
        vq＝yq-q*ones(1,length(w));
        bj＝abs(vq);
        ai＝1;
elseif m==0
        yp＝ones(n,1)*y;
        vp＝yp-p*ones(1,length(w));
        aj＝abs(vp);
        bj＝1;
else
        yp＝ones(n,1)*y;
        yq＝ones(m,1)*y;
        vp＝yp-p*ones(1,length(w));
```

```
        vq＝yq-q * ones(1,length(w));
        ai＝abs(vp);
        bj＝abs(vq);
    end
    Hw＝prod(bj,1)./prod(ai,1);
    plot(f,Hw);
    title('连续时间系统幅频响应曲线')
    xlabel('频率 w(单位:赫兹)')
    ylabel(' F(jw)')
```
上述命令绘制的系统幅频响应曲线如图 4.51 所示。

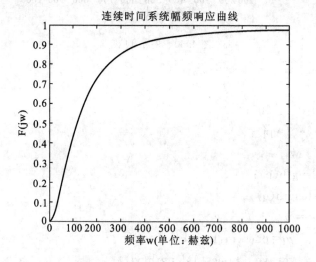

图 4.51　例 4.44 图

（3）其 MATLAB 程序如下：
```
    q＝[0 0];
    p＝[-2000 -4000];
    p＝p';
    q＝q';
    f＝0:0.1:1000;
    w＝f*(2 * pi);
    y＝i * w;
    n＝length(p);
```

```
m=length(q);
if n==0
        yq=ones(m,1)*y;
        vq=yq-q*ones(1,length(w));
        bj=abs(vq);
        ai=1;
elseif m==0
        yp=ones(n,1)*y;
        vp=yp-p*ones(1,length(w));
        aj=abs(vp);
        bj=1;
else
        yp=ones(n,1)*y;
        yq=ones(m,1)*y;
        vp=yp-p*ones(1,length(w));
        vq=yq-q*ones(1,length(w));
        ai=abs(vp);
        bj=abs(vq);
end
Hw=prod(bj,1)./prod(ai,1);
plot(f,Hw);
title('连续时间系统幅频响应曲线')
xlabel('频率 w(单位:赫兹)')
ylabel(' F(jw)')
```

上述命令绘制的系统幅频响应曲线如图 4.52 所示。

　　由图 4.50、图 4.51、图 4.52 所示的系统幅频响应曲线可以看出,该系统呈高通特性,是一个二阶高通滤波器。当系统极点位置发生变化时,其高通特性也随之发生改变。当 α_1, α_2 离原点较近时,高通滤波器的截止频率较低,而当 α_1, α_2 离原点较远时,滤波器的截止频率也随之向高频方向移动。因此,可以通过改变系统的极点位置来设计不同通带范围的高通滤波器。

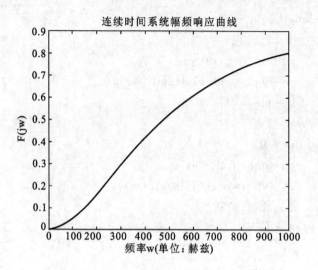

图 4.52   例 4.44 图

习   题

4.1   确定下列函数的拉氏变换收敛域及零极点图:

(1) $e^{at}\varepsilon(t)$, $a>0$;

(2) $e^{-b|t|}$, $b>0$;

(3) $\varepsilon(t-3)$;

(4) $\delta(t-t_0)$;

(5) $t[\varepsilon(t-1)-\varepsilon(t-2)]$;

(6) $e^{-t}\varepsilon(t)+e^{-2t}\varepsilon(t)$。

4.2   求下列函数的拉氏变换:

(1) $1-e^{-at}\varepsilon(t)$;

(2) $te^{-t}\varepsilon(t-2)$;

(3) $(t-1)\varepsilon(2t)$;

(4) $e^{-t}\sin(5t)$;

(5) $(1+2t)e^{-t}\varepsilon(t)$;

(6) $\sin t\cos(2t)\varepsilon(t)$;

(7) $2\delta(t)-3e^{-5t}\varepsilon(t)$;

(8) $\sin(2t)\varepsilon(t-1)$;

(9) $t^2\cos(5t)\varepsilon(t)$;

(10) $\dfrac{1}{t}(1-e^{-2t})\varepsilon(t)$。

4.3　已知 $f(t)=t\varepsilon(t)$，分别求其傅里叶变换 $F(j\omega)$ 和拉氏变换 $F(s)$ 并说明等式 $F(j\omega)=F(s)|_{s=j\omega}$ 为什么不成立。

4.4　已知 $f(t)\leftrightarrow F(s)$，求下列函数的拉氏变换：

(1) $f(5-3t)\varepsilon(5-3t)$；　(2) $t\dfrac{\mathrm{d}f(t)}{\mathrm{d}t}$；　(3) $f(t)\cos(6t)\varepsilon(t)$。

4.5　求题图 4.1 所示各波形的拉氏变换。

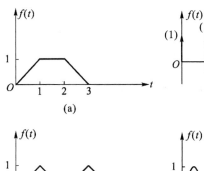
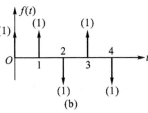
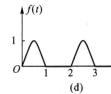

题图 4.1

4.6　利用拉普拉斯变换的性质求下列函数的拉氏变换：

(1) $\cos\left(3t-\dfrac{4\pi}{5}\right)\varepsilon(t)$；

(2) $(t-1)[\varepsilon(t-1)-\varepsilon(t-2)]$；

(3) $\cos(2t)\varepsilon(t-1)$；

(4) $\varepsilon(t-1)\varepsilon(t-2)$。

4.7　应用拉普拉斯变换性质，证明下列变换成立：

(1) $t\sin(\omega t)\varepsilon(t)\leftrightarrow\dfrac{2\omega s}{(s^2+\omega^2)^2}$；　　(2) $t^2\mathrm{e}^{-at}\varepsilon(t)\leftrightarrow\dfrac{2}{(s+a)^3}$；

(3) $\mathrm{e}^{-\frac{t}{b}}f\left(\dfrac{t}{b}\right)\leftrightarrow bF(bs+1)$；　　(4) $\mathrm{e}^{-bt}f\left(\dfrac{t}{b}\right)\leftrightarrow bF(bs+b^2)$。

4.8　求下列拉氏变换的逆变换：

(1) $\dfrac{5}{3s+4}$；

(2) $\dfrac{s^2-s+1}{s^2+2s+1}$；

(3) $\dfrac{s-1}{s^2+3s+2}$；

(4) $\dfrac{2}{s(s^2+4)}$；

(5) $\dfrac{1}{s(1+e^{-s})}$;

(6) $\dfrac{s+5}{s(s^2+2s+5)}$;

(7) $\dfrac{s}{(s+2)(s^2-4)}$;

(8) $\dfrac{1}{(s^2+1)}$;

(9) $\dfrac{1}{(s+3)^3}$;

(10) $\dfrac{e^{-s}}{4s(s^2+1)}$。

4.9 已知下列拉普拉斯变换式 $F(s)$ 及收敛域,求原函数 $f(t)$;

(1) $\dfrac{s^2-s+1}{(s+1)^2}$ 　　$\mathrm{Re}\{s\}>-1$;

(2) $\dfrac{s^2-s+1}{s^2(s-1)}$ 　　$0<\mathrm{Re}\{s\}<1$;

(3) $\dfrac{s^3+s^2+1}{(s+1)(s+2)}$ 　　$\mathrm{Re}\{s\}>-1$;

(4) $\dfrac{e^{-(s-1)}+2}{(s-1)^2+4}$ 　　$\mathrm{Re}\{s\}>1$。

4.10 已知下列拉普拉斯变换式 $F(s)$,求原函数 $f(t)$ 的初值和终值:

(1) $F(s)=\dfrac{1}{3s}$;

(2) $F(s)=\dfrac{1-e^{-s}}{s}$;

(3) $F(s)=\dfrac{1}{s^2+4}$;

(4) $F(s)=\dfrac{s^2(1-e^{-2s})}{s+1}$;

(5) $F(s)=\dfrac{s+6}{(s+2)(s+5)}$;

(6) $F(s)=\dfrac{s+3}{(s+1)^2(s+2)}$。

4.11 在以下各式中,$f(t)$ 为因果信号,求 $f(t)$:

(1) $f(t)*f'(t)=(1-t)e^{-t}\varepsilon(t)$;

(2) $f''(t)+4f(t)=e^{-t}\varepsilon(t)$;

(3) $f(t)=\displaystyle\int_0^t[\delta(t-\tau)-2e^{-(t-\tau)}]\tau^2 e^{-\tau}\,\mathrm{d}\tau$。

4.12 求下列各微分方程所描述系统的冲激响应和阶跃响应:

(1) $\dfrac{\mathrm{d}^2 r(t)}{\mathrm{d}t^2}+5\dfrac{\mathrm{d}r(t)}{\mathrm{d}t}+4r(t)=2e(t)$;

(2) $\dfrac{\mathrm{d}^2 r(t)}{\mathrm{d}t^2}+5\dfrac{\mathrm{d}r(t)}{\mathrm{d}t}+4r(t)=2\dfrac{\mathrm{d}e(t)}{\mathrm{d}t}+6e(t)$。

4.13　某线性时不变系统的微分方程为

$$\frac{\mathrm{d}^2 r(t)}{\mathrm{d}t^2} + 3\frac{\mathrm{d}r(t)}{\mathrm{d}t} + 2r(t) = e(t), y(0_-) = 3, y'(0_-) = -5。$$

(1) 求系统的冲激响应；

(2) 求在 $e(t) = 2\varepsilon(t)$ 激励下系统的全响应。

4.14　已知连续系统的微分方程为

$$r''(t) + 3r'(t) + 2r(t) = 2e'(t) + 2e(t)$$

求在下列输入时的零状态响应：

(1) $e(t) = \varepsilon(t-2)$；

(2) $e(t) = \mathrm{e}^{-t}\varepsilon(t)$；

(3) $e(t) = t\varepsilon(t)$。

4.15　已知系统阶跃响应为 $g(t) = 1 - 3\mathrm{e}^{-2t}$，为使其响应为 $r(t) = 1 - 2\mathrm{e}^{-3t} - 4t\mathrm{e}^{-2t}$，求激励信号 $e(t)$。

4.16　求题图 4.2 所示电路的单位冲激响应 $u_C(t), u_L(t)$ 和 $i(t)$，并画出波形。

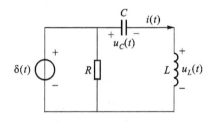

题图 4.2

4.17　题图 4.3 所示电路中开关已打开很长时间，当 $t = 0$ 时开关闭合，求电流 $i(t)$。

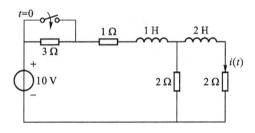

题图 4.3

4.18　电路如题图 4.4 所示，开关闭合已很长时间，当 $t = 0$ 时开关打开，试求响应电流 $i(t)$。

4.19　已知线性连续系统的系统函数如下。试画出系统的方框图。

(1) $H(s) = \dfrac{s+2}{(s+1)(s+3)}$；

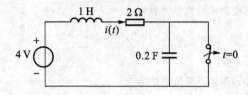

题图 4.4

(2) $H(s)=\dfrac{s^2+2s+1}{(s+2)(s^2+5s+6)}$。

4.20 试绘出下列微分方程所描述的系统的直接模拟框图：

(1) $r''(t)+3r'(t)+2r(t)=e(t)$；

(2) $r'''(t)+3r''(t)+3r'(t)+2r(t)=e''(t)+2e'(t)$。

4.21 已知题图 4.5 所示电路。

(1) 求 $H(s)=\dfrac{U_2(s)}{I_\mathrm{S}(s)}$；

(2) 画出 $H(s)$ 的零、极点分布图；

(3) 求冲激响应 $h(t)$；

(4) 求阶跃响应 $g(t)$。

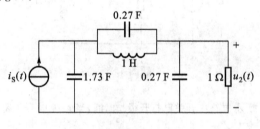

题图 4.5

4.22 分别画出下列系统函数的零极点分布图和冲击响应波形：

(1) $H(s)=\dfrac{s+2}{s^2+4s+5}$；

(2) $H(s)=\dfrac{s}{s^2+4s+5}$；

(3) $H(s)=\dfrac{1-\mathrm{e}^{-s\tau}}{s}$；

(4) $H(s)=\dfrac{1}{1-\mathrm{e}^{-s\tau}}$。

4.23 试确定下列系统函数 $H(s)$ 所对应系统的频率响应，并粗略地画出幅频响应和相频响应曲线：

(1) $H(s)=\dfrac{1}{s}$；

(2) $H(s) = \dfrac{s}{s+2}$;

(3) $H(s) = \dfrac{1}{s^2+2s+2}$;

(4) $H(s) = \dfrac{s^2-3s+2}{s^2+3s+2}$。

4.24 已知系统函数的极点为 $p_1 = 0$, $p_2 = -1$，零点为 $z_1 = 1$，如该系统冲激响应的终值为 -10，试求此系统函数。

4.25 若 $H(s)$ 零、极点分布如题图 4.6 所示，令 s 沿 $j\omega$ 轴移动，由矢量因子的变化分析频响特性，粗略绘出幅频与相频特性曲线。

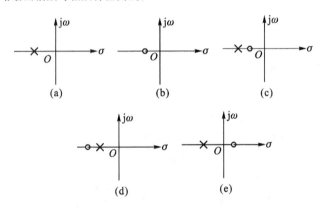

题图 4.6

4.26 求下列函数的双边拉普拉斯变换 $F_d(s)$，并标注其收敛域：

(1) $f(t) = \begin{cases} e^{2t} & t < 0 \\ e^{-3t} & t > 0 \end{cases}$；

(2) $f(t) = \begin{cases} e^{4t} & t < 0 \\ e^{3t} & t > 0 \end{cases}$。

4.27 求下列双边拉普拉斯变换 $F_d(s)$ 的原时间信号 $f(t)$：

(1) $\dfrac{1}{(s-1)(s-3)}$, $1 < \sigma < 3$;

(2) $\dfrac{s}{(s+1)(s+2)}$, $-2 < \sigma < -1$。

4.28 已知信号表达式为 $f(t) = 2e^{2\alpha t}\varepsilon(-t) + 2e^{-2\alpha t}\varepsilon(t)$，式中 $\alpha > 0$，试求 $f(t)$ 的双边拉普拉斯变换 $F_d(s)$，并给出收敛域。

4.29 已知线性连续系统的系统函数如下。试判断各系统是否稳定：

(1) $H(s) = \dfrac{s-1}{s^2+3s+2}$;

(2) $H(s) = \dfrac{s^2+1}{s^4+3s^3+2s^2+s+1}$;

(3) $H(s)=\dfrac{s(s^2-1)}{s^4+2s^3+3s^2+2s+1}$;

(4) $H(s)=\dfrac{s+1}{s^4+2s^2+3s+2}$;

(5) $H(s)=\dfrac{s^2+2s+2}{s^6+5s^5+11s^4+25s^3+36s^2+30s+36}$。

4.30　一反馈系统如题图 4.7 所示,试判断系统稳定的 K 值范围。

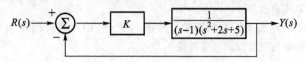

题图 4.7

4.31　已知电路如题图 4.8 所示,求:

(1) $H(s)=\dfrac{R(s)}{E(s)}$;

(2) 使系统稳定的 K 的取值范围;

(3) $K=0.5$,$e(t)=25\sin(t)\varepsilon(t)$时的零状态响应;

(4) $K=2.5$,$e(t)=\sin(t)\varepsilon(t)$时的零状态响应。

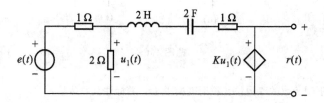

题图 4.8

4.32　题图 4.9 所示系统框图,为使系统稳定,试求 K 的取值范围。

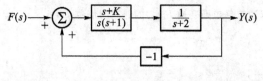

题图 4.9

4.33　某线性时不变因果系统框图如题图 4.10 所示,试确定:

(1) 系统函数 $H(s)$;

(2) 使系统稳定的 K 的取值范围。

4.34　线性连续系统分别如题图 4.11(a)、(b)所示。为使系统稳定,求系数 K 的取值范围。

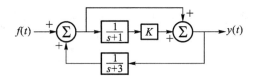

题图 4.10

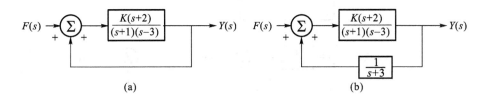

题图 4.11

4.35 已知题图 4.12 所示系统。

(1) 求 $H(s) = \dfrac{Y(s)}{F(s)}$；

(2) 欲使系统稳定,试确定 K 的取值范围；

(3) 若系统属临界稳定,试确定它们在 $j\omega$ 轴上的极点的值。

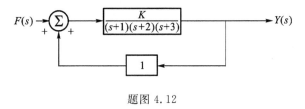

题图 4.12

4.36 对题图 4.13 中所示各系统,求解下列问题。

(1) 写出系统函数 $H(s) = Y(s)/F(s)$；

(2) 画出系统函数的零极点分布图；

(3) 粗略画出系统的幅频特性曲线,并说明它们各自属于哪一种滤波器(设图中 $\tau_2 > \tau_1 > 0$)。

4.37 试用 MATLAB 绘制题 4.1 中各函数拉普拉斯变换的零极点分布图。

4.38 试用 MATLAB 求题 4.12 系统的冲激响应 $h(t)$,并绘出其时域波形图。

4.39 试用 MATLAB 绘制题 4.23 中各系统的幅频响应曲线。

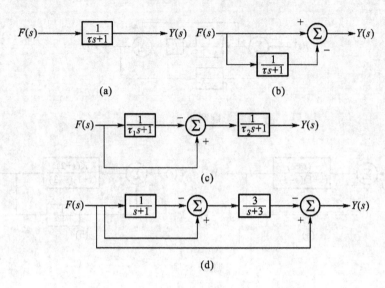

题图 4.13

第五章

离散时间信号与系统的时域分析

随着大规模集成电路的发展和计算机技术的进步,离散时间信号的应用日益广泛,特别由于离散时间系统具有精度高、可靠性好和便于集成等优点,使得离散时间系统的分析也愈来愈重要。

离散时间信号与系统的时域分析是指在离散时间域内对信号和系统进行分析。离散时间系统的分析方法与连续时间系统的分析方法既有对应的相似性,也有其特殊性。

本章重点介绍抽样定理、离散时间信号与系统的描述和时域分析方法。

5.1 抽样与抽样定理

一、抽样

抽样,也称为取样或采样,它利用抽样脉冲序列 $p(t)$ 从连续信号 $f(t)$ 中"抽取"一系列离散样值,其获取的信号称为"抽样信号",以 $f_s(t)$ 表示。

信号的抽样由抽样器来进行。抽样器即是一电子开关,如图 5.1(a)所示。开关每隔时间 T 接通输入信号 $f(t)$ 和接地各一次,接通时间是 $\tau(\tau \ll T)$。抽样器输出信号 $f_s(t)$ 只包含有开关接通时间内的输入信号 $f(t)$ 的一些小段,如图 5.1(b)所示。它可以看成是由原信号 $f(t)$ 和一开关函数 $p(t)$ 的乘积,即

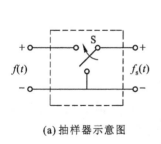

(a) 抽样器示意图　　　　(b) 输入信号 $f(t)$ 和输出信号 $f_s(t)$

图 5.1　信号抽样

$$f_s(t) = f(t) \cdot p(t) \tag{5.1}$$

式中的开关函数 $p(t)$ 是一个门函数的序列,也称为抽样脉冲序列,如图 5.2 所示。抽样的过程可以用一个相乘的数学模型来代表如图 5.3 所示的。

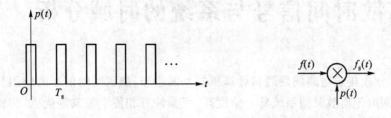

图 5.2   抽样脉冲序列   图 5.3   抽样的模型

抽样信号 $f_s(t)$ 是否保留原信号 $f(t)$ 的全部信息,且在什么条件下可从抽样信号 $f_s(t)$ 中无失真地恢复出原信号 $f(t)$? 对这些问题的回答,必须首先考察抽样信号频谱与原信号频谱间的关系。

设 $f_s(t)$、$f(t)$ 和 $p(t)$ 的频谱函数分别为 $F_s(j\omega)$、$F(j\omega)$ 和 $P(j\omega)$。若采用均匀抽样,设抽样周期为 T,则抽样频率为 $\omega_s = 2\pi f_s = \dfrac{2\pi}{T}$。并且取 $p(t)$ 脉宽 $\tau \to 0$,即为理想抽样,此时

$$p(t) = \delta_T(t) = \sum_{n=-\infty}^{\infty} \delta(t - nT) \tag{5.2}$$

在实际中,通常采用矩形脉冲抽样,当脉冲宽度相对于抽样周期很小$(\tau \ll T)$时,可近似为理想抽样,本节只讨论理想抽样的情况。

$p(t)$ 是周期信号,易得其频谱函数 $P(j\omega)$ 为

$$P(j\omega) = \omega_s \sum_{n=-\infty}^{\infty} \delta(\omega - n\omega_s) \tag{5.3}$$

由式(5.1),运用频域卷积定理有

$$F_s(j\omega) = \frac{1}{2\pi} F(j\omega) * P(j\omega) \tag{5.4}$$

化简后可得到抽样信号 $f_s(t)$ 的频谱函数为

$$F_s(j\omega) = \frac{\omega_s}{2\pi} \sum_{n=-\infty}^{\infty} F[j(\omega - n\omega_s)] \tag{5.5}$$

由此表明:信号在时域被理想抽样后,其抽样信号的频谱 $F_s(j\omega)$ 是原连续时间信号频谱 $F(j\omega)$ 以抽样频率 ω_s 为周期进行周期延拓得到的,其形状相同。从而可知抽样信号的频谱包含了原信号频谱的所有信息,只是幅值相差 $\dfrac{1}{T}$。如图 5.4 所示。

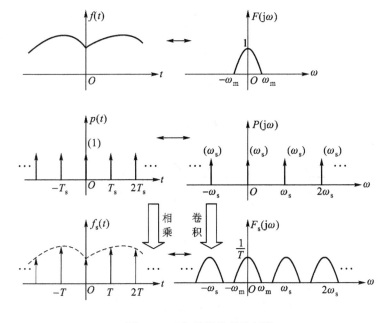

图 5.4 理想抽样信号的频谱

二、抽样定理

在进行抽样信号频谱分析的基础上,再来考虑抽样信号重建原信号的问题。

设原信号 $f(t)$ 的最高频率为 ω_m,即 $F(j\omega)$ 带限于 $-\omega_m < \omega < \omega_m$ 范围,如图 5.5(a)所示。若以 T 对 $f(t)$ 进行理想抽样,抽样后信号频谱分下列三种情况:

(1) $\omega_s > 2\omega_m$,如图 5.5(b)所示,频谱 $F_s(j\omega)$ 不混叠;

(2) $\omega_s = 2\omega_m$,如图 5.5(c)所示,频谱 $F_s(j\omega)$ 刚好也不混叠;

(3) $\omega_s < 2\omega_m$,如图 5.5(d)所示,频谱 $F_s(j\omega)$ 出现混叠。

由此引出了著名的香农抽样定理:对于一个有限频宽(最高频率为 f_m 或 ω_m)信号进行理想抽样,当抽样频率 $\omega_s \geq 2\omega_m$($f_s \geq 2f_m$)时,抽样值惟一确定;当此抽样信号通过截止频率 ω_c($\omega_m \leq \omega_c \leq \omega_s - \omega_m$)的理想低通滤波器后,原信号能完全重建。

通常把最低允许的抽样频率 $2f_m$ 称为奈奎斯特频率,把最大允许的抽样间隔 $\dfrac{1}{2f_m}$ 称为奈奎斯特间隔。

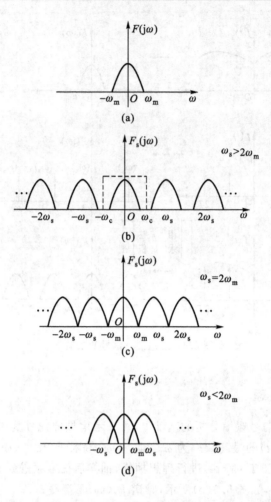

图 5.5　抽样信号的频谱

由图 5.5(b)可见，从频谱 $F_s(j\omega)$ 中无失真的滤出 $F(j\omega)$，即将抽样信号 $f_s(t)$ 施加于理想低通滤波器（设其传输函数为 $H(j\omega)$）

$$F_s(j\omega)H(j\omega)=F(j\omega) \tag{5.6}$$

其中

$$H(j\omega)=\begin{cases} T & |\omega|<\omega_m \\ 0 & |\omega|>\omega_m \end{cases}$$

从而恢复出 $F(j\omega)$，也即能重建了原信号 $f(t)$。

5.2 常用典型序列及基本运算

一、单位冲激序列 $\delta(k)$

单位冲激序列,也称单位样值序列,用 $\delta(k)$ 表示,定义为

$$\delta(k) = \begin{cases} 1, & k=0 \\ 0, & k\neq0 \end{cases} \tag{5.7}$$

可见,$\delta(k)$ 仅在 $k=0$ 处取值为 1,而在其余各点均为零,其波形如图 5.6(a) 所示。$\delta(k)$ 对于离散时间系统分析的重要性与 $\delta(t)$ 对于连续时间系统分析的重要性一样,只是 $\delta(t)$ 是一种广义函数,$\delta(k)$ 具有确定值。

延时的单位冲激序列表示为

$$\delta(k-i) = \begin{cases} 1, & k=i \\ 0, & k\neq i \end{cases} \tag{5.8}$$

其波形如图 5.6(b) 所示。且有

$$f(k)\delta(k-i) = f(i) \tag{5.9}$$

上式也称为 $\delta(k)$ 的抽样性质。

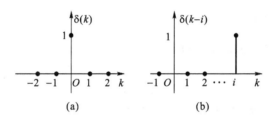

图 5.6 $\delta(k)$ 与 $\delta(k-i)$ 的波形

二、单位阶跃序列 $\varepsilon(k)$

单位阶跃序列用 $\varepsilon(k)$ 表示,定义为

$$\varepsilon(k) = \begin{cases} 1, & k\geqslant0 \\ 0, & k<0 \end{cases} \tag{5.10}$$

其波形如图 5.7 所示。

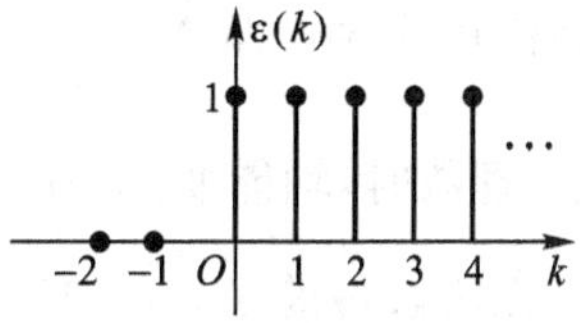

比较 $\delta(k)$ 和 $\varepsilon(k)$ 的定义式,可得到下面的关系

$$\delta(k) = \varepsilon(k) - \varepsilon(k-1) \tag{5.11}$$

图 5.7 $\varepsilon(k)$ 的波形

$$\varepsilon(k)=\sum_{i=-\infty}^{k}\delta(i)=\sum_{i=0}^{\infty}\delta(k-i) \tag{5.12}$$

三、单边实指数序列 $a^{k}\varepsilon(k)$

单边实指数序列定义为

$$a^{k}\varepsilon(k)=\begin{cases} a^{k}, & k\geqslant 0 \\ 0, & k<0 \end{cases} \tag{5.13}$$

其波形如图 5.8 所示。图 5.8(a)和(b)分别画出了 $0<a<1$ 和 $a>1$ 时的单边指数序列的波形。

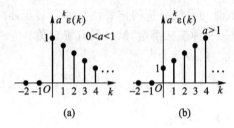

(a)　　　　　　(b)

图 5.8　单边实指数序列的波形

四、正弦序列

正弦型序列包括正弦序列和余弦序列,这里以正弦序列为例来讨论。正弦序列定义为

$$f(k)=A_{k}\sin(\omega k+\varphi) \tag{5.14}$$

其波形如图 5.9 所示,式中 ω 称为正弦序列的角频率。

由周期序列的定义,考虑正弦序列的周期性,若

$$f(k)=A_{k}\sin[\omega(k+N)+\varphi]=A\sin(\omega k+\varphi) \tag{5.15}$$

成立,正弦序列即为周期序列。此时 $N\omega=2\pi m$ (m 为任意整数),即 $N=\dfrac{2\pi}{\omega}m$。易知,当 $\dfrac{2\pi}{\omega}$ 为整数或有理数时,均能使 N 为整数,而 $\dfrac{2\pi}{\omega}$ 为无理数时,N 无法取得满足式(5.15)的整数。从而有结论

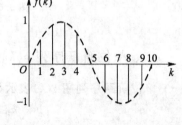

图 5.9　正弦序列 $\sin\left(\dfrac{\pi}{5}k\right)$

① 若 $\dfrac{2\pi}{\omega}$ 为整数,则正弦序列为周期序列,其最小周期为 $\dfrac{2\pi}{\omega}$;

② 若 $\dfrac{2\pi}{\omega}$ 为有理数,则正弦序列仍为周期序列,其周期为使 $\dfrac{2\pi}{\omega}m$ 为最小正整数的值;

③ 若 $\dfrac{2\pi}{\omega}$ 为无理数,此时正弦序列不是周期序列。

五、复指数序列

复指数序列表示为

$$f(k)=\mathrm{e}^{\mathrm{j}\omega k}=\cos(\omega k)+\mathrm{jsin}\,(\omega k) \tag{5.16}$$

同正弦序列一样,若复指数序列是一个周期序列,则 $\dfrac{2\pi}{\omega}$ 应为整数或有理数,否则不是周期序列。

六、序列的基本运算与波形变换

序列的基本运算主要包括相加(减)、相乘(除)、差分和累加等,信号波形变换主要指波形的翻转、平移和展缩等。

1. 序列的相加

两个序列相加得到一个新信号,它在任意序号的值等于这两个信号在该序号的值之和,可表示为

$$f(k)=f_1(k)+f_2(k) \tag{5.17}$$

图 5.10 给出了离散时间信号相加的信号波形。

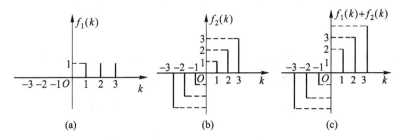

图 5.10 序列的相加

2. 序列的相乘

两个序列相乘得到一个新信号,它在任意序号的值等于这两个信号在该序号的值的积,可表示为

$$f(k)=f_1(k)\times f_2(k) \tag{5.18}$$

图 5.11 给出了离散时间信号相乘的信号波形。

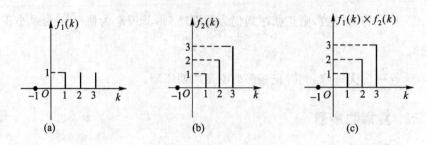

图 5.11 序列的相乘

3. 信号的差分

对离散时间信号而言,信号的差分运算表示的是相邻两个序列值的变化率。定义为

(1) 前向差分

$$\Delta f(k) = f(k+1) - f(k) \tag{5.19}$$

(2) 后向差分

$$\Delta f(k) = f(k) - f(k-1) \tag{5.20}$$

4. 序列的累加

对离散时间信号而言,信号的累加定义为

$$y(k) = \sum_{n=-\infty}^{k} f(n) \tag{5.21}$$

即累加后产生的序列在 k 时刻的值是原序列在该时刻及以前所有时刻的序列值之和。

5. 序列的反褶

序列的反褶表示为将信号 $f(k)$ 的自变量 k 换成 $-k$;其信号 $f(-k)$ 的波形由原 $f(k)$ 的波形以纵轴为对称轴反褶得到。如图 5.12 所示。

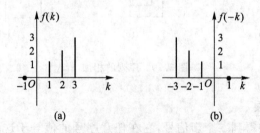

图 5.12 序列的反褶

6. 序列的移位

$f(k-m)(m>0)$ 是原序列 $f(k)$ 逐项沿 k 轴右移 m 位得到的序列,$f(k+m)$

$(m>0)$是原序列 $f(k)$ 逐项沿 k 轴左移 m 位得到的序列,如图 5.13 所示。

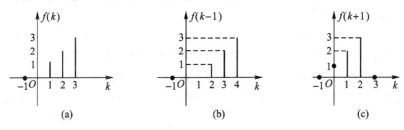

图 5.13　序列的移位

7. 序列的尺度变换

序列的尺度变换与连续时间信号的尺度变换不同。

$y(k)=f(ak)(a>1)$,是 $f(k)$ 序列每隔 a 点取一点形成的,即时间轴 k 压缩了 a 倍。例如 $y(k)$ 的波形如图 5.14(a)所示,$a=2$ 时 $f(ak)$ 的波形如图5.14(b)所示。

$y(k)=f(ak)(0<a<1)$,是 $f(k)$ 序列每两相邻序列数值之间加 $\left(\dfrac{1}{a}-1\right)$ 个零值点形成的,即时间轴 k 扩展了 $\dfrac{1}{a}$ 倍。例如 $a=\dfrac{1}{2}$ 时,$f(ak)$ 的波形如图 5.14 (c)所示。

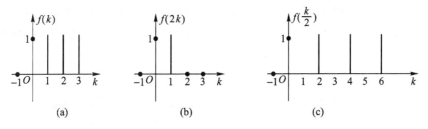

图 5.14　序列的尺度变换

5.3　离散时间系统的描述与模拟

在离散时间系统中,信号的自变量 k 是离散变量,一般取整数。连续时间系统以微分方程描述,离散时间系统则以差分方程描述。描述线性时不变离散时间系统的是常系数线性差分方程。差分方程由未知序列 $y(k)$ 及其增加或减少的移位序列:$\cdots,y(k+2),y(k+1),y(k-1),y(k-2),\cdots$,以及已知的序列 $e(k)$ 所构成,通常还包括 $e(k)$ 的移位序列。一般情况下,未知序列 $y(k)$ 及其移位序列在差分方程左端,而已知激励序列 $e(k)$ 及其移位序列在方程右端。差分方程的阶数等于未知序列变量序号的最高与最低值之差。

第二章中我们曾用标量乘法器、加法器和积分器来模拟连续时间系统。类似地,离散时间系统可以用标量乘法器、加法器和单位延迟器来模拟。一般而言,含有 n 个单位延时器的离散时间系统,其数学模型就是 n 阶差分方程,对应的系统称为 n 阶离散系统。离散时间系统的三种基本模拟元件的符号和定义如图 5.15 所示。

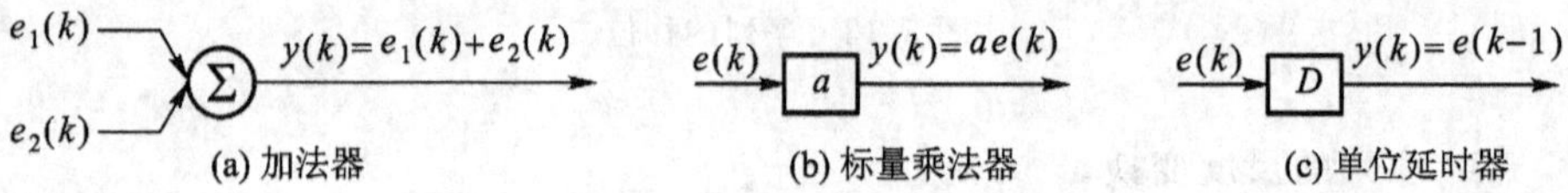

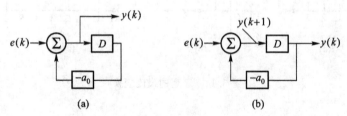

图 5.15   基本模拟元件

一、一阶系统的描述与模拟

描述一阶系统的后向差分方程为

$$y(k)+a_0 y(k-1)=e(k) \tag{5.22}$$

描述一阶系统的前向差分方程为

$$y(k+1)+a_0 y(k)=e(k) \tag{5.23}$$

因此,可以用一个延时器、一个标量乘法器和一个加法器联成一个一阶系统的模拟框图,如图 5.16 所示。图中(a)和(b)分别表示后向和前向差分方程的模拟框图。

图 5.16   一阶系统模拟图

二、n 阶系统后向差分方程的描述与模拟

对于描述一个 n 阶系统的后向差分方程

$$y(k)+a_{n-1} y(k-1)+\cdots+a_0 y(k-n)=e(k) \tag{5.24}$$

可改写为

$$y(k)=e(k)-a_{n-1}y(k-1)-\cdots-a_0y(k-n) \qquad (5.25)$$

可得其模拟框图,如图 5.17 所示。

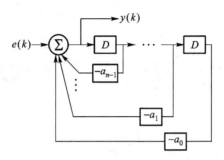

图 5.17　n 阶系统的模拟图

三、n 阶系统前向差分方程的描述与模拟

对于描述一个 n 阶系统的前向差分方程

$$y(k+n)+a_{n-1}y(k+n-1)+\cdots+a_0y(k)=e(k) \qquad (5.26)$$

可改写为

$$y(k+n)=e(k)-a_{n-1}y(k+n-1)-\cdots-a_0y(k) \qquad (5.27)$$

可得其模拟框图,如图 5.18 所示。

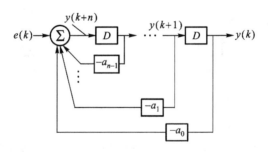

图 5.18　n 阶系统的模拟框图

若描述系统的差分方程中含有输入函数的移位项,如

$$y(k+n)+a_{n-1}y(k+n-1)+\cdots+a_0y(k)$$
$$=b_me(k+m)+b_{m-1}e(k+m-1)+\cdots+b_0e(k) \qquad (5.28)$$

且 $m\leqslant n$ 时,需引入一个辅助函数 $q(k)$,使其满足

$$q(k+n)+a_{n-1}q(k+n-1)+\cdots+a_0q(k)=e(k) \qquad (5.29)$$

就有

$$y(k)=b_mq(k+m)+b_{m-1}q(k+m-1)+\cdots+b_0q(k) \qquad (5.30)$$

于是,其模拟图如图 5.19 所示。(不妨设 $m=n-1$)

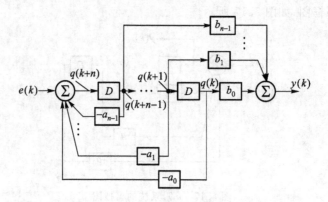

图 5.19   一般 n 阶系统的模拟图

一个系统的模拟图与描述其系统的差分方程一一对应,因此可由系统的差分方程作出模拟图,也可由模拟图求出描述系统的差分方程。

例 5.1   某离散时间系统如图 5.20(a)所示,写出该系统的差分方程。

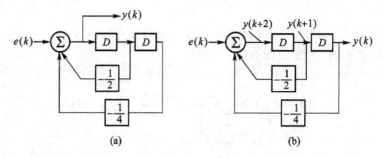

图 5.20   例 5.1 图

解: 由于加法器的输出为 $y(k)$,故两个单位延时器的输出分别为 $y(k-1)$ 和 $y(k-2)$,因此有

$$y(k)=e(k)-\frac{1}{2}y(k-1)-\frac{1}{4}y(k-2)$$

将上式整理得

$$y(k)+\frac{1}{2}y(k-1)+\frac{1}{4}y(k-2)=e(k)$$

上式输出序列 $y(k)$ 与其移位序列 $y(k-1)$、$y(k-2)$ 的序号最大差值为 2,故称为二阶差分方程。由图 5.20(a)可知,该系统有两个单位延迟器,因此对应的是二阶离散系统。

这里举出的差分方程,各未知序列的序号自 k 以递减方式给出,即为后向差分方程。也可以自 k 以递增方式给出,即为前后差分方程。例如,若以第二个单位延迟器的输出作为系统的输出 $y(k)$,如图 5.20(b) 所示,相应的各单位延迟器的输出分别为 $y(k+1)$、$y(k+2)$,如图中所示。则

$$y(k+2)=e(k)-\frac{1}{2}y(k+1)-\frac{1}{4}y(k)$$

将上式整理得

$$y(k+2)+\frac{1}{2}y(k+1)+\frac{1}{4}y(k)=e(k)$$

可见,为一个二阶前向差分方程。

5.4 离散时间系统的响应

在时域分析中,求出描述离散时间系统差分方程的解,即求得系统的响应。根据差分方程的经典解法,一般 n 阶系统的差分方程式(5.28)的完全解由齐次解 $y_h(k)$ 和特解 $y_p(k)$ 两部分组成,即

$$y(k)=y_h(k)+y_p(k) \tag{5.31}$$

一、齐次解 $y_h(k)$

齐次解是齐次差分方程

$$y(k)+a_{n-1}y(k-1)+\cdots+a_0y(k-n)=0 \tag{5.32}$$

的解。解的形式为 $C\lambda^k$ 的函数组合,λ 是差分方程对应的特征方程 $\lambda^n+a_{n-1}\lambda^{n-1}+\cdots+a_1\lambda+a_0=0$ 的根,称 λ 为差分方程的特征根,也称为系统的固有频率或自由频率,它决定了系统自由响应的形式。

若齐次方程的 n 个特征根都互不相同,则该方程的齐次解为

$$y_h(k)=\sum_{i=1}^{n}C_i\lambda_i^k \tag{5.33}$$

式中,$C_1,C_2,\cdots,C_n$ 是待定系数,由初始条件决定。

若齐次方程的特征方程有 r 阶重根 λ_1,则相应于 λ_1 的重根部分的解的形式为

$$(C_1k^r+C_2k^{r-1}+\cdots+C_{r-1}k+C_r)\lambda_1^k=\sum_{i=1}^{r}C_ik^{r-i+1}\lambda_1^k \tag{5.34}$$

有 r 阶重根 λ_1 和 $(n-r)$ 个单根的 n 阶差分方程的齐次解为

$$y_h(k)=\sum_{i=1}^{r}C_ik^{r-i+1}\lambda_1^k+\sum_{j=r+1}^{n}C_j\lambda_j^k \tag{5.35}$$

二、特解 $y_p(k)$

特解是满足差分方程并和激励信号形式有关的解。表 5.1 列出了几种激励及其所对应特解的形式。

表 5.1   几种激励所对应的特解

激励 $f(k)$	特解 $y_p(k)$	备 注
k^m	$p_m k^m + p_{m-1} k^{m-1} + \cdots + p_1 k + p_0$	
	$p\lambda^k$	λ 不是特征根
λ^k	$p_1 k\lambda^k + p_0 \lambda^k$	λ 是一个特征根
	$p_r k^r \lambda^k + p_{r-1} k^{r-1} \lambda^k + \cdots + p_1 k\lambda^k + p_0 \lambda^k$	λ 是 r 重特征根

例 5.2   描述一个线性时不变离散时间系统的差分方程为

$$y(k) - 2y(k-1) + y(k-2) = 2^k \varepsilon(k)$$

且初始状态 $y(0) = y(1) = 2$，求系统的响应。

解：   根据差分方程的特征方程 $\lambda^2 - 2\lambda + 1 = 0$，求出解齐次方程的特征根为

$$\lambda_{1,2} = 1$$

由此可得出齐次解的形式为

$$y_h(k) = C_1 k + C_0$$

根据激励函数的形式及齐次方程的特征根，确定特解的形式。

当激励 $f(k) = 2^k \varepsilon(k)$ 时，特解为

$$y_p(k) = p(2)^k$$

将特解代入原差分方程，得

$$p(2)^k - 2p(2)^{k-1} + p(2)^{k-2} = 2^k$$

通过平衡方程两边系数，求出特解的系数 $p = 4$，得出特解

$$y_p(k) = 4(2)^k$$

从而系统的全解

$$y(k) = y_h(k) + y_p(k) = C_1 k + C_0 + 4(2)^k$$

将系统的初始状态代入方程的全解，即

$$\begin{cases} y(0) = C_0 + 4 = 2 \\ y(1) = C_1 + C_0 + 4(2)^1 = 2 \end{cases}$$

从而求出齐次解的系数为

$$C_0 = -2, C_1 = -4$$

则系统的响应就是方程的全解,即

$$y(k) = y_h(k) + y_p(k) = -4k - 2 + 4(2)^k, k \geqslant 0$$

与连续时间系统时域分析类似,离散时间系统响应中,齐次解的形式仅依赖于系统本身的特征,而与激励信号的形式无关,因此在系统分析中齐次解常称为系统的自由响应或固有响应。但应注意齐次解的系数是与激励有关的。特解的形式取决于激励信号,常称为强迫响应。

三、零输入响应和零状态响应

离散时间系统的全响应也可以划分为零输入响应和零状态响应。零输入响应是输入激励为零时仅由初始条件引起的响应,用 $y_{zi}(k)$ 表示;零状态响应是系统的初始状态为零,仅由激励引起的响应,用 $y_{zs}(k)$ 表示。根据叠加原理,系统的全响应为这两个响应之和,即

$$y(k) = y_{zi}(k) + y_{zs}(k) \tag{5.36}$$

因为零输入响应 $y_{zi}(k)$ 是在激励为零时,由系统初始条件产生的响应,所以 $y_{zi}(k)$ 解的形式和差分方程齐次解的形式一样,它应为系统差分方程齐次解的一部分。对于 n 阶系统的差分方程式(5.28)所对应的齐次方程,若特征根均为单根,则其零输入响应 $y_{zi}(k)$ 可表示为

$$y_{zi}(k) = \sum_{j=1}^{n} C_{zij} \lambda_j^k \tag{5.37}$$

式中 C_{zij} 为零输入条件下的待定系数。

而零状态响应 $y_{zs}(k)$ 是在零初始状态下,仅由激励作用于系统产生的响应,它对应于非齐次方程的解。若特征根均为单根,则零状态响应为

$$y_{zs}(k) = \sum_{l=1}^{n} C_{zsl} \lambda_l^k + y_p(k) \tag{5.38}$$

式中 C_{zsl} 为待定系数。可见,零状态响应是齐次解中除零输入响应外的另一部分再加上特解,它既与系统特性有关,又与激励有关。从形式上看,零状态响应和全解的形式相同。

综上分析,系统响应的分解可以表示为

$$y(k) = y_{zi}(k) + y_{zs}(k) = \underbrace{\sum_{i=1}^{n} C_i \lambda_i^k}_{\text{自由响应}} + \underbrace{y_p(k)}_{\text{强迫响应}} = \underbrace{\sum_{j=1}^{n} C_{zij} \lambda_j^k}_{\text{零输入响应}} + \underbrace{\sum_{l=1}^{n} C_{zsl} \lambda_l^k + y_p(k)}_{\text{零状态响应}}$$

$$\tag{5.39}$$

式中,

$$\sum_{i=1}^{n} C_i \lambda_i^k = \sum_{j=1}^{n} C_{zij} \lambda_j^k + \sum_{l=1}^{n} C_{zsl} \lambda_l^k \tag{5.40}$$

可见,虽然自由响应和零输入响应都是齐次方程的解,但两者的系数各不相同,C_{zij} 仅由系统的初始条件确定,而 C_i 要由系统的初始条件和激励共同确定,C_{zsl} 要由系统的零初始条件和激励共同确定。在初始条件为零时,零输入响应等于零,但有激励作用下的自由响应并不为零。也就是说,自由响应包含零输入响应和零状态响应的一部分。

在用经典法求零输入响应和零状态响应时,需要响应 $y(k)$ 及其各阶差分的初始值,以确定待定系数 C_{zij} 和 C_{zsl}。对于 n 阶差分方程,用给定的 n 个初始条件,如 $y(0),y(1),y(2),\cdots,y(n-1)$ 就可确定全部待定系数。对于因果系统,激励信号在 $k=0$ 时可接入系统,其零状态是指 $y(-1)=y(-2)=\cdots=y(-n)=0$。一个因果系统,若给定的 n 个初始条件为 $y(-1),y(-2),\cdots,y(-n)$,可由迭代法逐次导出 $y(0),y(1),\cdots,y(n-1)$。

例 5.3　描述一个线性时不变离散时间系统的差分方程为

$$y(k)-2y(k-1)+y(k-2)=2^k \varepsilon(k)$$

且初始状态 $y(0)=y(1)=2$,求系统的零输入响应、零状态响应和全响应。

解:

(1) 零输入响应

将初始状态 $y(0)=y(1)=2$ 代入差分方程

$$\begin{cases} y(0)-2y(-1)+y(-2)=1 \\ y(1)-2y(0)+y(-1)=2 \end{cases}$$

则有

$$y(-1)=4,y(-2)=7$$

根据差分方程的齐次方程 $\lambda^2-2\lambda+1=0$,求出解齐次方程的特征根为

$$\lambda_{1,2}=1$$

由此可得出齐次解的形式为

$$y_{zi}(k)=C_{zi2}k+C_{zi1},k \geqslant 0$$

将系统零输入条件下的初始状态 $y(-1)=4,y(-2)=7$ 代入齐次方程的解,可求出 $C_{zi1}=1,C_{zi2}=-3$,故零输入响应为

$$y_{zi}(k)=-3k+1,k \geqslant 0$$

(2) 零状态响应

根据激励函数的形式及齐次方程的特征根,确定特解的形式。

当激励 $f(k)=2^k \varepsilon(k)$ 时,特解为

$$y_p(k)=p(2)^k$$

将特解的形式代入原差分方程,得

$$p(2)^k-2p(2)^{k-1}+p(2)^{k-2}=2^k$$

通过平衡方程两边系数,从而求出特解的系数 $p=4$,得出特解为

$$y_p(k)=4(2)^k$$

将系统的齐次解与特解相加,得出系统的全解形式

$$y_{zs}(k) = C_{zs2}k + C_{zs1} + 4(2)^k, k \geqslant 0$$

将系统的零初始条件代入零状态响应方程,有

$$\begin{cases} y_{zs}(-1) = -C_{zs2} + C_{zs1} + 2 = 0 \\ y_{zs}(-2) = -2C_{zs2} + C_{zs1} + 1 = 0 \end{cases}$$

从而求出零状态响应的系数为 $C_{zs1} = -3, C_{zs2} = -1$。故零状态响应为

$$y_{zs}(k) = -k - 3 + 4(2)^k, k \geqslant 0$$

（3）系统的全响应

$$\begin{aligned} y(k) &= y_{zi}(k) + y_{zs}(k) = -3k + 1 - k - 3 + 4(2)^k \\ &= -4k - 2 + 4(2)^k, k \geqslant 0 \end{aligned}$$

此例与例 5.2 结果相同。

5.5 离散时间系统的单位样值响应 $h(k)$

对于离散时间系统,当激励为 $\delta(k)$ 时,对应系统的零状态响应称为单位样值响应,用 $h(k)$ 表示。它的作用与连续时间系统中的单位冲激响应 $h(t)$ 相类似。

由于单位冲激序列 $\delta(k)$ 仅在 $k = 0$ 处等于 1,而在 $k > 0$ 时为零,因而在 $k > 0$ 时,系统的单位样值响应与该系统的零输入响应的函数形式相同。这样,就把求单位样值响应 $h(k)$ 的问题转化为求差分方程齐次解的问题。而把激励 $\delta(k)$ 的作用等效成初始值。下面通过例题说明求解单位样值响应 $h(k)$ 的过程。

例 5.4 求图 5.21 所示离散时间系统的单位样值响应 $h(k)$。

解： 如题图所示,延迟器的输出为 $y(k-1)$、$y(k-2)$,列写系统的差分方程

$$y(k) + \frac{1}{4}y(k-1) - \frac{1}{8}y(k-2) = e(k)$$

根据单位样值响应 $h(k)$ 的定义,它应满足

$$\begin{cases} h(k) + \frac{1}{4}h(k-1) - \frac{1}{8}h(k-2) = \delta(k) \\ h(-1) = h(-2) = 0 \end{cases}$$

上式可改写为

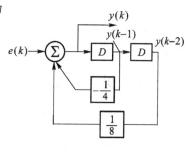

图 5.21 例 5.4 图

$$h(k) = \delta(k) - \frac{1}{4}h(k-1) + \frac{1}{8}h(k-2)$$

令 $k = 0, 1$,并考虑到 $\delta(0) = 1$,可得单位样值响应 $h(k)$ 的初始值,即

$$\begin{cases} h(0) = \delta(0) - \dfrac{1}{4}h(-1) + \dfrac{1}{8}h(-2) = 1 \\ h(1) = -\dfrac{1}{4}h(0) + \dfrac{1}{8}h(-1) = -\dfrac{1}{4} \end{cases}$$

由于 $h(k)$ 满足齐次方程

$$h(k) + \frac{1}{4}h(k-1) - \frac{1}{8}h(k-2) = 0$$

可得其特征方程

$$\lambda^2 + \frac{1}{4}\lambda - \frac{1}{8} = 0$$

解得其特征根：$\lambda_1 = -\dfrac{1}{2}, \lambda_2 = \dfrac{1}{4}$，故单位样值响应 $h(k)$ 为

$$h(k) = C_1\left(-\frac{1}{2}\right)^k + C_2\left(\frac{1}{4}\right)^k$$

将初始值 $h(0), h(1)$ 代入上式，得

$$\begin{cases} h(0) = C_1 + C_2 = 1 \\ h(1) = -\dfrac{1}{2}C_1 + \dfrac{1}{4}C_2 = -\dfrac{1}{4} \end{cases}$$

由以上两式解得：$C_1 = \dfrac{2}{3}, C_2 = \dfrac{1}{3}$，故该系统的单位样值响应

$$h(k) = \left[\frac{2}{3}\left(-\frac{1}{2}\right)^k + \frac{1}{3}\left(\frac{1}{4}\right)^k\right]\varepsilon(k)$$

5.6　卷积和

离散时间系统的卷积和与连续时间系统卷积类似，在系统分析中起着重要的作用。

一、卷积和的定义

序列 $f_1(k)$ 与 $f_2(k)$ 的卷积和定义为

$$f(k) = f_1(k) * f_2(k) = \sum_{i=-\infty}^{\infty} f_1(i)f_2(k-i) = \sum_{i=-\infty}^{\infty} f_2(i)f_1(k-i) \quad (5.41)$$

与连续卷积类似，序列的卷积和也满足

(1) 交换律　　　　$f_1(k) * f_2(k) = f_2(k) * f_1(k)$ 　　　　　　　　(5.42)

(2) 结合律　　$f_1(k) * [f_2(k) * f_3(k)] = [f_1(k) * f_2(k)] * f_3(k)$ 　　(5.43)

(3) 分配律　$f_1(k) * [f_2(k) + f_3(k)] = f_1(k) * f_2(k) + f_1(k) * f_3(k)$

$$(5.44)$$

二、卷积和的计算方法

1. 图解法

同连续卷积图解法类似,在离散时间系统中,卷积和也可以用图示的方法求得,同样分为反褶、平移、相乘和求和 4 个步骤。

设 $f(k) = f_1(k) * f_2(k) = \sum_{i=-\infty}^{\infty} f_1(i) f_2(k-i)$

(1) 先将序列 $f_1(k)$、$f_2(k)$ 的自变量 k 用 i 替换,然后将序列 $f_2(i)$ 以纵轴为对称轴反褶,得 $f_2(-i)$;

(2) 将 $f_2(-i)$ 沿 i 轴平移 k 个单位,得 $f_2(k-i)$;

(3) 求乘积 $f_1(i) f_2(k-i)$;

(4) 对乘积的结果作求和运算。

例 5.5 已知序列 $f_1(k)$、$f_2(k)$,计算 $f(k) = f_1(k) * f_2(k)$。式中

$$f_1(k) = \begin{cases} k+1, & k=0,1,2 \\ 0, & \text{其他} \end{cases} \qquad f_2(k) = \begin{cases} 1, & k=0,1,2,3 \\ 0, & \text{其他} \end{cases}$$

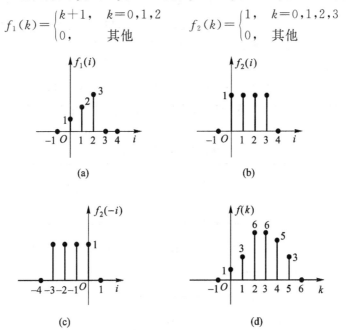

图 5.22 例 5.5 图

解: 将序列 $f_1(k)$、$f_2(k)$ 的自变量 k 用 i 替换,序列 $f_1(i)$、$f_2(i)$ 如图 5.22(a)和(b)所示。

将 $f_2(i)$ 反褶后,得 $f_2(-i)$,如图 5.22(c)所示。由于 $f_1(k)$、$f_2(k)$ 均为因果序列,其卷积为

$$f(k) = f_1(k) * f_2(k) = \sum_{i=0}^{k} f_1(i) f_2(k-i)$$

当 $k < 0$ 时，

$$f(k) = f_1(k) * f_2(k) = 0$$

再分别令 $k = 0, 1, 2, \cdots$，依次可得

当 $k = 0$ 时，

$$f(k) = \sum_{i=0}^{0} f_1(i) f_2(-i) = f_1(0) f_2(0) = 1$$

当 $k = 1$ 时，

$$f(k) = \sum_{i=0}^{1} f_1(i) f_2(1-i) = f_1(0) f_2(1) + f_1(1) f_2(0) = 3$$

当 $k = 2$ 时，

$$f(k) = \sum_{i=0}^{2} f_1(i) f_2(2-i) = f_1(0) f_2(2) + f_1(1) f_2(1) + f_1(2) f_2(0) = 6$$

同理，可计算出 $f(3) = 6, f(4) = 5, f(5) = 3$，以及 $f(k) = 0 \quad (k > 5)$

由此作出 $f(k)$ 的波形，如图 5.22(d) 所示。

2. 解析法

图解法较为直观，但难以得到闭合形式的解，而解析法可以解决这个问题。通常是利用数列求和公式，求得序列的卷积和。表 5.2 中列出了几种常用序列的卷积和。

表 5.2 卷 积 和 表

序号	$f_1(k)$	$f_2(k)$	$f_1(k) * f_2(k)$
1	$f(k)$	$\delta(k)$	$f(k)$
2	$f(k)$	$\varepsilon(k)$	$\sum\limits_{i=-\infty}^{k} f(i)$
3	$\varepsilon(k)$	$\varepsilon(k)$	$(k+1)\varepsilon(k)$
4	$k\varepsilon(k)$	$\varepsilon(k)$	$\dfrac{1}{2}(k+1)k\varepsilon(k)$
5	$a^k \varepsilon(k)$	$\varepsilon(k)$	$\dfrac{1-a^{k+1}}{1-a}\varepsilon(k) \quad a \neq 1$

续表

序号	$f_1(k)$	$f_2(k)$	$f_1(k) * f_2(k)$
6	$a_1^k \varepsilon(k)$	$a_2^k \varepsilon(k)$	$\dfrac{a_1^{k+1} - a_2^{k+1}}{a_1 - a_2} \varepsilon(k) \quad a_1 \neq a_2$
7	$a^k \varepsilon(k)$	$a^k \varepsilon(k)$	$(k+1) a^k \varepsilon(k)$
8	$k \varepsilon(k)$	$a^k \varepsilon(k)$	$\dfrac{k}{1-a} \varepsilon(k) + \dfrac{a(a^k - 1)}{(1-a)^2} \varepsilon(k)$
9	$k \varepsilon(k)$	$k \varepsilon(k)$	$\dfrac{1}{6}(k+1) k (k-1) \varepsilon(k)$

三、利用卷积和计算系统的零状态响应

与连续时间系统的时域分析法相似,离散时间系统可以用卷积和的方法求解线性时不变系统的零状态相应。

设任意激励序列

$$e(k) = \sum_{i=-\infty}^{\infty} e(i) \delta(k-i) \tag{5.45}$$

如果系统的单位样值响应为 $h(k)$,那么根据系统的线性和时不变特性可知,系统对 $e(i)\delta(k-i)$ 的零状态响应为 $e(i)h(k-i)$。再根据系统的零状态线性性质,式(5.45)的序列 $e(k)$ 作用于系统所引起的零状态响应

$$y_{zs}(k) = \sum_{i=-\infty}^{\infty} e(i) h(k-i) \tag{5.46}$$

即

$$y_{zs}(k) = e(k) * h(k) \tag{5.47}$$

如果激励式 $e(k)$ 是有始信号,当 $i<0$ 时,$e(k)=0$,式(5.46)的求和下限从零开始,同时如果系统是因果系统,$h(k)$ 也是一个有始信号,当 $k<i$ 时,$h(k-i)=0$,这样式(5.46)的上限只要到 k。因此对于有始激励信号的因果系统,其零状态响应为

$$y_{zs}(k) = \sum_{i=0}^{k} e(i) h(k-i) \tag{5.48}$$

例 5.6 已知某离散时间系统的单位样值响应 $h(k) = \left(\dfrac{1}{2}\right)^k \varepsilon(k)$,试求当激励 $e(k) = \varepsilon(k)$ 时,系统的零状态响应 $y_{zs}(k)$。

解: 由式(5.48)得

$$y_{zs}(k) = \sum_{i=0}^{k} h(i)e(k-i) = \sum_{i=0}^{k} \left(\frac{1}{2}\right)^i$$

利用等比级数求和公式,可得

$$y_{zs}(k) = \sum_{i=0}^{k} \left(\frac{1}{2}\right)^i = \frac{1-\left(\frac{1}{2}\right)^{k+1}}{1-\frac{1}{2}} = 2\left[1-\left(\frac{1}{2}\right)^{k+1}\right], k \geqslant 0$$

5.7　综合举例

例 5.7　信号 $f(t) = \dfrac{\sin(100t)}{100t}$,其频谱所占带宽(包括负频率)为 $\dfrac{100}{\pi}$,若将它进行冲激抽样,为使抽样信号频谱不产生混叠,试求最低抽样频率和奈奎斯特间隔。

解：　应用傅里叶变换的对称性质求 $f(t)$ 的频谱函数,并决定其频谱宽度。因为 $f(t) \leftrightarrow F(j\omega)$ (适用于偶函数),则有 $F(jt) \leftrightarrow 2\pi f(\omega)$。

已知
$$G_\tau(t) \leftrightarrow \tau \mathrm{Sa}\left(\frac{\omega\tau}{2}\right)$$

根据傅里叶变换的对称性质有

$$\tau \mathrm{Sa}\left(\frac{\tau}{2}t\right) \leftrightarrow 2\pi G_\tau(\omega)$$

令 $\dfrac{\tau}{2} = 100$,则上式为

$$200\mathrm{Sa}(100t) \leftrightarrow 2\pi G_{200}(\omega)$$

则
$$f(t) = \mathrm{Sa}(100t) \leftrightarrow \frac{\pi}{100} G_{200}(\omega)$$

所以信号频带 $2\omega_m = 200, 2f_m = \dfrac{100}{\pi}$。

抽样定理指出,为使抽样信号不产生混叠失真,最低抽样频率为

$$f_s = 2f_m = \frac{100}{\pi}$$

即奈奎斯特间隔为

$$T_s = \frac{1}{f_s} = \frac{\pi}{100}$$

例 5.8　试判断如下序列是否是周期序列,若是求其周期。

(1) $f(k) = \sin\left(\dfrac{\pi}{5}k\right)$,(2) $f(k) = \sin^2\left(\dfrac{k}{12}\right)$

解：

（1）因为 $\omega=\dfrac{\pi}{5}$，则 $N=\dfrac{2\pi}{\omega}=\dfrac{2\pi}{\dfrac{\pi}{5}}=10$ 为整数，所以该序列为周期序列。

（2）由题意可得 $f(k)=\dfrac{1}{2}\left[1-\cos\left(\dfrac{k}{6}\right)\right]$，则 $\omega=\dfrac{1}{6}$。

因为　$N=\dfrac{2\pi}{\omega}=\dfrac{2\pi}{\dfrac{1}{6}}=12\pi$ 为无理数，所以该序列为非周期序列。

例 5.9　某线性时不变系统的差分方程

$$y(k)+3y(k-1)+2y(k-2)=e(k)$$

（1）试绘出系统的方框图；

（2）若 $y(-1)=2,y(-2)=1,e(k)=$
$3\varepsilon(k)$，试求完全响应。

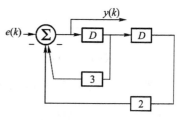

解：

（1）方框图如图 5.23 所示。

（2）解法一：完全解＝齐次解＋特解

图 5.23　例 5.9 图

齐次解：$y_h(k)=C_1(-1)^k+C_2(-2)^k$

特解：$y_p(k)=\dfrac{1}{2}$

完全解：$y(k)=y_h(k)+y_p(k)=C_1(-1)^k+C_2(-2)^k+\dfrac{1}{2}$

求出初始条件 $y(0),y(1)$，得

$$\begin{cases} y(0)=3\varepsilon(0)-3y(-1)-2y(-2)=-5 \\ y(1)=3\varepsilon(1)-3y(0)-2y(-1)=14 \end{cases}$$

将 $y(0),y(1)$ 代入 $y(k)$

$$\begin{cases} y(0)=C_1+C_2+\dfrac{1}{2}=-5 \\ y(1)=-C_1-2C_2+\dfrac{1}{2}=14 \end{cases}$$

解出　$C_1=2.5,C_2=-8$。

$$y(k)=2.5(-1)^k-8(-2)^k+\dfrac{1}{2}\quad k\geqslant 0$$

解法二：完全响应＝零输入响应＋零状态响应

零输入响应：$y_{zi}(k)=C_{zi1}(-1)^k+C_{zi2}(-2)^k$

$$\begin{cases} y(-1)=y_{zi}(-1)=-C_{zi1}-\dfrac{1}{2}C_{zi2}=2 \\ y(-2)=y_{zi}(-2)=C_{zi1}+\dfrac{1}{4}C_{zi2}=1 \end{cases}$$

解得　$C_{zi1}=4,C_{zi2}=-12$。

故　　　　　　　　　　　　$y_{zi}(k)=4(-1)^k-12(-2)^k \quad k\geqslant 0$

零状态响应：$y_{zs}(k)=C_{zs1}(-1)^k+C_{zs2}(-2)^k+\dfrac{1}{2}$

$$\begin{cases} y_{zs}(-1)=-C_{zs1}-\dfrac{1}{2}C_{zs2}+\dfrac{1}{2}=0 \\ y_{zs}(-2)=C_{zs1}+\dfrac{1}{4}C_{zs2}+\dfrac{1}{2}=0 \end{cases}$$

解得　　　　　　　　　　$C_{zs1}=-1.5,C_{zs2}=4$。

$$y_{zs}(k)=-1.5(-1)^k+4(-2)^k+\dfrac{1}{2} \quad k\geqslant 0$$

$$y(k)=y_{zi}(k)+y_{zs}(k)=2.5(-1)^k-8(-2)^k+\dfrac{1}{2} \quad k\geqslant 0$$

例 5.10　已知某线性时不变系统如图 5.24 所示，其中 D 为单位延迟器。当输入为 $e(k)=\dfrac{1}{4}\delta(k)+\delta(k-1)+\dfrac{1}{2}\delta(k-2)$ 时，已知输出 $y(k)$ 中 $y(0)=1$，$y(1)=y(3)=0$，试求系数 a,b,c 的值。

解：（1）由图 5.24 可写出系统的差分方程：

$$y(k)=ae(k)+be(k-1)+ce(k-2)$$

由题意知，当 $e(k)=\dfrac{1}{4}\delta(k)+\delta(k-1)+\dfrac{1}{2}$

$\delta(k-2)$ 时，即 $e(0)=\dfrac{1}{4}$，$e(1)=1$，

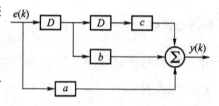

图 5.24　例 5.10 图

$e(2)=\dfrac{1}{2}$，$e(k)=0(k$ 为其他值)时，有

$$y(0)=1=ae(0)+be(-1)+ce(-2) \tag{①}$$
$$y(1)=0=ae(1)+be(0)+ce(-1) \tag{②}$$
$$y(3)=0=ae(3)+be(2)+ce(1) \tag{③}$$

联立式①、②和③，求得

$$a=4,b=-16,c=8$$

5.8　离散时间信号与系统的时域分析及 MATLAB 实现

一、离散时间正弦序列的 MATLAB 实现

例 5.11　产生一个幅度为 2，数字角频率为 $\pi/6$，相位为 $\pi/6$ 的正弦序列。

解： 由 MATLAB 产生的信号实际上是离散的。可以使用命令 stem(n, x)做出离散序列 x(n)在各离散时间点 n 的取值。

A＝2；N＝12；pha＝pi/6；

omega＝2 * pi/12；

n＝－10：10；

x＝A * sin(omega * n＋pha)；

stem(n,x)；

ylabel(' x(n)')；xlabel(' Time index n ')；

title('离散时间正弦序列')；

连续时间正弦信号如图 5.25(a)所示,离散时间正弦序列如图 5.25(b)

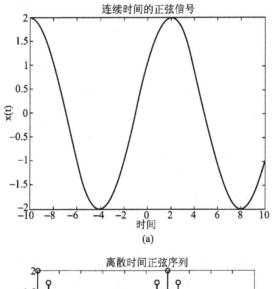

(a)

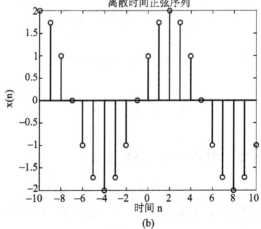

(b)

图 5.25 例 5.11 图

所示。

若要表示具有特定抽样频率的信号,需定义时间轴向量。例如:
$y(t)=\sin(2\pi f_1 t)+2\sin(2\pi f_2 t)$,当 $f_1=50$ Hz,$f_2=100$ Hz,$f_s=1\ 000$ Hz 时的

信号为 $y(k)=\sin\left(\dfrac{100\pi}{1\ 000}k\right)+2\sin\left(\dfrac{200\pi}{1\ 000}k\right)$。$y(t)$ 与 $y(k)$ 波形如图 5.26 所示。

用 MATLAB 实现如下:

```
%离散信号波形
f1=50;f2=100;fs=1000;
t=0:1/fs:1;n=t*fs;
y=sin(2*pi*fl*t)+2*sin(2*pi*f2*t);
subplot(211)
plot(t(1:50),y(1:50))        %画 y(t)的前 0.05s 的值
subplot(212)
stem(n(1:50),y(1:50))        %画 y(k)的前 50 个样点值
```

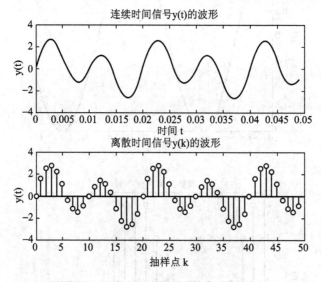

图 5.26 例 5.11 图

二、抽样与抽样定理的 MATLAB 实现

例 5.12 令 $x_a(t)=e^{-1000|t|}$,求出并绘制其傅里叶变换 $X_a(j\Omega)$。用三个不同的抽样频率对其进行采样,分别求出并绘制离散时间傅里叶变换 $X(e^{j\omega})$。三个频率分别为:(1) $f_s=5$ kHz;(2) $f_s=2$ kHz;(3) $f_s=1$ kHz。

解: MATLAB 程序实现如下:

```
%采样定理例题
Dt＝0.00005;
t＝－0.005：Dt：0.005;
xa＝exp(－1000*abs(t));%模拟信号
Wmax＝2*pi*2000;
K＝500;k＝0：1：K;
W＝k*Wmax/K;
Xa＝xa*exp(－j*t'*W)*Dt;
Xa＝real(Xa);%连续时间傅里叶变换
W＝[－fliplr(W),W(2：501)];%频率从－Wmax to Wmax
Xa＝[fliplr(Xa),Xa(2：501)];%Xa 介于－Wmax to Wmax
subplot(421)
plot(t*1000,xa)
xlabel('时间（毫秒)')
ylabel(' xa(t)')
title('模拟信号')
subplot(422)
plot(W/(2*pi*1000),Xa*1000)
xlabel('频率(kHz)')
ylabel(' Xa(jw)')
title('连续时间傅里叶变换')


Ts＝0.0002;n＝－25：1：25;x＝exp(－1000*abs(n*Ts));%离散信号
K＝500;k＝0：1：K;w＝pi*k/K;
X＝x*exp(－j*n'*w);X＝real(X);%离散时间傅里叶变换
w＝[－fliplr(w),w(2：K+1)];
X＝[fliplr(X),X(2：K+1)];
subplot(423)
stem(n*Ts*1000,x)
xlabel('时间（毫秒)')
ylabel(' xl(n)')
title('离散信号 Ts＝0.2毫秒')
subplot(424)
plot(w/pi,X)
xlabel('频率(弧度)')
```

```
ylabel(' Xl(w)')
title('离散时间傅里叶变换')

Ts=0.0005;n=-10:1:10;x=exp(-1000 * abs(n * Ts));%离散信号
K=500;k=0:1:K;w=pi * k/K;
X=x * exp(-j * n'* w);X=real(X);%离散时间傅里叶变换
w=[-fliplr(w),w(2:K+1)];
X=[fliplr(X),X(2:K+1)];
subplot(425)
stem(n * Ts * 1000,x)
xlabel('时间(毫秒)')
ylabel(' xl(n)')
title('离散信号 Ts=0.5毫秒')
subplot(426)
plot(w/pi,X)
xlabel('频率(弧度)')
ylabel(' Xl(w)')
title('离散时间傅里叶变换')

Ts=0.001;n=-5:1:5;x=exp(-1000 * abs(n * Ts));%离散信号
K=500;k=0:1:K;w=pi * k/K;
X=x * exp(-j * n'* w);X=real(X);%离散时间傅里叶变换
w=[-fliplr(w),w(2:K+1)];
X=[fliplr(X),X(2:K+1)];
subplot(427)
stem(n * Ts * 1000,x)
xlabel('时间(毫秒)')
ylabel(' xl(n)')
title('离散信号 Ts=1毫秒')
subplot(428)
plot(w/pi,X)
xlabel('频率(弧度)')
ylabel(' Xl(w)')
title('离散时间傅里叶变换')
```

其频谱图如图 5.27 所示。

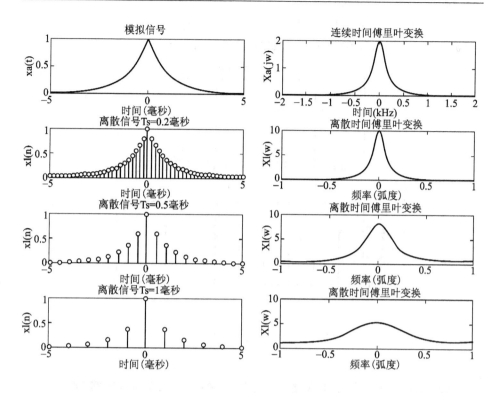

图 5.27 例 5.12 图

由图可见 $x_a(t)$ 的带宽是 2 kHz，(1) 的采样频率大于 4 kHz，所以频谱不产生混叠；(2)、(3) 的采样频率小于 4 kHz，所以频谱产生混叠。

三、卷积和的 MATLAB 实现

例 5.13 若 x(k)＝[1,1,0,1,0,1]，计算离散卷积和 y(k)＝x(k)＊x(k)。

解： MATLAB 实现程序为：

```
x＝[1,1,0,1,0,1];
y＝conv(x,x);
subplot(2,1,1)
stem([0：length(x)－1],x)
ylabel('x(k)')
xlabel('时间 k')
title('离散序列卷积')
subplot(2,1,2)
stem([0：length(y)－1],y)
ylabel('y(k)＝x(k)＊x(k)')
```

xlabel('时间 k')

x(k)和 y(k)的时域波形如图 5.28 所示。

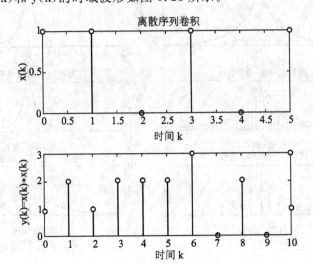

图 5.28　例 5.13 图

四、由差分方程求解离散时间系统响应的 MATLAB 实现

例 5.14　已知初始条件 $y(-2)=2$, $y(-1)=1$, $f(0)=f(-1)=0$, $f(k)=k(k>0)$, 试求下列差分方程

$$y(k+2)=y(k+1)-0.8y(k)+2f(k+2)-f(k-1)$$

的全响应。

解：　此例的 MATLAB 实现程序为：

```
a1＝2;                    %初始条件 y(-2)
a2＝1;                    %初始条件 y(-1)
a3＝a2-0.8*a1;           %递推求出 y(0)
a4＝a3-0.8*a2+2;         %递推求出 y(1)
a5＝a4-0.8*a3+2*2-1;     %递推求出 y(2)
y＝[1:20]';               %行向量转置
y(1)＝a4;
y(2)＝a5;
for m＝1:20
y(m+2)＝y(m+1)-0.8*y(m)+2*(m+2)-(m+1);
end
```

c＝y

运算结果显示为：

c＝

0.6000

4.0800

7.6000

9.3360

9.2560

8.7872

9.3824

11.3526

13.8467

15.7646

16.6872

17.0755

17.7258

19.0653

20.8847

22.6325

23.9247

24.8187

25.6790

26.8240

28.2808

29.8216

习　　题

5.1　一频谱包含有由直流至 100 Hz 分量的连续时间信号延续 2 min。为便于计算机处理，对其抽样以构成离散信号，求最小的理想抽样点数。

5.2　确定下列信号的最低抽样频率与奈奎斯特间隔：

（提示：$\mathrm{Sa}^2(at) \leftrightarrow \dfrac{\pi}{a}\left(1 - \dfrac{|\omega|}{2a}\right)$，$|\omega| < 2a$）

(1) $\mathrm{Sa}(20t)$;　　　(2) $\mathrm{Sa}^2(20t)$。

5.3　分别绘出下列各序列的图形：

(1) $x(k)=a^k\varepsilon(k)$ (提示:讨论 a 的取值);

(2) $x(k)=(-2)^k\varepsilon(-k)$;

(3) $x(k)=2^{k-1}[\varepsilon(k-1)-\varepsilon(k-3)]$;

(4) $x(k)=2\delta(k)-\varepsilon(k)$。

5.4   试分别绘出下列各序列的图形:

(1) $f(k)=-k\varepsilon(k)$;   (2) $f(k)=k\varepsilon(k-4)$;

(3) $f(k)=(k-4)\varepsilon(k-4)$;   (4) $f(k)=(k^2+1)[\delta(k+1)-2\delta(k)]$。

5.5 $f(k)$如题图 5.1 所示,试画出 $f(2k)$,$f(k+2)\varepsilon(k)$,$f(k-1)[\delta(k-1)+\delta(k+1)]$ 的波形。

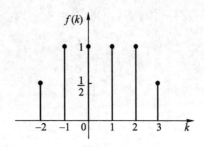

题图 5.1

5.6   写出题图 5.2 所示各序列的表达式。

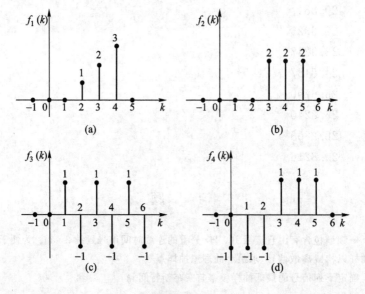

题图 5.2

5.7   分别绘出下列各序列的图形:

(1) $x(k) = \cos\left(\dfrac{k\pi}{4}\right)\varepsilon(k-1) - 2\varepsilon(k-3)$;

(2) $x(k) = \left(\dfrac{1}{2}\right)^{k}\cos(k\pi)\varepsilon(-k)$。

5.8　试判断如下序列是否是周期序列,若是,求其周期。

(1) $f(k) = \sin\left(\dfrac{\pi}{8}k\right)$;

(2) $f(k) = \mathrm{e}^{\mathrm{j}\left(\frac{k}{4}-\pi\right)}$;

(3) $f(k) = \sin\left(\dfrac{k}{8}\right)$;

(4) $f(k) = \displaystyle\sum_{m=-\infty}^{\infty}\left[\delta(k-3m) - \delta(k-1-3m)\right]$。

5.9　试列出题图 5.3 所示各系统的差分方程。

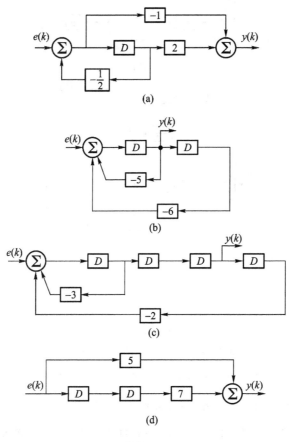

题图 5.3

5.10　试求出题图 5.4 所示离散时间系统的直接模拟框图对应的差分方程。

5.11　下列系统方程中,$e(k)$ 和 $y(k)$ 分别表示系统的输入和输出,试写出各离散系统的系统函数。

(1) $y(k+2) - ay(k+1) - by(k) = ce(k+1) + de(k)$;

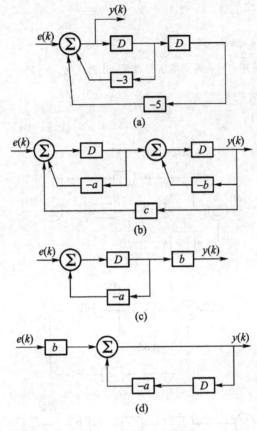

题图 5.4

(2) $y(k) - 2y(k-1) = e(k) + e(k-1)$；

(3) $y(k+1) + 5y(k) + 6y(k-1) = e(k) - 2e(k-1)$；

(4) $y(k) + 4y(k-1) + 5y(k-3) = e(k-1) + 3e(k-2)$。

5.12 已知离散系统的差分方程为 $y(k) - \dfrac{7}{12}y(k-1) + \dfrac{1}{12}y(k-2) = e(k)$ $-\dfrac{1}{2}e(k-1)$，试画出该系统的一种时域模拟图。

5.13 设某线性时不变离散系统具有一定初始状态 $x(0)$，已知当激励为 $f(k)$ 时，响应 $y_1(k) = \left(\dfrac{1}{2}\right)^k + \varepsilon(k)$ $(k \geqslant 0)$；若初始状态不变，当激励为 $-f(k)$ 时响应 $y_2(k) = \left(-\dfrac{1}{2}\right)^k$ $-\varepsilon(k)$ $(k \geqslant 0)$；求当初始状态增大一倍为 $2x(0)$，激励为 $4f(k)$ 时，系统的响应 $y_3(k)$。

5.14 如题图 5.5，(1) 列出系统的差分方程，(2) 若 $e(k) = k\varepsilon(k)$ 且 $y(0) = 1$，$y(1) = 2$，求完全响应 $y(k)$。

5.15 求下列系统的零输入响应 $y_{zi}(k)$，已知激励 $f(k)$ 在 $k=0$ 时输入。

(1) $y(k+2) + 3y(k+1) + 2y(k) = 0$，$y(0) = 2$，$y(1) = 1$；

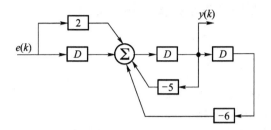

题图 5.5

(2) $y(k+2)+9y(k)=0, y(0)=4, y(1)=0$;

(3) $y(k)+2y(k-1)+y(k-2)=0, y(0)=y(-1)=2$;

(4) $y(k)-7y(k-1)+16y(k-2)-12y(k-3)=0, y(1)=-1, y(2)=-3, y(3)=-5$。

5.16　求题图 5.6 所示各系统的单位样值响应。

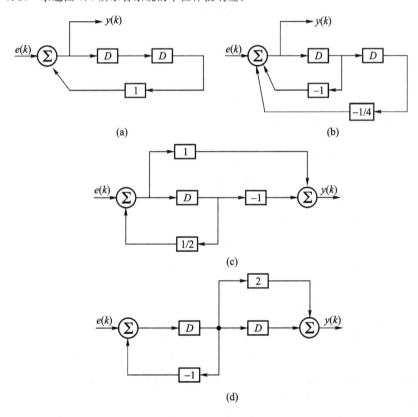

题图 5.6

5.17　求下列差分方程所描述的系统的单位样值响应。

(1) $y(k) - \dfrac{1}{9} y(k-1) = e(k)$；

(2) $y(k+2) - y(k+1) + \dfrac{1}{4} y(k) = e(k)$；

(3) $y(k+2) - y(k) = e(k+1) - e(k)$；

(4) $y(k) - 4y(k-1) + 8y(k-2) = e(k)$。

5.18　用图解法求如题图 5.7 所示离散序列的卷积和。

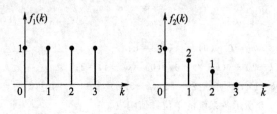

题图 5.7

5.19　计算下列各对信号的卷积和。

(1) $e(k) = \varepsilon(k) - \varepsilon(k-4)$，　$h(k) = \left(\dfrac{1}{2}\right)^k \varepsilon(k)$；

(2) $e(k) = 2^k [\varepsilon(k) - \varepsilon(k-2)]$，　$h(k) = \delta(k) - \delta(k-2)$；

(3) $e(k) = (0.8)^k \varepsilon(k)$，　$h(k) = (0.4)^k \varepsilon(k)$；

(4) $e(k) = \varepsilon(k)$，　$h(k) = a^k \varepsilon(k)$。

5.20　某离散时间系统由下列差分方程描述：

$y(k) - 0.7y(k-1) + 0.1y(k-2) = 7e(k) - 2e(k-1)$，$y(-1) = 0$，$y(-2) = 20$，$e(k) = \varepsilon(k)$

求该系统的自由响应和零输入响应，并比较它们的不同之处。

5.21　已知系统差分方程为：

(1) $2y(k) + y(k-1) = 2e(k)$，　$e(k) = \left(\dfrac{1}{3}\right)^k \varepsilon(k)$；

(2) $6y(k) - 5y(k-1) + y(k-2) = 6e(k)$，　$e(k) = \varepsilon(k)$。

求系统的零状态响应 $y_{zs}(k)$。

5.22　求下列系统的零输入响应、零状态响应和全响应。

(1) 对于差分方程 $y(k) - 0.6y(k-1) = (0.4)^k$，$k \geqslant 0$，且 $y(-1) = 10$；

(2) $y(k) - \dfrac{1}{6} y(k-1) - \dfrac{1}{6} y(k-2) = 4$，$k \geqslant 0$，且 $y(-1) = 0$，$y(-2) = 12$；

(3) 一个由 $y(k) - y(k-1) - 2y(k-2) = e(k)$ 描述的离散系统，其中 $e(k) = 6\varepsilon(k)$，初始条件为 $y(-1) = -1$，$y(-2) = 4$。

5.23　写出题图 5.8 所示离散时间系统的差分方程式，并求单位阶跃序列作用时系统的零状态响应。

5.24　一系统的系统方程及初始条件分别如下：

$y(k+2) - 3y(k+1) + 2y(k) = e(k+1) - 2e(k)$，$y_{zi}(0) = y_{zi}(1) = 1$，$e(k) = \varepsilon(k)$。

求:(1) 零输入响应 $y_{zi}(k)$,零状态响应 $y_{zs}(k)$ 及全响应 $y(k)$;

(2) 判断该系统是否稳定;

(3) 绘出系统框图。

5.25　设 $f(t)$ 为带限信号,频带宽度为 ω_m,其频谱 $F(\omega)$ 如题图 5.9 所示。

(1) 求 $f(2t)$,$f\left(\dfrac{1}{2}t\right)$ 的带宽、奈奎斯特抽样频率 Ω_N、f_N 以及奈奎斯特间隔 T_N;

(2) 设用抽样序列 $\delta_T(t) = \displaystyle\sum_{n=-\infty}^{\infty} \delta(t-nT_N)$ 对信号 $f(t)$ 进行抽样,得抽样信号 $f_s(t)$,求 $f_s(t)$ 的频谱 $F_s(\omega)$,画出频谱图。

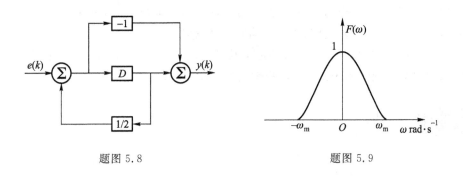

题图 5.8　　　　　　　　　　　　　　　　题图 5.9

5.26　试用 MATLAB 绘制题 5.3 中各离散时间信号的时域波形。

5.27　试用 MATLAB 求题 5.19 各对信号的卷积和,并绘制卷积和序列的时域波形。

5.28　试用 MATLAB 求题 5.22 各系统的全响应。

第六章

离散时间信号与系统的 z 域分析

与连续时间系统类似,离散时间系统也可用变换域法进行分析。在离散时间系统中,z 变换的作用类似于连续时间系统分析中的拉普拉斯变换。它将描述系统的差分方程转换为代数方程,而且代数方程中包含了系统的初始条件,从而能求得系统的零输入响应、零状态响应和全响应。

本章主要介绍和讨论 z 变换的定义及其性质、离散时间系统的 z 变换分析法、离散时间系统的系统函数、频率响应及系统稳定性等概念。

6.1 z 变换

一、z 变换的定义

z 变换的定义可以由抽样信号的拉普拉斯变换引出。连续时间信号经理想抽样,其抽样信号 $f_s(t)$ 的表达式为

$$f_s(t) = f(t) \cdot \delta_T(t) = \sum_{k=-\infty}^{\infty} f(t)\delta(t-kT) \tag{6.1}$$

式中 T 为抽样周期。对上式进行拉普拉斯变换,得

$$F_s(s) = \int_{-\infty}^{\infty} \left[\sum_{k=-\infty}^{\infty} f(t)\delta(t-kT) \right] e^{-st} dt$$

交换求和与积分的顺序,并考虑冲激函数的抽样性质,可得

$$F_s(s) = \sum_{k=-\infty}^{\infty} \int_{-\infty}^{\infty} f(t)\delta(t-kT)e^{-st} dt$$

$$= \sum_{k=-\infty}^{\infty} f(kT) e^{-skT} \tag{6.2}$$

令 $z=e^{sT}$ 或 $s=\dfrac{1}{T}\ln z$,取 $T=1$,则式(6.2)变成了复变量 z 的函数式 $F(z)$,即

$$F(z) = \sum_{k=-\infty}^{\infty} f(k)z^{-k} \tag{6.3}$$

式(6.3)即为 z 变换定义式。由此可见,离散时间信号 $f(k)$ 的 z 变换式

$F(z)$是抽样函数 $f_s(t)$ 的拉普拉斯变换 $F_s(s)$ 将变量 s 代换为 $z = \mathrm{e}^{sT}$ 的结果。所以 $F(z)$ 在本质上仍然是离散时间信号 $f(k)$ 的拉普拉斯变换。式(6.3)称为双边 z 变换。如果离散时间信号 $f(k)$ 为有始序列,即 $k < 0$ 时,$f(k) = 0$,则有

$$F(z) = \sum_{k=0}^{\infty} f(k) z^{-k} \qquad (6.4)$$

式(6.4)称为单边 z 变换。工程实际应用多是单边 z 变换。一般地,$F(z)$ 称为序列 $f(k)$ 的象函数;$f(k)$ 称为 $F(z)$ 的原函数。

若 $F(z)$ 已知,根据复变函数的理论,原函数 $f(k)$ 可由下式确定

$$f(k) = \frac{1}{2\pi\mathrm{j}} \oint_c F(z) z^{k-1} \mathrm{d}z \qquad (6.5)$$

式(6.5)称为 $F(z)$ 的反变换,它与式(6.4)构成 z 变换对。通常记为

$$F(z) = \mathscr{Z}[f(k)]$$
$$f(k) = \mathscr{Z}^{-1}[F(z)]$$

或

$$f(k) \leftrightarrow F(z)$$

二、z 变换的收敛域

由 z 变换的定义式(6.4)可以看到,$F(z)$ 是一个幂级数,显然,只有当级数收敛时 z 变换才有意义。根据级数理论,使 $F(z)$ 满足绝对可和条件

$$\sum_{k=0}^{\infty} |f(k) z^{-k}| < \infty \qquad (6.6)$$

的所有 z 值的集合,称为 z 变换 $F(z)$ 的收敛域。

上式的左边构成正项级数,通常可以利用级数理论中的比值判定法或根值判定法来判定 $F(z)$ 的收敛性和确定收敛域。下面讨论几类序列收敛域的问题。

1. 有限长序列

这类序列只在有限的区间 $(k_1 \leqslant k \leqslant k_2)$ 具有非零的有限值,此时 z 变换为

$$F(z) = \sum_{k=k_1}^{k_2} f(k) z^{-k} \qquad (6.7)$$

由于 k_1, k_2 是有限整数,因而上式是一个有限项级数。可以看出,当 $k_1 < 0$,$k_2 > 0$ 时,除 $z = \infty$ 及 $z = 0$ 外,$F(z)$ 在 z 平面上处处收敛,即收敛域为 $0 < |z| < \infty$;当 $k_1 < 0, k_2 \leqslant 0$ 时,$F(z)$ 的收敛域为 $|z| < \infty$;当 $k_1 \geqslant 0, k_2 > 0$ 时,$F(z)$ 的收敛域为 $|z| > 0$。可见有限长序列的 z 变换收敛域至少为 $0 < |z| < \infty$,且可能包括 $z = 0$ 或 $z = \infty$。

2. 右边序列

这类序列是有始无终的序列,即当 $k < k_1$ 时,$f(k) = 0$,此时 z 变换为

$$F(z) = \sum_{k=k_1}^{\infty} f(k) z^{-k} \tag{6.8}$$

由根值法,只有满足

$$\lim_{k \to \infty} \sqrt[k]{|f(k) z^{-k}|} < 1$$

即

$$|z| > \lim_{k \to \infty} \sqrt[k]{|f(k)|} = R_1$$

式(6.8)才收敛,可见,右边序列的收敛域是半径为 R_1 的圆外部分。若 $k_1 \geqslant 0$,则收敛域包括 $z = \infty$,即 $|z| > R_1$;若 $k_1 < 0$,则收敛半径不包括 $z = \infty$,即 $R_1 < |z| < \infty$。特别当 $k_1 = 0$ 时,右边序列变成因果序列,其收敛域为 $|z| > R_1$。

3. 左边序列

这类序列是无始有终的序列,即当 $k > k_2$ 时,$f(k) = 0$,此时 z 变换为

$$F(z) = \sum_{k=-\infty}^{k_2} f(k) z^{-k} \tag{6.9}$$

若令 $m = -k$,上式变为

$$F(z) = \sum_{m=-k_2}^{\infty} f(-m) z^{m}$$

如果将变量 m 再改为 k,则

$$F(z) = \sum_{k=-k_2}^{\infty} f(-k) z^{k}$$

同理,只有满足

$$\lim_{k \to \infty} \sqrt[k]{|f(-k) z^{k}|} < 1$$

即

$$|z| < \frac{1}{\lim\limits_{k \to \infty} \sqrt[k]{|f(-k)|}} = R_2$$

式(6.9)才收敛。可见,左边序列的收敛域是半径为 R_2 的圆内部分。如果 $k_2 > 0$,收敛域不包括 $z = 0$,即 $0 < |z| < R_2$;如果 $k_2 \leqslant 0$,收敛域包括 $z = 0$,即 $|z| < R_2$。

4. 双边序列

双边序列的 z 变换写为

$$F(z) = \sum_{k=-\infty}^{\infty} f(k) z^{-k} = \sum_{k=-\infty}^{-1} f(k) z^{-k} + \sum_{k=0}^{\infty} f(k) z^{-k}$$

显然,可以把它看成左边序列和右边序列的 z 变换叠加。上式右边第一项是左边序列,其收敛域为 $|z| < R_2$;第二项是右边序列,收敛域为 $|z| > R_1$。如果 $R_2 > R_1$,则 $F(z)$ 收敛域是两个序列收敛域的重叠部分,即

$$R_1 < |z| < R_2 \tag{6.10}$$

所以,双边序列的收敛域通常是圆环。如果 $R_1 > R_2$,则两个序列不存在公共的收敛域,此时 $F(z)$ 不存在。

6.2 常用序列的 z 变换

1. 单位冲激序列 $\delta(k)$

$$\mathscr{L}[\delta(k)] = \sum_{k=0}^{\infty} \delta(k) z^{-k} = 1$$

即
$$\delta(k) \leftrightarrow 1 \qquad (6.11)$$

其收敛域为整个 z 平面。

2. 单位阶跃序列 $\varepsilon(k)$

$$\mathscr{L}[\varepsilon(k)] = \sum_{k=0}^{\infty} \varepsilon(k) z^{-k} = \sum_{k=0}^{\infty} z^{-k}$$

当 $|z| > 1$ 时,此几何级数收敛。

故
$$\mathscr{L}[\varepsilon(k)] = \frac{z}{z-1}$$

即
$$\varepsilon(k) \leftrightarrow \frac{z}{z-1} \qquad (6.12)$$

收敛域为 $|z| > 1$。

3. 单边指数序列 $a^k \varepsilon(k)$

$$F(z) = \mathscr{L}[a^k \varepsilon(k)] = \sum_{k=0}^{\infty} a^k \varepsilon(k) z^{-k} = \sum_{k=0}^{\infty} (az^{-1})^k$$

$$= 1 + az^{-1} + a^2 z^{-2} + a^3 z^{-3} + \cdots$$

对于该级数,当 $|az^{-1}| < 1$,即 $|z| > |a|$ 时,级数收敛。

故
$$F(z) = \frac{1}{1 - az^{-1}} = \frac{z}{z-a}$$

即
$$a^k \varepsilon(k) \leftrightarrow \frac{z}{z-a} \qquad (6.13)$$

收敛域为 $|z| > |a|$。

为方便使用,表 6.1 给出了一些常用序列的 z 变换。

表 6.1　常用序列的 z 变换

序号	$f(k)$	$F(z)$	序号	$f(k)$	$F(z)$
1	$\delta(k)$	1	6	$k^2\varepsilon(k)$	$\dfrac{z(z+1)}{(z-1)^3}$
2	$\varepsilon(k)$	$\dfrac{z}{z-1}$	7	$ka^k\varepsilon(k)$	$\dfrac{az}{(z-a)^2}$
3	$a^k\varepsilon(k)$	$\dfrac{z}{z-a}$	8	$\sin(\beta k)\varepsilon(k)$	$\dfrac{z\sin\beta}{z^2-2z\cos\beta+1}$
4	$e^{\alpha k}\varepsilon(k)$	$\dfrac{z}{z-e^a}$	9	$\cos(\beta k)\varepsilon(k)$	$\dfrac{z(z-\cos\beta)}{z^2-2z\cos\beta+1}$
5	$k\varepsilon(k)$	$\dfrac{z}{(z-1)^2}$			

以上介绍的一些常用序列都是右边序列。至于左边序列 z 变换与左边函数的拉普拉斯变换相类似，可按下列步骤求取：

（1）对左边序列 $f(k)$ 求反，即将 $f(k)$ 中的 k 改为 $-n$，构成右边序列 $f(-n)$。

（2）对右边序列 $f(-n)$ 求单边 z 变换，得 $F(w)$。

（3）对所得的单边 z 变换中的复变量求倒数，即令 $w=z^{-1}$ 代入 $F(w)$，从而得出左边序列的 z 变换 $F(z)$，同时标注出其收敛域。

例 6.1　求双边序列 $f(k)=a^{|k|}$（$|a|<1$）的 z 变换，并确定它的收敛域。

解：　双边指数序列可写为右边序列和左边序列之和，即

$$a^{|k|}=a^k\varepsilon(k)+a^{-k}\varepsilon(-k-1)$$

右边序列 $a^k\varepsilon(k)$ 的 z 变换 $F_a(z)$ 由式（6.13）可得

$$F_a(z)=\frac{z}{z-a}，\quad |z|>a$$

左边序列 $a^{-k}\varepsilon(-k-1)$ 的 z 变换 $F_b(z)$ 可按下列步骤求得

（1）令 $k=-n$ 构成右边序列

$$f(n)=a^n\varepsilon(n-1)=a^n\varepsilon(n)-\delta(n)$$

（2）对 $f(n)$ 求单边 z 变换，由式（6.13）和式（6.11）得

$$F(w)=\frac{w}{w-a}-1=\frac{a}{w-a}$$

（3）令 $w=z^{-1}$ 代入上式得

$$F_b(z)=\frac{a}{z^{-1}-a}=-\frac{z}{z-a^{-1}}，\quad |z|<a^{-1}$$

因为 $|a|<1$,所以 $a<|z|<a^{-1}$,则 $f(k)$ 的双边 z 变换存在

$$F(z) = \frac{z}{z-a} + \frac{z}{z-a^{-1}} = \frac{(a-a^{-1})z}{z^2-(a+a^{-1})z+1},a<|z|<a^{-1}$$

若 $|a|>1$,则由于左边序列与右边序列的 z 变换没有公共的收敛域,此时该序列不存在双边 z 变换。

6.3 z 变换的性质

1. 线性性质

若 $f_1(k)\leftrightarrow F_1(z)$ 和 $f_2(k)\leftrightarrow F_2(z)$,则

$$a_1 f_1(k)+a_2 f_2(k)\leftrightarrow a_1 F_1(z)+a_2 F_2(z) \tag{6.14}$$

2. 移序性质

(1) 若 $f(k)$ 是双边序列,其单边 z 变换为 $f(k)\leftrightarrow F(z)$,则

$$f(k+m)\varepsilon(k)\leftrightarrow z^m\left[F(z)-\sum_{n=0}^{m-1}f(n)z^{-n}\right] \tag{6.15}$$

$$f(k-m)\varepsilon(k)\leftrightarrow z^{-m}\left[F(z)+\sum_{n=-m}^{-1}f(n)z^{-n}\right] \tag{6.16}$$

证明:

$$\mathscr{L}\left[f(k+m)\varepsilon(k)\right] = \sum_{k=0}^{\infty}f(k+m)z^{-k} = z^m\sum_{k=0}^{\infty}f(k+m)z^{-(k+m)}$$

令 $n=k+m$,则有

$$\mathscr{L}\left[f(k+m)\varepsilon(k)\right] = z^m\sum_{n=m}^{\infty}f(n)z^{-n}$$

$$= z^m\left[\sum_{n=0}^{\infty}f(n)z^{-n} - \sum_{n=0}^{m-1}f(n)z^{-n}\right]$$

$$= z^m\left[F(z) - \sum_{n=0}^{m-1}f(n)z^{-n}\right]$$

同理可证式(6.16)成立。

(2) 若 $f(k)$ 是双边序列,其双边 z 变换为 $f(k)\leftrightarrow F(z)$,则

$$f(k+m)\leftrightarrow z^m F(z) \tag{6.17}$$

$$f(k-m)\leftrightarrow z^{-m}F(z) \tag{6.18}$$

证明:

$$\mathscr{L}\left[f(k+m)\right] = \sum_{k=-\infty}^{\infty}f(k+m)z^{-k} = z^m\sum_{k=-\infty}^{\infty}f(k+m)z^{-(k+m)}$$

令 $n=k+m$,则有

$$\mathscr{Z}[f(k+m)] = z^m \sum_{n=-\infty}^{\infty} f(n) z^{-n} = z^m F(z)$$

同理可证式(6.18)成立。

(3) 若 $f(k)$ 为因果序列，其单边 z 变换为 $f(k)\varepsilon(k) \leftrightarrow F(z)$，则

$$f(k+m)\varepsilon(k) \leftrightarrow z^m \left[F(z) - \sum_{n=0}^{m-1} f(n) z^{-n} \right] \tag{6.19}$$

$$f(k-m)\varepsilon(k) \leftrightarrow z^{-m} F(z) \tag{6.20}$$

式(6.19)证明同式(6.15)；

由于 $f(k)$ 为因果序列，式(6.16)中 $\sum_{n=-m}^{-1} f(n) z^{-n}$ 各项为零，从而有式(6.20)。

3. 尺度变换性质

若　$f(k) \leftrightarrow F(z)$，则

$$a^k f(k) \leftrightarrow F\left(\frac{z}{a}\right) \tag{6.21}$$

证明：

因为　　$$\mathscr{Z}[a^k f(k)] = \sum_{k=0}^{\infty} a^k f(k) z^{-k} = \sum_{k=0}^{\infty} f(k) \left(\frac{z}{a}\right)^{-k}$$

故　　$$\mathscr{Z}[a^k f(k)] = F\left(\frac{z}{a}\right)$$

4. z 域微分性质

若　$f(k) \leftrightarrow F(z)$，则

$$k f(k) \leftrightarrow -z \frac{d}{dz} F(z) \tag{6.22}$$

证明：

对 $F(z) = \sum_{k=0}^{\infty} f(k) z^{-k}$ 两边求导，得 $\frac{dF(z)}{dz} = \frac{d}{dz} \sum_{k=0}^{\infty} f(k) z^{-k}$

交换求导与求和的顺序，上式变为

$$\frac{dF(z)}{dz} = \sum_{k=0}^{\infty} f(k) \frac{d}{dz}(z^{-k})$$

$$= -z^{-1} \sum_{k=0}^{\infty} k f(k) z^{-k} = -z^{-1} \mathscr{Z}[k f(k)]$$

整理后即得式(6.22)。

5. 卷积定理

若　$f_1(k) \leftrightarrow F_1(z), f_2(k) \leftrightarrow F_2(z)$，则

$$f_1(k) * f_2(k) \leftrightarrow F_1(z) \cdot F_2(z) \tag{6.23}$$

证明：

$$\mathscr{Z}[f_1(k) * f_2(k)] = \sum_{k=0}^{\infty}[f_1(k) * f_2(k)]z^{-k}$$

$$= \sum_{k=0}^{\infty}\sum_{m=0}^{\infty}f_1(m)f_2(k-m)z^{-k}$$

$$= \sum_{m=0}^{\infty}f_1(m)\sum_{k=0}^{\infty}f_2(k-m)z^{-(k-m)} \cdot z^{-m}$$

$$= \sum_{m=0}^{\infty}f_1(m)z^{-m} \cdot F_2(z) = F_1(z) \cdot F_2(z)$$

从而式(6.22)成立。

6. 初值定理

若 $f(k)$ 为有始序列，$f(k) \leftrightarrow F(z)$，则 $f(k)$ 的初值为

$$f(0) = \lim_{z \to \infty} F(z) \tag{6.24}$$

证明：

$$F(z) = \sum_{k=0}^{\infty}f(k)z^{-k} = f(0) + f(1)z^{-1} + f(2)z^{-2} + \cdots$$

当 $z \to \infty$ 时，上式右边除了第一项 $f(0)$ 外，其他各项都趋近于零，所以

$$\lim_{z \to \infty}F(z) = \lim_{z \to \infty}\sum_{k=0}^{\infty}f(k)z^{-k} = f(0)$$

7. 终值定理

若 $f(k)$ 为有始序列，$f(k) \leftrightarrow F(z)$，则 $f(k)$ 的终值为

$$f(\infty) = \lim_{z \to 1}(z-1)F(z) \tag{6.25}$$

证明：

$$\mathscr{Z}[f(k+1) - f(k)] = zF(z) - zf(0) - F(z) = (z-1)F(z) - zf(0)$$

所以 $$(z-1)F(z) = \sum_{k=0}^{\infty}[f(k+1) - f(k)]z^{-k} + zf(0)$$

令 $z \to 1$，上式即为

$$\lim_{z \to 1}(z-1)F(z) = f(0) + \lim_{z \to 1}\sum_{k=0}^{\infty}[f(k+1) - f(k)]z^{-k}$$

$$= f(0) + [f(1) - f(0)] + [f(2) - f(1)] + \cdots$$

$$= f(0) - f(0) + f(\infty)$$

从而 $$f(\infty) = \lim_{z \to 1}(z-1)F(z)$$

必须明确只有终值存在，才能应用终值定理。从 z 域来看，也就是 $F(z)$ 的极点必须在单位圆内，收敛域为单位圆外的整个 z 平面。

为方便查阅，将 z 变换的性质归纳于表 6.2。

表 6.2　单边 z 变换的性质

序　号	名　称	时　域	z　域
1	线性	$a_1 f_1(k) + a_2 f_2(k)$	$a_1 F_1(z) + a_2 F_2(z)$
2	移位 $(m>0)$	$f(k-m)\varepsilon(k)$	$z^{-m}F(z) + z^{-m}\sum\limits_{k=-m}^{-1} f(k)z^{-k}$
		$f(k-m)\varepsilon(k-m)$	$z^{-m}F(z)$
		$f(k+m)\varepsilon(k)$	$z^{m}F(z) - z^{m}\sum\limits_{k=0}^{m-1} f(k)z^{-k}$
3	z 域尺度变换	$a^k f(k)$	$F\left(\dfrac{z}{a}\right)$
4	时域卷积	$f_1(k) * f_2(k)$	$F_1(z) \cdot F_2(z)$
5	频域卷积	$f_1(k) \cdot f_2(k)$	$\dfrac{1}{2\pi \mathrm{j}}\oint_C \dfrac{F_1(\eta) \cdot F_2\left(\dfrac{z}{\eta}\right)}{\eta}\mathrm{d}\mu$
6	z 域微分	$k f(k)$	$-z\dfrac{\mathrm{d}}{\mathrm{d}z}F(z)$
7	z 域积分	$\dfrac{f(k)}{k}(k>0)$	$\displaystyle\int_z^\infty \dfrac{F(\eta)}{\eta}\mathrm{d}\eta$
8	初值定理	\multicolumn{2}{c}{$f(0) = \lim\limits_{z\to\infty} F(z)$}
9	终值定理	\multicolumn{2}{c}{$f(\infty) = \lim\limits_{z\to 1}(z-1)F(z)$}

6.4　反 z 变换

在离散时间信号与系统分析中,从 z 域的象函数 $F(z)$,求出对应时域序列

$f(k)$的过程,称为反 z 变换。常用的方法有幂级数展开法、部分分式展开法和留数法。

一、幂级数展开法

按 $F(z)$ 的反 z 变换公式难以直接计算反 z 变换。由 z 变换的定义 $F(z) = \sum_{k=0}^{\infty} f(k)z^{-k}$ 不难看出,如果已知象函数 $F(z)$,那么只要把 $F(z)$ 按 z^{-1} 的幂展开成幂级数,即

$$F(z) = A_0 + A_1 z^{-1} + A_2 z^{-2} + \cdots \tag{6.26}$$

将此式与 z 变换的定义式比较不难看出

$$A_0 = f(0), A_1 = f(1), A_2 = f(2), \cdots$$

而分式 $F(z)$ 的幂级数可以应用代数中的长除法得到,除后所得商的 z^{-1} 的各幂次项的系数就构成序列 $f(k)$。

例 6.2 求 $F(z) = \dfrac{1}{1 - 0.5z^{-1}}(|z| > 0.5)$ 的原函数 $f(k)$。

解: 由于 $F(z)$ 的收敛域是 $|z| > 0.5$,因而 $f(k)$ 必然是右边序列。此时 $F(z)$ 按 z 的降幂排列成下列形式

$$F(z) = \frac{z}{z - 0.5}$$

进行长除

$$
\begin{array}{r}
1 + 0.5z^{-1} + 0.25z^{-2} + 0.125z^{-3} + \cdots \\
z - 0.5 \overline{\smash{)}\, z } \\
\underline{z - 0.5 } \\
0.5 \\
\underline{0.5 - 0.25z^{-1} } \\
0.25z^{-1} \\
\underline{0.25z^{-1} - 0.125z^{-2} } \\
0.125z^{-2} \\
\cdots
\end{array}
$$

所以

$$F(z) = 1 + 0.5z^{-1} + 0.25z^{-2} + 0.125z^{-3} + \cdots = \sum_{k=0}^{\infty} (0.5)^k z^{-k}$$

故

$$f(k) = (0.5)^k \varepsilon(k)$$

二、部分分式展开法

通常 $F(z)$ 是 z 的有理分式,即

$$F(z)=\frac{N(z)}{D(z)}=\frac{b_m z^m+b_{m-1}z^{m-1}+\cdots+b_1 z+b_0}{z^n+a_{n-1}z^{n-1}+\cdots+a_1 z+a_0} \qquad (6.27)$$

上式中 $n \geqslant m$。若出现 $n<m$ 的情况,可以利用长除法得到一个 z 的多项式和一个满足 $n>m$ 的有理真分式。与求拉普拉斯反变换的方法类似,将式(6.27)中使 $N(z)=0$ 的 m 个根称为 $F(z)$ 的零点,使 $D(z)=0$ 的 n 个根称为 $F(z)$ 的极点。利用部分分式展开法将 $F(z)$ 分解成一些简单易求的分式之和,然后再逐个求反变换后相加得到相应的原函数 $f(k)$。这里与拉普拉斯反变换不同的是为保证得到基本变换的主要形式为 $\frac{z}{z-r}$,通常先对 $\frac{F(z)}{z}$ 展开,然后再乘以 z。

1. $F(z)$ 只含单实极点

式(6.27)可表示为

$$F(z)=\frac{N(z)}{(z-z_1)(z-z_2)\cdots(z-z_n)} \qquad (6.28)$$

上式中 $z_i(i=1,2,\cdots,n)$ 为 n 个互不相等的实极点。$\frac{F(z)}{z}$ 可以展开为

$$\frac{F(z)}{z}=\frac{K_0}{z}+\frac{K_1}{z-z_1}+\frac{K_2}{z-z_2}+\cdots+\frac{K_n}{z-z_n} \qquad (6.29)$$

其中

$$K_i=(z-z_i)\frac{F(z)}{z}\Big|_{z=z_i} \qquad (6.30)$$

再对式(6.29)两边同乘以 z,则有

$$F(z)=K_0+\frac{K_1 z}{z-z_1}+\frac{K_2 z}{z-z_2}+\cdots+\frac{K_n z}{z-z_n} \qquad (6.31)$$

对应原函数为

$$f(k)=K_0\delta(k)+\sum_{i=1}^{n}K_i(z_i)^k\varepsilon(k) \qquad (6.32)$$

例 6.3 求象函数 $F(z)=\dfrac{z^2}{z^2+3z+2}$ 的原函数 $f(k)$。

解: 由

$$F(z)=\frac{z^2}{z^2+3z+2}=\frac{z^2}{(z+1)(z+2)}$$

有

$$\frac{F(z)}{z}=\frac{z}{(z+1)(z+2)}=\frac{K_1}{z+1}+\frac{K_2}{z+2}$$

由式(6.30)得

$$K_1 = (z+1)\frac{F(z)}{z}\Big|_{z=-1} = -1$$

$$K_2 = (z+2)\frac{F(z)}{z}\Big|_{z=-2} = 2$$

故

$$F(z) = -\frac{z}{z+1} + 2\frac{z}{z+2}$$

取反变换得

$$f(k) = [-(-1)^k + 2(-2)^k]\varepsilon(k)$$

2. $F(z)$ 含共轭单极点

为了简化讨论,设 $F(z)$ 只含一对共轭单极点,可展开为

$$\frac{F(z)}{z} = \frac{K_1}{z-z_1} + \frac{K_2}{z-z_2} \tag{6.33}$$

其中 z_1, z_2 为一对共轭单极点,即

$$z_{1,2} = c \pm \mathrm{j}d = \alpha \mathrm{e}^{\pm \mathrm{j}\beta}$$

利用式(6.30)计算系数 K_1 和 K_2,可以证明它们是一对共轭复数,即

$$\begin{cases} K_1 = |K_1|\mathrm{e}^{\mathrm{j}\theta} \\ K_2 = K_1^* = |K_1|\mathrm{e}^{-\mathrm{j}\theta} \end{cases} \tag{6.34}$$

由式(6.33),将 z_1, z_2 和 K_1, K_2 代入可得

$$F(z) = \frac{|K_1|\mathrm{e}^{\mathrm{j}\theta}z}{z-\alpha \mathrm{e}^{\mathrm{j}\beta}} + \frac{|K_1|\mathrm{e}^{-\mathrm{j}\theta}z}{z-\alpha \mathrm{e}^{-\mathrm{j}\beta}} \tag{6.35}$$

故其原函数为

$$\begin{aligned} f(k) &= |K_1|\mathrm{e}^{\mathrm{j}\theta}(\alpha \mathrm{e}^{\mathrm{j}\beta})^k + |K_1|\mathrm{e}^{-\mathrm{j}\theta}(\alpha \mathrm{e}^{-\mathrm{j}\beta})^k \\ &= 2|K_1|\alpha^k \cos(\beta k + \theta)\varepsilon(k) \end{aligned} \tag{6.36}$$

例 6.4 求象函数 $F(z) = \dfrac{z^2}{z^2+4^2}$,$|z| > 4$ 的原函数 $f(k)$。

解: 将 $\dfrac{F(z)}{z}$ 展开为

$$\frac{F(z)}{z} = \frac{z}{z^2+4} = \frac{z}{(z-\mathrm{j}2)(z+\mathrm{j}2)}$$

其极点分别为 $z_{1,2} = \pm \mathrm{j}2$,上式可展开为

$$\frac{F(z)}{z} = \frac{K_1}{z-\mathrm{j}2} + \frac{K_2}{z+\mathrm{j}2}$$

各系数为

$$K_1 = (z-\mathrm{j}2) \cdot \frac{F(z)}{z}\Big|_{z=\mathrm{j}2} = \frac{1}{2}$$

$$K_2 = K_1^* = \frac{1}{2}$$

从而

$$F(z) = \frac{1}{2}\left(\frac{z}{z-\mathrm{j}2} + \frac{z}{z+\mathrm{j}2}\right)$$

其原函数为

$$F(z) = \frac{1}{2}\Big[(\mathrm{j}2)^k + (-\mathrm{j}2)^k\Big]\varepsilon(k)$$

$$= \frac{1}{2}\Big[(2)^k \mathrm{e}^{\mathrm{j}\frac{\pi}{2}k} + (2)^k \mathrm{e}^{-\mathrm{j}\frac{\pi}{2}k}\Big]\varepsilon(k)$$

$$= (2)^k \cos\left(\frac{\pi}{2}k\right)\varepsilon(k)$$

3. $F(z)$ 含有重极点

为了简化讨论,设 $F(z)$ 仅在 $z=z_1$ 处含有 r 重极点,可展开为

$$\frac{F(z)}{z} = \frac{K_{11}}{(z-z_1)^r} + \frac{K_{12}}{(z-z_1)^{r-1}} + \cdots + \frac{K_{1r}}{z-z_1} \tag{6.37}$$

可以证明,上式中各系数为

$$K_{1i} = \frac{1}{(i-1)!}\frac{\mathrm{d}^{i-1}}{\mathrm{d}z^{i-1}}\left[(z-z_1)^r\frac{F(z)}{z}\right]_{z=z_1} \tag{6.38}$$

相应地,运用常用的 z 变换式

$$\mathscr{Z}^{-1}\left[\frac{z}{z-z_1}\right] = (z_1)^k\varepsilon(k)$$

$$\mathscr{Z}^{-1}\left[\frac{z}{(z-z_1)^2}\right] = k(z_1)^k\varepsilon(k-1)$$

$$\mathscr{Z}^{-1}\left[\frac{z}{(z-z_1)^3}\right] = \frac{1}{2}k(k-1)(z_1)^k\varepsilon(k-2)$$

可逐项求出。

例 6.5　求象函数 $F(z) = \dfrac{z^3+z^2}{(z-1)^3}$　（$|z|>1$）的原函数 $f(k)$。

解：　将 $\dfrac{F(z)}{z}$ 展开

$$\frac{F(z)}{z} = \frac{z^2+z}{(z-1)^3} = \frac{K_{11}}{(z-1)^3} + \frac{K_{12}}{(z-1)^2} + \frac{K_{13}}{z-1}$$

上式中各系数

$$K_{11} = (z-1)^3 \cdot \frac{F(z)}{z}\Big|_{z=1} = 2$$

$$K_{12} = \frac{\mathrm{d}}{\mathrm{d}z}\left[(z-1)^3 \cdot \frac{F(z)}{z}\right]_{z=1} = 2z+1\Big|_{z=1} = 3$$

$$K_{13}=\frac{1}{2}\frac{\mathrm{d}}{\mathrm{d}z}(2z+1)\Big|_{z=1}=1$$

则有

$$F(z)=\frac{2z}{(z-1)^3}+\frac{3z}{(z-1)^2}+\frac{z}{z-1}$$

其原函数为

$$f(k)=k(k-1)\varepsilon(k-2)+3k\varepsilon(k-1)+\varepsilon(k)$$

双边 z 变换与双边拉普拉斯变换求法相似,由象函数求原函数时首先应根据给定的收敛域和各极点的关系确定其对应的是左边序列还是右边序列。

例 6.6 求 $F(z)=\dfrac{2z^2}{(z-1)(z-2)}$,$(1<|z|<2)$的原函数 $f(k)$。

解: 将$\dfrac{F(z)}{z}$展开为部分分式

$$\frac{F(z)}{z}=\frac{2z}{(z-1)(z-2)}=\frac{-2}{z-1}+\frac{4}{z-2}$$

$$F(z)=\frac{-2z}{z-1}+\frac{4z}{z-2}$$

由所给定的收敛域知,$z=1$ 的极点在收敛域内,相应的部分分式项对应为右边序列 $f_a(k)$。而 $z=2$ 的极点在收敛域外,相应的部分分式项对应为左边序列 $f_b(k)$。右边序列

$$f_a(k)=\mathscr{Z}^{-1}\left\{\frac{-2z}{z-1}\right\}=-2\varepsilon(k)$$

左边序列的求取可按求正变换时的步骤反过来进行,即令 $z=w^{-1}$ 得

$$F(w)=\frac{4z}{z-2}\Big|_{z=w^{-1}}=\frac{4w^{-1}}{w^{-1}-2}=\frac{-2}{w-\dfrac{1}{2}}$$

对 $F(w)$ 求单边反 $\mathscr{L}$ 变换得

$$f_b(n)=\mathscr{L}^{-1}\{F(w)\}=-2\left(\frac{1}{2}\right)^{n-1}\varepsilon(n-1)$$

再令 $n=-k$ 代入则得

$$f_b(k)=f_b(n)\big|_{n=-k}=-2\left(\frac{1}{2}\right)^{-k-1}\varepsilon(-k-1)=-4(2)^k\varepsilon(-k-1)$$

所以

$$f(k)=f_a(k)+f_b(k)=-2\varepsilon(k)-4(2)^k\varepsilon(-k-1)$$

事实上,如果 $F(z)$ 对应的右边序列为 $f(k)\varepsilon(k)$,则同一 $F(z)$ 对应的左边序列则为 $-f(k)\varepsilon(-k-1)$。

三、留数法

反 z 变换也可以像拉普拉斯反变换那样用围线积分方法来计算,设 C 是收敛域内包含 $F(z)z^{k-1}$ 全部极点的闭合积分路径,则根据复变函数的留数定理有

$$f(k)=\frac{1}{2\pi j}\oint_C F(z)z^{k-1}\mathrm{d}z$$

$$=\sum_i \mathrm{Res}[F(z)z^{k-1},z_i]_{C内诸极点} \qquad (6.39)$$

式(6.39)表明,原函数 $f(k)$ 等于 C 内 $F(z)z^{k-1}$ 的所有极点的留数之和。

如果 $F(z)z^{k-1}$ 在 $z=z_i$ 有单极点,则

$$\mathrm{Res}[F(z)z^{k-1},z_i]=[F(z)z^{k-1}(z-z_i)]_{z=z_i} \qquad (6.40)$$

如果 $F(z)z^{k-1}$ 在 $z=z_i$ 有 m 阶重极点,则

$$\mathrm{Res}[F(z)z^{k-1},z_i]=\frac{1}{(m-1)!}\left\{\frac{\mathrm{d}^{m-1}}{\mathrm{d}z^{m-1}}[(z-z_i)^m F(z)z^{k-1}]\right\}\bigg|_{z=z_i} \qquad (6.41)$$

例 6.7   用留数法求象函数 $F(z)=\dfrac{z(z+1)}{(z-3)(z-1)^2}$ ($|z|>3$)的原函数 $f(k)$。

解:
$$F(z)z^{k-1}=\frac{z^k(z+1)}{(z-3)(z-1)^2}$$

在 $z_1=3$ 有单极点,在 $z_2=1$ 有二重极点。分别由式(6.40)和(6.41)求得

$$\mathrm{Res}[F(z)z^{k-1},3]\bigg|_{z=3}=[F(z)z^{k-1}(z-3)]\bigg|_{z=3}=\frac{z^k(z+1)}{(z-1)^2}\bigg|_{z=3}=3^k,k\geqslant 0$$

$$\mathrm{Res}[F(z)z^{k-1},1]\bigg|_{z=1}=\frac{1}{(2-1)!}\frac{\mathrm{d}}{\mathrm{d}z}\left[\frac{z^k(z+1)}{z-3}\right]\bigg|_{z=1}=-k-1,k\geqslant 0$$

从而

$$f(k)=(3^k-k-1)\varepsilon(k)$$

6.5 z 变换与傅里叶变换、拉普拉斯变换的关系

前面所讨论的傅里叶变换、拉普拉斯变换和 z 变换这三种变换域分析法之间有着密切的联系,在一定条件下可以相互转换。

首先看 z 变换与傅里叶变换的关系。考虑单位圆上的 z 变换,即 $z=\mathrm{e}^{j\omega}$,那么

$$F(z)|_{z=\mathrm{e}^{j\omega}}=F(\mathrm{e}^{j\omega})=\sum_{k=-\infty}^{\infty}f(k)\mathrm{e}^{-j\omega k}=F_\delta(j\omega) \qquad (6.42)$$

　　上式表明离散序列 $f(k)$ 在单位圆上的 z 变换等于与此序列相对应的连续时间函数 $f(t)$ 进行理想抽样后函数的傅里叶变换。

　　在离散时间信号与系统分析中应用 z 变换,其作用类似于在连续时间信号和系统分析中应用拉普拉斯变换,当令 $z=\mathrm{e}^{sT}$ 时

$$F(z)\bigg|_{z=\mathrm{e}^{sT}}=F_\delta(s) \tag{6.43}$$

　　上式说明,此时的 z 变换就是相应的连续时间函数 $f(t)$ 经过理想抽样后的函数的拉普拉斯变换。

　　z 变换和拉氏变换的关系还可以由两者在 z 平面和 s 平面的对应关系来说明。将 $s=\sigma+\mathrm{j}\omega$ 代入 $z=\mathrm{e}^{sT}$ 得

$$z=\mathrm{e}^{(\sigma+\mathrm{j}\omega)T}=\mathrm{e}^{\sigma T}\,\mathrm{e}^{\mathrm{j}\omega T}=|z|\,\mathrm{e}^{\mathrm{j}\theta} \tag{6.44}$$

从而

$$\begin{cases}|z|=\mathrm{e}^{\sigma T}\\\theta=\omega T\end{cases} \tag{6.45}$$

不妨令 $T=1$,有

$$\begin{cases}|z|=\mathrm{e}^{\sigma}\\\theta=\omega\end{cases} \tag{6.46}$$

由此得出 s 平面和 z 平面的映射关系:

　　(1) s 平面的虚轴($\sigma=0,s=\mathrm{j}\omega$)映射为 z 平面上的单位圆($|z|=1,\theta=\omega$);

　　(2) 左半 s 平面($\sigma<0$)映射为 z 平面上单位圆内的部分($|z|<1$);

　　(3) 右半 s 平面($\sigma>0$)映射为 z 平面上单位圆外的部分($|z|>1$);

　　(4) s 平面的实轴($\omega=0,s=\sigma$)映射为 z 平面的正实轴,s 平面平行于实轴的直线映射为 z 平面上始于原点的辐射线。

　　但需注意,s 平面和 z 平面的映射关系并不是一一对应的单值映射,可以证明 s 平面上沿虚轴每平移 $\dfrac{2\pi}{T}$,则映射为整个 z 平面一次。

6.6　离散时间系统的 z 域分析

　　与连续时间系统分析时,通过拉普拉斯变换将微分方程转变成代数方程求解类似,在离散时间系统分析时,通过 z 变换将描述系统的差分方程转变成代数方程求解,并可同时求得系统的零输入响应、零状态响应和全响应。

一、利用 z 变换求解差分方程

线性时不变离散时间系统由常系数线性差分方程描述,设其激励为 $e(k)$,

响应为 $y(k)$，描述 n 阶系统的后向差分方程的一般形式可写为

$$\sum_{i=0}^{n} a_{n-i} y(k-i) = \sum_{j=0}^{m} b_{m-j} e(k-j) \tag{6.47}$$

式中 $a_{n-i}(i=0,1,2,\cdots,n)$ 和 $b_{m-j}(j=0,1,2,\cdots,m)$ 均为实数。

设 $y(k) \leftrightarrow Y(z)$，系统的初始状态为 $y(-1), y(-2), \cdots, y(-n)$，根据单边 z 变换的移位特性，有

$$y(k-i) \leftrightarrow z^{-i} Y(z) + \sum_{k=0}^{i-1} y(k-i) z^{-k} \tag{6.48}$$

又 $e(k)$ 在 $k=0$ 时接入，则 $e(-1)=e(-2)=\cdots=e(-m)=0$，同上有

$$e(k-j) \leftrightarrow z^{-j} E(z) \tag{6.49}$$

对式(6.47)两边取单边 z 变换，并代入式(6.48)和式(6.49)，得

$$\sum_{i=0}^{n} a_{n-i} \Big[z^{-i} Y(z) + \sum_{k=0}^{i-1} y(k-i) z^{-k} \Big] = \sum_{j=0}^{m} b_{m-j} [z^{-j} E(z)]$$

即可得

$$Y(z) = \frac{-\sum_{i=0}^{n} a_{n-i} \Big[\sum_{k=0}^{i-1} y(k-i) z^{-k} \Big]}{\sum_{i=0}^{k} a_{n-i} z^{-i}} + \frac{\sum_{j=0}^{m} b_{m-j} z^{-j}}{\sum_{i=0}^{k} a_{n-i} z^{-i}} E(z) \tag{6.50}$$

由式(6.50)可见，第一项仅与初始状态有关而与输入无关，则对应的是零输入响应 $y_{zi}(k)$ 的象函数 $Y_{zi}(z)$；其第二项仅与输入有关而与初始状态无关，对应零状态响应 $y_{zs}(k)$ 的象函数 $Y_{zs}(z)$。对式(6.50)求反 z 变换，即求得系统的全响应。

由此得出，利用 z 变换求解系统的响应的一般步骤：

(1) 对给定的差分方程两边取 z 变换，求得 z 域内的响应 $Y(z)$；

(2) 对 $Y(z)$ 进行反 z 变换，即可求得时域响应 $y(k)$。

例 6.8 一离散系统的差分方程为

$$y(k) + \frac{1}{2} y(k-1) - \frac{1}{2} y(k-2) = e(k)$$

已知激励 $e(k) = 2^k \varepsilon(k)$，初始状态 $y(-1)=1, y(-2)=0$，求系统的零输入响应、零状态响应和全响应。

解： 对差分方程两边取单边 z 变换，得

$$Y(z) + \frac{1}{2} [z^{-1} Y(z) + y(-1)] - \frac{1}{2} [z^{-2} Y(z) + z^{-1} y(-1) + y(-2)] = E(z)$$

上式整理得

$$Y(z) = \frac{\frac{1}{2} y(-1)(z^{-1}-1) + \frac{1}{2} y(-2)}{1 + \frac{1}{2} z^{-1} - \frac{1}{2} z^{-2}} + \frac{1}{1 + \frac{1}{2} z^{-1} - \frac{1}{2} z^{-2}} E(z)$$

$$= Y_{zi}(z) + Y_{zs}(z)$$

将初始状态代入零输入响应的象函数,得

$$Y_{zi}(z) = \frac{\frac{1}{2} y(-1)(z^{-1}-1) + \frac{1}{2} y(-2)}{1 + \frac{1}{2} z^{-1} - \frac{1}{2} z^{-2}} = \frac{\frac{1}{2}(z^{-1}-1)}{1 + \frac{1}{2} z^{-1} - \frac{1}{2} z^{-2}}$$

$$= \frac{-\frac{1}{2} z(z-1)}{z^2 + \frac{1}{2} z - \frac{1}{2}} = \frac{-\frac{1}{2} z(z-1)}{(z+1)\left(z-\frac{1}{2}\right)}$$

$$= \frac{-\frac{2}{3} z}{z+1} + \frac{\frac{1}{6} z}{z-\frac{1}{2}}$$

故零输入响应

$$y_{zi}(k) = \left[-\frac{2}{3}(-1)^k + \frac{1}{6}\left(\frac{1}{2}\right)^k \right] \varepsilon(k)$$

将 $e(k) \leftrightarrow E(z) = \dfrac{z}{z-2}$ 代入零状态响应的象函数,得

$$Y_{zs}(z) = \frac{1}{1 + \frac{1}{2} z^{-1} - \frac{1}{2} z^{-2}} E(z) = \frac{z^2}{z^2 + \frac{1}{2} z - \frac{1}{2}} \cdot \frac{z}{z-2}$$

$$= \frac{\frac{2}{9} z}{z+1} - \frac{\frac{1}{9} z}{z-\frac{1}{2}} + \frac{\frac{8}{9} z}{z-2}$$

故零状态响应

$$y_{zs}(k) = \left[\frac{2}{9}(-1)^k - \frac{1}{9}\left(\frac{1}{2}\right)^k + \frac{8}{9}(2)^k \right] \varepsilon(k)$$

系统全响应

$$y(k) = y_{zi}(k) + y_{zs}(k) = \left[-\frac{4}{9}(-1)^k + \frac{1}{18}\left(\frac{1}{2}\right)^k + \frac{8}{9}(2)^k \right] \varepsilon(k)$$

二、系统函数

描述 n 阶离散时间系统的后向差分方程一般形式为

$$\sum_{i=0}^{n} a_{n-i} y(k-i) = \sum_{j=0}^{m} b_{m-j} e(k-j) \tag{6.51}$$

其中 $a_n = 1$。若 $e(k)$ 在 $k=0$ 时作用于系统,即 $k<0$ 时,$e(k)=0$。同时,在零状态情况下,$y(-1)=y(-2)=\cdots=y(-n)=0$。在零状态情况下对式(6.51)两

边取单边 z 变换,得

$$Y_{zs}(z) \cdot \sum_{i=0}^{n} a_{n-i} z^{-i} = E(z) \cdot \sum_{j=0}^{m} b_{m-j} z^{-j} \tag{6.52}$$

由式(6.52)可得

$$H(z) = \frac{Y_{zs}(z)}{E(z)} = \frac{\sum_{j=0}^{m} b_{m-j} z^{-j}}{\sum_{i=0}^{n} a_{n-i} z^{-i}} \tag{6.53}$$

可见系统函数 $H(z)$ 仅取决于系统本身的特性,而与激励和响应的形式无关,由系统的差分方程可以确定系统函数 $H(z)$;反之,已知系统函数 $H(z)$,可得到描述系统的差分方程。

由式(6.53),系统零状态响应的象函数就可表示为

$$Y_{zs}(z) = H(z)E(z) \tag{6.54}$$

则系统的零状态响应为

$$y_{zs}(k) = \mathscr{Z}^{-1}[H(z)E(z)] \tag{6.55}$$

由离散时间系统的时域分析已知系统的零状态响应 $y_{zs}(k)$ 等于单位样值响应 $h(k)$ 与激励 $e(k)$ 的卷积和,即

$$y_{zs}(k) = h(k) * e(k) \tag{6.56}$$

这一结论在 z 域中的对应关系是:零状态响应的象函数 $Y_{zs}(z)$ 等于系统函数 $H(z)$ 与激励象函数 $E(z)$ 的乘积,如式(6.54)所示。

当系统的激励为单位冲激序列 $\delta(k)$ 时,其零状态响应称为单位样值响应 $h(k)$,则有

$$E(z) = \mathscr{Z}[\delta(k)] = 1$$

故式(6.54)变为

$$Y_{zs}(z) = H(z)$$

则有

$$h(k) \leftrightarrow H(z) \tag{6.57}$$

系统函数 $H(z)$ 与单位样值响应 $h(k)$ 构成一对 z 变换对。

例 6.9   描述某系统的差分方程为

$$y(k) - \frac{1}{6}y(k-1) - \frac{1}{6}y(k-2) = e(k) + 2e(k-1)$$

求系统的单位样值响应 $h(k)$。

解: 在零状态条件下,对差分方程两边求单边 z 变换,得

$$Y_{zs}(z) - \frac{1}{6}z^{-1}Y_{zs}(z) - \frac{1}{6}z^{-2}Y_{zs}(z) = E(z) + 2z^{-1}E(z)$$

由上式可得

$$H(z) = \frac{Y_{zs}(z)}{E(z)} = \frac{1 + 2z^{-1}}{1 - \frac{1}{6}z^{-1} - \frac{1}{6}z^{-2}} = \frac{z^2 + 2z}{z^2 - \frac{1}{6}z - \frac{1}{6}}$$

将上式展开为部分分式,得

$$H(z) = \frac{z^2 + 2z}{z^2 - \frac{1}{6}z - \frac{1}{6}} = \frac{3z}{z - \frac{1}{2}} + \frac{-2z}{z + \frac{1}{3}}$$

故单位样值响应

$$h(k) = \mathscr{Z}^{-1}[H(z)] = \left[3\left(\frac{1}{2}\right)^k - 2\left(-\frac{1}{3}\right)^k \right]\varepsilon(k)$$

三、$H(z)$ 的零极点分布与单位样值响应 $h(k)$ 的关系

一般地说,系统函数 $H(z)$ 可表示为 z 的有理式形式

$$H(z) = \frac{N(z)}{D(z)} = \frac{b_m z^m + b_{m-1} z^{m-1} + \cdots + b_1 z + b_0}{z^n + a_{n-1} z^{n-1} + \cdots + a_1 z + a_0}$$

$$= H_0 \frac{(z - z_1)(z - z_2)\cdots(z - z_m)}{(z - p_1)(z - p_2)\cdots(z - p_n)} \tag{6.58}$$

式中使 $D(z) = 0$ 的根 $p_1, p_2, \cdots, p_n$ 为系统的极点;使 $N(z) = 0$ 的根 $z_1, z_2, \cdots, z_m$ 为系统的零点,H_0 为常数。

为了讨论方便,设 $H(z)$ 中只含有单极点,这样系统函数 $H(z)$ 可展开成如下形式得部分分式之和的形式

$$H(z) = \sum_{i=0}^{n} \frac{K_i z}{z - p_i}$$

式中 $p_0 = 0$,取其反 z 变换,即得到系统的单位样值响应

$$h(k) = K_0 \delta(k) + \sum_{i=1}^{n} K_i (p_i)^k \varepsilon(k) \tag{6.59}$$

由式(6.59)可见,$H(z)$ 的每个极点决定了 $h(k)$ 的一项时间序列。$h(k)$ 的各分量的函数形式只取决于 $H(z)$ 的极点,$H(z)$ 的零点只影响 $h(k)$ 的幅值和相位。按 $H(z)$ 的极点在 z 平面上的位置可分为:在单位圆内、在单位圆外和在单位圆上。极点 z_i 可以是实数,也可以是成对的共轭复数。其对应关系如下:

(1) 当 $|p_i| < 1$,即 $H(z)$ 的极点在单位圆内,则 $\lim\limits_{k \to \infty} K_i p_i^k = 0$,其对应 $h(k)$ 为衰减序列。若 $H(z)$ 的极点为实极点,则 $h(k)$ 为指数衰减序列;若 $H(z)$ 的极点为共轭复数极点,则 $h(k)$ 为衰减振荡序列;

(2) 当 $|p_i| > 1$,即 $H(z)$ 的极点在单位圆外,则 $\lim\limits_{k \to \infty} K_i p_i^k \to \infty$,其对应 $h(k)$ 为单调增长序列或振荡增长序列;

(3) 当 $|p_i| = 1$,即 $H(z)$ 的极点在单位圆上,若 $H(z)$ 的极点为实极点,则 $h(k)$ 为阶跃序列;若 $H(z)$ 的极点为共轭复数极点,则 $h(k)$ 为等幅振荡序列。

图 6.1*给出了 $H(z)$ 的极点位置与 $h(k)$ 波形的示意图。

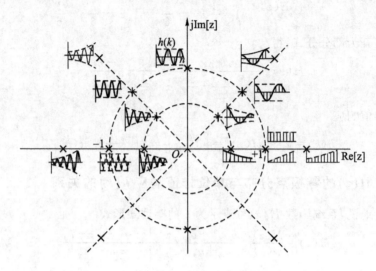

图 6.1　$H(z)$ 的极点位置与 $h(k)$ 波形的对应关系

四、离散时间系统的稳定性和因果性

与连续时间系统的稳定性定义相似,若对任意有界输入序列 $e(k)$,其零状态响应 $y_{zs}(k)$ 也是有界的序列,则该离散时间系统是稳定的,即

若 $$|e(k)|<M_e,$$

有 $$|y_{zs}(k)|<M_y$$

其中 M_e,M_y 为有限大正值,则称该系统是稳定的。可以证明,离散时间系统稳定的充要条件是

$$\sum_{k=-\infty}^{\infty}|h(k)|<\infty \tag{6.60}$$

即系统的单位样值响应 $h(k)$ 满足绝对可和条件。

而 $H(z)=\sum_{k=0}^{\infty}h(k)z^{-k}$,当 $z=1$ 时,对于因果系统有

$$\sum_{k=0}^{\infty}|h(k)|<\infty \tag{6.61}$$

满足绝对可和条件的单位样值响应 $h(k)$ 一定是随着 k 增长而衰减的序列,即

$$\lim_{k\to\infty}h(k)=0 \tag{6.62}$$

---

*　图 6.1 节选自郑君里等编《信号与系统》(第 2 版)。

由于 $h(k)$ 的变化规律完全取决于 $H(z)$ 的极点分布情况,所以根据前面的讨论,可以得出如下结论:

(1) 若 $H(z)$ 全部极点位于单位圆内,则系统一定是稳定的;

(2) 若 $H(z)$ 有一阶极点(实极点或共轭极点)位于单位圆上,而单位圆外无极点,则该系统是临界稳定的;

(3) 只要 $H(z)$ 的极点有一个位于单位圆外,或在单位圆上有重极点,则该系统一定是不稳定的。

例 6.10 某离散时间系统的差分方程为

$$y(k)+0.1y(k-1)-0.2y(k-2)=e(k)+e(k-1)$$

试求系统函数 $H(z)$,并讨论系统的稳定性。

解: 对差分方程两边求单边 z 变换,得

$$H(z)=\frac{Y_{zs}(z)}{E(z)}=\frac{1+z^{-1}}{1+0.1z^{-1}-0.2z^{-2}}$$

整理后

$$H(z)=\frac{z(z+1)}{(z-0.4)(z+0.5)}$$

由于 $H(z)$ 的极点 $p_1=0.4$,$p_2=-0.5$,均在单位圆内,故该系统是稳定的。

6.7 离散时间系统的频率响应

一、定义

离散时间系统的单位样值响应 $h(k)$ 的傅里叶变换,称为离散时间系统的频率响应,用 $H(e^{j\omega})$ 表示。定义为

$$H(e^{j\omega})=H(z)\big|_{z=e^{j\omega}}=\sum_{k=0}^{\infty}h(k)e^{-jk\omega} \tag{6.63}$$

$H(e^{j\omega})$ 通常是复数,可写成

$$H(e^{j\omega})=|H(e^{j\omega})|e^{j\varphi(\omega)} \tag{6.64}$$

式中 $|H(e^{j\omega})|$ 为系统的幅度响应,$\varphi(\omega)$ 为系统的相位响应。

二、频率响应的矢量表示法

离散时间系统的频率响应与连续时间系统类似,也可以用矢量作图法,将其 $|H(e^{j\omega})|\sim\omega$ 和 $\varphi(\omega)\sim\omega$ 的关系直观表示出来。

若已知离散时间系统 $H(z)$

$$H(z) = H_0 \frac{\prod\limits_{j=1}^{m}(z - z_j)}{\prod\limits_{i=1}^{n}(z - p_i)} \tag{6.65}$$

则
$$H(e^{j\omega}) = H(z)\Big|_{z=e^{j\omega}} = H_0 \frac{\prod\limits_{j=1}^{m}(e^{j\omega} - z_j)}{\prod\limits_{i=1}^{n}(e^{j\omega} - p_i)} = |H(e^{j\omega})| e^{j\varphi(\omega)} \tag{6.66}$$

令
$$e^{j\omega} - z_j = B_j e^{j\psi_j} \tag{6.67}$$
$$e^{j\omega} - p_i = A_i e^{j\theta_i}$$

式(6.66)可写为

$$H(e^{j\omega}) = H_0 \frac{\prod\limits_{j=1}^{m} B_j}{\prod\limits_{i=1}^{n} A_i} e^{j(\sum\limits_{j=1}^{m}\psi_j - \sum\limits_{i=1}^{n}\theta_i)} \tag{6.68}$$

从而可得,幅度响应为

$$|H(e^{j\omega})| = H_0 \frac{\prod\limits_{j=1}^{m} B_j}{\prod\limits_{i=1}^{n} A_i} \tag{6.69}$$

相位响应为

$$\varphi(\omega) = \sum_{j=1}^{m} \psi_j - \sum_{i=1}^{n} \theta_i \tag{6.70}$$

显然,式中 B_j、ψ_j 分别表示 z 平面上零点 z_j 到单位圆上某点 $e^{j\omega}$ 的矢量($e^{j\omega} - z_j$)的长度和辐角,A_i、θ_i 分别表示 z 平面上极点 p_i 到单位圆上某点 $e^{j\omega}$ 的矢量($e^{j\omega} - p_i$)的长度和辐角,如图 6.2 所示,为一实零点 z_1 和一对共轭复数极点 p_1,p_2 对应的矢量图。

由于 $H(e^{j\omega})$ 呈周期性变换,因此单位圆上的点随 ω 移动一周,即可以得到全部的频率响应。这样就可用描点的方法近似绘出频率响应的幅度响应曲线 $|H(e^{j\omega})| \sim \omega$ 和 $\varphi(\omega) \sim \omega$。

*例 6.11　某一阶离散时间系统的差分方程为
$$y(k) - a_1 y(k-1) = e(k) \quad (0 < a_1 < 1)$$
求系统的频率响应。

解：　在零状态条件下,对差分方程两边求单边 z 变换,得

---

　*　例 6.11 题节选自郑君里等编《信号与系统》(第 2 版)。

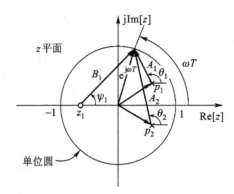

图 6.2　频率响应函数 $H(e^{j\omega})$ 中诸因子的矢量表示法

$$Y(z) - a_1 z^{-1} Y(z) = E(z)$$

其系统函数为

$$H(z) = \frac{Y(z)}{E(z)} = \frac{z}{z - a_1} \quad (|z| > a_1)$$

单位样值响应为

$$h(k) = a_1^k \varepsilon(k)$$

这样,该一阶系统的频率响应为

$$H(e^{j\omega}) = \frac{e^{j\omega}}{e^{j\omega} - a_1} = \frac{1}{(1 - a_1 \cos\omega) + j a_1 \sin\omega}$$

于是,幅度响应

$$|H(e^{j\omega})| = \frac{1}{\sqrt{1 + a_1^2 - 2a_1 \cos\omega}}$$

相位响应

$$\varphi(\omega) = -\arctan\left(\frac{a_1 \sin\omega}{1 - a_1 \cos\omega}\right)$$

$h(k)$,$|H(e^{j\omega})|$,$\varphi(\omega)$ 的波形分别如图 6.3(b)、(c)、(d)所示。显然为了保证该系统稳定,要求 $|a_1| < 1$。若 $0 < a_1 < 1$,则系统呈低通特性;若 $-1 < a_1 < 0$,则系统呈高通特性;若 $a_1 = 0$ 则呈全通特性。

三、单边指数信号作用下的稳态响应

设离散时间系统的输入为 $e(k) = e^{jk\omega}\varepsilon(k)$,系统的单位样值响应为 $h(k)$,则系统的零状态响应 $y_{zs}(k)$ 为

$$y_{zs}(k) = \sum_{n=0}^{\infty} h(n) e(k-n) = \sum_{n=0}^{\infty} h(n) e^{j\omega(k-n)}$$

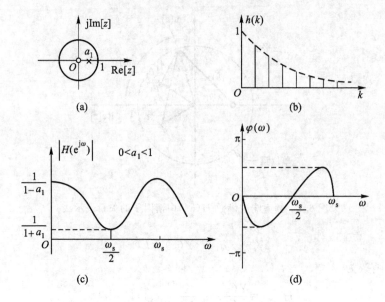

图 6.3　一阶离散时间系统的频率响应

$$= \mathrm{e}^{\mathrm{j}\omega k} \sum_{n=0}^{\infty} h(n) \mathrm{e}^{-\mathrm{j}\omega n} \tag{6.71}$$

而

$$\sum_{n=0}^{\infty} h(n) \mathrm{e}^{-\mathrm{j}\omega n} = H(\mathrm{e}^{\mathrm{j}\omega}) \tag{6.72}$$

则式(6.71)即可写成

$$y_{\mathrm{zs}}(k) = H(\mathrm{e}^{\mathrm{j}\omega}) \mathrm{e}^{\mathrm{j}k\omega} \tag{6.73}$$

此式说明,系统对离散指数序列的稳态响应仍是一离散指数序列,该响应的复数振幅是 $H(\mathrm{e}^{\mathrm{j}\omega})$。

四、正弦信号作用下的稳态响应

设因果稳定系统的输入为 $e(k) = A\sin(k\omega)\varepsilon(k)$

其 z 变换为

$$E(z) = \mathscr{L}\left[A\sin(k\omega)\varepsilon(k)\right] = \frac{Az\sin\omega}{z^2 - 2z\cos\omega + 1} = \frac{Az\sin\omega}{(z - \mathrm{e}^{\mathrm{j}\omega})(z - \mathrm{e}^{-\mathrm{j}\omega})}$$

于是系统零状态响应的象函数 $Y_{\mathrm{zs}}(z)$ 为

$$Y_{\mathrm{zs}}(z) = E(z)H(z) = \frac{Az\sin\omega}{(z - \mathrm{e}^{\mathrm{j}\omega})(z - \mathrm{e}^{-\mathrm{j}\omega})} H(z) \tag{6.74}$$

因为系统是稳定的,$H(z)$ 的极点均位于单位圆内,且不与 $E(z)$ 的极点 $\mathrm{e}^{\pm\mathrm{j}\omega}$ 重合,有

$$Y_{zs}(z) = \frac{az}{z-e^{j\omega}} + \frac{bz}{z-e^{-j\omega}} + \sum_{i=1}^{m} \frac{A_i z}{z-p_i} \qquad (6.75)$$

式中 $a = (z-e^{j\omega})\dfrac{Y_{zs}(z)}{z}\bigg|_{z=e^{j\omega}} = \dfrac{H(e^{j\omega})}{2j}$，$b = -\dfrac{H(e^{-j\omega})}{2j}$，$p_i$ 是 $\dfrac{H(z)}{z}$ 的极点。

$H(e^{j\omega})$ 与 $H(e^{-j\omega})$ 是共轭复数，令

$$\begin{cases} H(e^{j\omega}) = |H(e^{j\omega})| e^{j\varphi} \\ H(e^{-j\omega}) = |H(e^{j\omega})| e^{-j\varphi} \end{cases} \qquad (6.76)$$

将 a、b 代入到式(6.75)得

$$Y_{zs}(z) = \frac{|H(e^{j\omega})|}{2j}\left(\frac{ze^{j\varphi}}{z-e^{j\omega}} - \frac{ze^{-j\varphi}}{z-e^{-j\omega}}\right) + \sum_{i=1}^{m} \frac{A_i z}{z-p_i} \qquad (6.77)$$

显然，$Y_{zs}(z)$ 的反 z 变换为

$$y_{zs}(k) = \frac{|H(e^{j\omega})|}{2j}(e^{j(k\omega+\varphi)} - e^{-j(k\omega+\varphi)}) + \sum_{i=1}^{m} A_i(p_i)^k \qquad (6.78)$$

当 $k\to\infty$ 时，最后一项趋于零，故稳态响应 $y_{ss}(k)$ 就是

$$y_{ss}(k) = |H(e^{j\omega})|\sin(k\omega+\varphi)\varepsilon(k) \qquad (6.79)$$

由式(6.78)可以看出，若输入时正弦序列，则系统的稳态响应也是正弦序列。

例 6.12 已知某线性时不变因果稳定系统的差分方程为

$$y(k) - y(k-1) + \frac{1}{2}y(k-2) = e(k-1)$$

试求：(1) 系统函数 $H(z)$ 及频率响应 $H(e^{j\omega})$；(2) 单位样值响应 $h(k)$；(3) 若激励 $e(k) = 5\cos(k\pi)\varepsilon(k)$，求稳态响应 $y_{ss}(k)$。

解：

(1) 在零状态条件下，对差分方程两边求单边 z 变换，可得

$$H(z) = \frac{Y_{zs}(z)}{E(z)} = \frac{z^{-1}}{1-z^{-1}+0.5z^{-2}} = \frac{z}{z^2-z+0.5}$$

其频率响应

$$H(e^{j\omega}) = H(z)|_{z=e^{j\omega}} = \frac{e^{j\omega}}{e^{j2\omega}-e^{j\omega}+0.5}$$

(2) 由(1)所得

$$H(z) = \frac{z}{z^2-z+0.5} = \frac{-jz}{z-\frac{\sqrt{2}}{2}e^{\frac{\pi}{4}j}} + \frac{jz}{z-\frac{\sqrt{2}}{2}e^{-\frac{\pi}{4}j}}$$

求反 z 变换得单位样值响应

$$h(k) = -j\left(\frac{\sqrt{2}}{2}e^{\frac{\pi}{4}j}\right)^k \varepsilon(k) + j\left(\frac{\sqrt{2}}{2}e^{-\frac{\pi}{4}j}\right)^k \varepsilon(k)$$

$$= 2\left(\frac{\sqrt{2}}{2}\right)^k \sin\left(\frac{k\pi}{4}\right)\varepsilon(k)$$

（3）因 $e(k)=5\cos(k\pi)\varepsilon(k)$，对应 $\omega=\pi$，有

$$H(\mathrm{e}^{\mathrm{j}\pi})=H(\mathrm{e}^{\mathrm{j}\omega})\Big|_{\omega=\pi}=\frac{\mathrm{e}^{\mathrm{j}\pi}}{\mathrm{e}^{\mathrm{j}2\pi}-\mathrm{e}^{\mathrm{j}\pi}+0.5}=-0.4=0.4\mathrm{e}^{\mathrm{j}\pi}$$

由式（6.79）可得该系统的稳态响应 $y_{ss}(k)$ 为

$$y_{ss}(k)=5|H(\mathrm{e}^{\mathrm{j}\pi})|\cos(k\pi+\pi)\varepsilon(k)=-2\cos(k\pi)\varepsilon(k)$$

6.8　综合举例

例 6.13　求离散时间信号 $f(k)=|k-3|\varepsilon(k)$ 的 z 变换。

解： 根据 z 变换定义

$$\mathscr{L}\big[|k-3|\varepsilon(k)\big]=\sum_{k=0}^{\infty}|k-3|z^{-k}$$

$$=3+2z^{-1}+z^{-2}+\sum_{k=3}^{\infty}|k-3|z^{-k}$$

为将上式第四项（和式项）变换成可直接应用幂级数求和公式的形式，令 $m=k-3$，即 $k=m+3$，于是有

$$\mathscr{L}\big[|k-3|\varepsilon(k)\big]=3+2z^{-1}+z^{-2}+\sum_{m=0}^{\infty}mz^{-(m+3)}$$

$$=3+2z^{-1}+z^{-2}+z^{-3}\sum_{m=0}^{\infty}mz^{-m}$$

$$=3+2z^{-1}+z^{-2}+z^{-3}\frac{z}{(z-1)^2}$$

$$=\frac{3z^4-4z^3+2}{z^2(z-1)^2}$$

例 6.14　已知离散时间信号 $f(k)$ 的 z 变换为 $\mathscr{L}\big[f(k)\big]=F(z)(k\geqslant0)$，求证 $\mathscr{L}\Big[\displaystyle\sum_{n=0}^{k}f(n)\Big]=\dfrac{z}{z-1}F(z)$。

证明：

$$令\ g(k)=\sum_{n=0}^{k}f(n),\ \mathscr{L}\big[g(k)\big]=G(z)$$

$g(k)$ 是 $f(k)$ 的前 $k+1$ 项之和组成的新序列。取 $g(k)$ 的左移序列和 $g(k)$ 之差，可得

$$g(k+1)-g(k)=\sum_{n=0}^{k+1}f(n)-\sum_{n=0}^{k}f(n)=f(k+1)$$

对上式取 z 变换可得

$$z[G(z)-g(0)]-G(z)=z[F(z)-f(0)]$$

由上述 $g(k)$ 的函数定义式可知

$$g(0) = f(0)$$

故

$$zG(z) - G(z) = zF(z)$$

$$\mathscr{L}\Big[\sum_{n=0}^{k} f(n)\Big] = G(z) = \frac{z}{z-1}F(z)$$

还可以有一种更为简便的证明方法。即将序列求和写成卷积的和式。则可以有

$$\sum_{n=0}^{k} f(n) = \sum_{n=0}^{k} f(n) * \delta(n) = f(k) \sum_{n=0}^{k} \delta(n) = f(k) * \varepsilon(k)$$

$$\mathscr{L}\Big[\sum_{n=0}^{k} f(n)\Big] = \mathscr{L}\big[f(k) * \varepsilon(k)\big] = F(z) \cdot E(z) \ (\mathscr{L}[\varepsilon(k)] = E(z))$$

所以

$$\mathscr{L}\Big[\sum_{n=0}^{k} f(n)\Big] = \frac{z}{z-1}F(z)$$

例 6.15 已知某一 z 变换象函数 $X(z) = \dfrac{z^2}{(z-0.5)(z-1)}$，试分别对如下

收敛域

(1) $|z| > 1$；(2) $|z| < 0.5$；(3) $0.5 < |z| < 1$，求出所对应的序列。

解： 利用部分分式展开法。

$$X(z) = \frac{z^2}{(z-0.5)(z-1)} = \frac{-z}{z-\dfrac{1}{2}} + \frac{2z}{z-1}$$

(1) 当 $|z| > 1$ 时，原序列是右边序列

$$x(k) = -\Big(\frac{1}{2}\Big)^k \varepsilon(k) + 2\varepsilon(k)$$

(2) 当 $|z| < 0.5$ 时，原序列是左边序列

$$x(k) = \Big(\frac{1}{2}\Big)^k \varepsilon(-k-1) - 2\varepsilon(-k-1)$$

(3) 当 $0.5 < |z| < 1$ 时，原序列是双边序列，其中 $X(z)$ 中第一项对应的是一个右边序列，第二项对应的是个左边序列

$$x(k) = -\Big(\frac{1}{2}\Big)^k \varepsilon(k) - 2\varepsilon(-k-1)$$

例 6.16 一线性时不变因果系统，由下列差分方程描述

$$y(k+2) - \frac{3}{4}y(k+1) + \frac{1}{8}y(k) = e(k+2) + \frac{1}{3}e(k+1)$$

(1) 画出只用两个延时器的系统模拟框图

(2) 求系统函数 $H(z)$，并绘出其极零图。

(3) 判断系统是否稳定，并求 $h(k)$。

(4) 粗略绘出系统的幅频响应曲线。

解：

（1）根据差分方程可得系统模拟框图如图 6.4 所示。

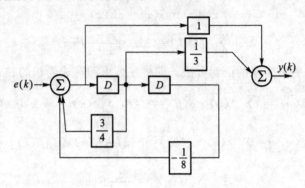

图 6.4　例 6.16 的系统模拟框图

（2）对差分方程两边取 z 变换

$$z^2 Y(z) - \frac{3}{4} z Y(z) + \frac{1}{8} Y(z) = z^2 E(z) + \frac{1}{3} z E(z)$$

所以

$$H(z) = \frac{Y(z)}{E(z)} = \frac{z^2 + \dfrac{1}{3} z}{z^2 - \dfrac{3}{4} z + \dfrac{1}{8}}, \ |z| > \frac{1}{2}$$

极零图如图 6.5 所示。

（3）因为 $H(z)$ 的极点均在单位圆内，且收敛域包含单位圆，所以系统稳定。

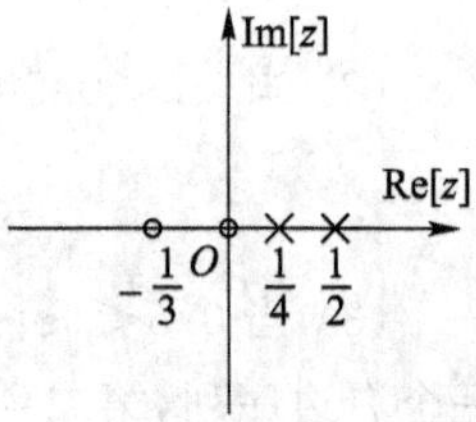

将 $\dfrac{H(z)}{z}$ 进行部分分式展开

$$\frac{H(z)}{z} = \frac{-\dfrac{7}{3}}{z - \dfrac{1}{4}} + \frac{\dfrac{10}{3}}{z - \dfrac{1}{2}}$$

$$H(z) = \frac{-\dfrac{7}{3} z}{z - \dfrac{1}{4}} + \frac{\dfrac{10}{3} z}{z - \dfrac{1}{2}}$$

$$h(k) = \mathscr{Z}^{-1}[H(z)] = \left[-\frac{7}{3}\left(\frac{1}{4}\right)^k + \frac{10}{3}\left(\frac{1}{2}\right)^k \right] \varepsilon(k)$$

图 6.5　例 6.16 的
系统极零图

（4） $H(\mathrm{e}^{\mathrm{j}\omega})=H(z)\Big|_{z=\mathrm{e}^{\mathrm{j}\omega}}=\dfrac{1+\dfrac{1}{3}\mathrm{e}^{-\mathrm{j}\omega}}{1-\dfrac{3}{4}\mathrm{e}^{-\mathrm{j}\omega}+\dfrac{1}{8}\mathrm{e}^{-\mathrm{j}2\omega}}$

由矢量图 6.6 可知　　　　　$|H(\mathrm{e}^{\mathrm{j}\omega})|=\dfrac{B_1 B_2}{A_1 A_2}$

① 当 $\omega=0$ 时，$A_1=\dfrac{3}{4}$，$A_2=\dfrac{1}{2}$，$B_1=\dfrac{4}{3}$，$B_2=1$，则 $|H(\mathrm{e}^{\mathrm{j}0})|=\dfrac{B_1 B_2}{A_1 A_2}=\dfrac{32}{9}$；

② 随着 ω 的增大，由 0 变到 π，$B_1 B_2$ 越来越小，$A_1 A_2$ 越来越大，则 $|H(\mathrm{j}\omega)|$ 越来越小；

③ 当 $\omega=\pi$ 时，$A_1=\dfrac{5}{4}$，$A_2=\dfrac{3}{2}$，$B_1=\dfrac{2}{3}$，$B_2=1$，则 $|H(\mathrm{e}^{\mathrm{j}\pi})|=\dfrac{B_1 B_2}{A_1 A_2}=\dfrac{16}{45}$；

④ 随着 ω 的继续增大，由 π 变到 2π，$B_1 B_2$ 越来越大，$A_1 A_2$ 越来越小，则 $|H(\mathrm{j}\omega)|$ 越来越大；

⑤ 当 $\omega=2\pi$ 时，$A_1=\dfrac{3}{4}$，$A_2=\dfrac{1}{2}$，$B_1=\dfrac{4}{3}$，$B_2=1$，则 $|H(\mathrm{e}^{\mathrm{j}2\pi})|=\dfrac{B_1 B_2}{A_1 A_2}=\dfrac{32}{9}$。

系统的幅频响应曲线如图 6.7 所示。

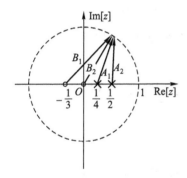
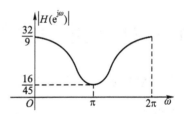

图 6.6　例 6.16 系统极零点矢量图　　　　图 6.7　例 6.16 系统的幅频响应曲线

例 6.17　已知某离散时间系统的系统函数

$$H(z)=\dfrac{1-a^{-1}z^{-1}}{1-az^{-1}}$$

其中 a 为正实常数。

（1）确定 a 值在什么范围内系统为稳定的；

（2）若 $0<a<1$，画出 $H(z)$ 的零极点分布图，并求收敛域；

（3）证明该系统为全通系统，并求幅频特性的幅度值。

解：

$$(1) \qquad H(z) = \frac{z - \dfrac{1}{a}}{z - a}$$

只要 $|a| < 1$，则 $H(z)$ 的极点处于单位圆内，该系统为稳定系统，又因为 a 为正实数，则 $0 < a < 1$，即可。

(2) 当 $0 < a < 1$，$H(z)$ 的零极点分布图如图 6.8 所示，收敛域为 $|z| > a$。

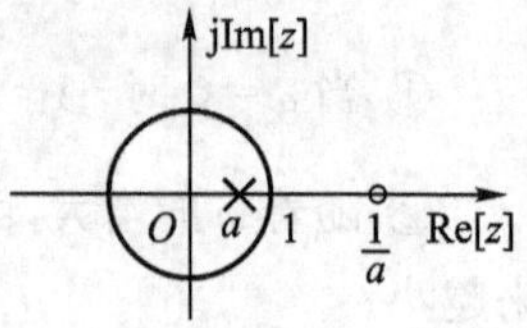

$$(3) \qquad H(z) = \frac{1}{a} \frac{az - 1}{z - a}$$

所以系统的频率响应

图 6.8　例 6.17 零
极点分布图

$$H(e^{j\omega T}) = \frac{1}{a} \frac{a e^{j\omega T} - 1}{e^{j\omega T} - a}$$

$$= \frac{1}{a} \frac{a\cos(\omega T) - 1 + ja\sin(\omega T)}{\cos(\omega T) - a + ja\sin(\omega T)}$$

幅频特性

$$|H(e^{j\omega T})| = \frac{1}{a} \frac{\sqrt{(a\cos(\omega T) - 1)^2 + [a\sin(\omega T)]^2}}{\sqrt{(\cos(\omega T) - a)^2 + [a\sin(\omega T)]^2}} = \frac{1}{a}$$

因为幅频特性为常数 $\dfrac{1}{a}$，所以系统为全通系统，且幅频特性的幅度值为 $\dfrac{1}{a}$。

6.9　离散时间信号与系统的 z 域分析及 MATLAB 实现

一、反 z 变换的 MATLAB 实现

在 MATLAB 中，函数 residuez() 可以用来计算一个有理分式的留数部分和直接项。设多项式表示为：

$$X(z) = \frac{B(z)}{A(z)} = \frac{b_0 + b_1 z^{-1} + \cdots + b_N z^{-N}}{a_0 + a_1 z^{-1} + \cdots + a_M z^{-M}}$$

$$= \sum_{i=1}^{M} \frac{r_i}{1 - p_i z^{-1}} + \sum_{j=0}^{N-M} c_j z^{-j}$$

函数 residuez() 的调用格式为：

$$[r, p, c] = residuez(b, a)$$

其中，向量 b，a 分别决定多项式 B(z) 和 A(z) 的系数，按 z 的降幂排列。返回的列向量 r 包含留数值，列向量 p 包含极点的位置，行向量包含直接项。

一般情况下，用 MATLAB 求反 z 变换的步骤为：

（1）确定 z 变换的收敛域，这是最关键的一步。

（2）用 MATLAB 求出有理分式的极点分布，以及在各个极点上的留数值和直接项的值，从而将有理分式分解为简单的分式之和，然后根据收敛域，求出原始序列。

例 6.18 已知序列 $x(k)$ 的 z 变换 $X(z) = \dfrac{10 + z^{-1} - z^{-2}}{1 - 0.25z^{-2}}$，求其原始序列 $x(k)$。

解： 本例的反 z 变换的程序如下：

b=[10,1,−1];a=[1,0,−0.25];%确定 z 变换表示式

[r,p,c]=residuez(b,a)

运算结果显示为：

r＝4

　　2

p＝0.5000

　　−0.5000

c＝4

因此，分式 $X(z)$ 可以表示为

$$X(z) = \frac{4}{1 - 0.5z^{-1}} + \frac{2}{1 + 0.5z^{-1}} + 4$$

$X(z)$ 有两个极点：$(0.5, 0)$ 和 $(-0.5, 0)$。由于 $x(k)$ 为一个右边序列，所以它的 z 变换的收敛域为 $|z| > 0.5$。至此可以确定原始序列为

$$x(k) = 4\delta(k) + 4(0.5)^k \varepsilon(k) + 2(-0.5)^k \varepsilon(k)$$

对于任何频率变量 ω，可用 MATLAB 命令 freqz 计算频率响应函数 $H(e^{j\omega})$。应用命令 freqz 时，传输函数 $H(z)$ 必须满足 $M \leqslant N$，并且定义成 z^{-1} 的多项式形式。若传输函数由 $H(z) = \dfrac{B(z)}{A(z)} = \dfrac{b_M z^M + b_{M-1} z^{M-1} + \cdots + b_1 z + b_0}{a_N z^N + a_{N-1} z^{N-1} + \cdots + a_1 z + a_0}$ 的形式给出，则 $H(z)$ 乘以 z^{-M}/z^{-N} 即可得到下面正确的形式：

$$H(z) = \frac{b_M + b_{M-1}z^{-1} + \cdots + b_0 z^{-M}}{a_N + a_{N-1}z^{-1} + \cdots + a_0 z^{-N}} \cdot \frac{z^{-M}}{z^{-N}}$$

下面的 MATLAB 命令将产生频率响应曲线：

num=[dN　dN−1……d0];

den=[aN　aN−1……a0];

omega=−pi:pi/150:pi;

H=freqz(num,den,omega);

mag=abs(H);

phase＝180/pi＊unwrap(angle(H))；

注意,命令 unwrap 用来平滑相位曲线,因为 angle 命令可能会产生±2π 的跃变。

二、离散时间系统频率响应的 MATLAB 实现

例 6.19　已知离散时间系统的传输函数为: $H(z)=\dfrac{z}{z-0.5}$,试绘制其频率响应曲线。

解:　在本例中,为了应用 MATLAB 计算频率响应曲线,首先将 $H(z)$ 写成下面的形式:

$$H(z)=\frac{1}{1-0.5z^{-1}}$$

则下面的 MATLAB 程序可以获得频率响应曲线:

num＝[1 0]；

den＝[1 −0.5]；

omega＝−pi:pi/150:pi；

H＝freqz(num,den,omega)；

subplot(211),plot(omega,abs(H))；

subplot(212),plot(omega,180/pi＊unwrap(angle(H)))；

此程序产生的曲线如下图 6.9 所示:

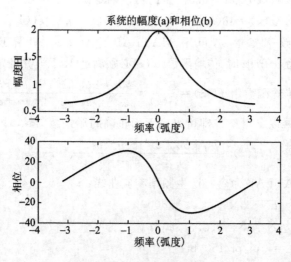

图 6.9　例 6.19 图

给定离散系统的传输函数,则对各个多项式应用 roots,可以求得离散时不变系统的零点和极点。例如,可以使用命令 roots[1,4,3]来求 $1+4z^{-1}+3z^{-2}$ 的根。使用 zplane(b,a),可以把零点和极点显示在 zplane 平面上。若 b 和 a 是行矢量,那么在寻找零点和极点并显示它们之前,zplane 就分别求出用 b 和 a 来代表的分子和分母多项式的根。若 b 和 a 是列矢量,那么 zplane 就假设 b 和 a 分别包含零点和极点的位置,并直接显示它们。

三、离散时间系统零极点分布图和系统幅频响应的 MATLAB 实现

例 6.20　已知某线性时不变系统的传递函数为

$$H(z)=\frac{1-z^{-1}-2z^{-2}}{1+1.5z^{-1}-z^{-2}}$$

试用 MATLAB 在 z 平面中画出 $H(z)$ 的零点和极点,以及系统的幅度响应。

解:　本例的 MATLAB 程序实现为:

```
b=[1, -1, -2]
a=[1, 1.5, -1];
%figure
subplot(221)
zplane(b,a)
xlabel('虚部')
ylabel('实部')
title('零极点图')
[H,w]=freqz(b, a, 250);
%figure
subplot(222)
plot(w, abs(H))
xlabel('频率')
ylabel('幅度')
title('幅频响应图')
```

系统的零极点图如图 6.10(a),系统幅频响应曲线如图 6.10(b)

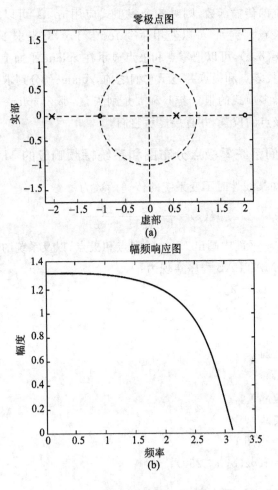

图 6.10　例 6.20 图

习　　题

6.1　求下列序列的 z 变换 $X(z)$，并标明收敛域，绘出 $X(z)$ 的零极点图：

(1) $\left(\dfrac{1}{2}\right)^k \varepsilon(k-1)$；

(2) $\left(-\dfrac{1}{2}\right)^{k-1} \varepsilon(k)$；

(3) $\left(\dfrac{1}{2}\right)^k \varepsilon(-k)$；

(4) $\delta(k+n_0)$；

(5) $\left(\dfrac{1}{5}\right)^k \varepsilon(k) - \left(\dfrac{1}{3}\right)^k \varepsilon(-k-1)$；

(6) $\varepsilon(k) - \varepsilon(k-N)$。

6.2 求下列序列的 z 变换，并标注收敛域：

(1) $(k-3)\varepsilon(k-3)$；

(2) $(k-3)\varepsilon(k)$；

(3) $|k-3|\varepsilon(k)$。

6.3 用 z 变换的性质求下列信号的 z 变换：

(1) $\left(\dfrac{1}{2}\right)^k \varepsilon(k) + 2^k \varepsilon(-k-1)$；

(2) $(k-1)^2 \varepsilon(k-1)$；

(3) $\sin\left(\dfrac{k\pi}{2}\right)\varepsilon(k)$；

(4) $(2^{-k} - 3^k)\varepsilon(k+1)$；

(5) $(-1)^k a^k \varepsilon(k-2)$；

(6) $\displaystyle\sum_{i=0}^{k} (-1)^i$；

(7) $\displaystyle\sum_{n=0}^{k} n\varepsilon(n)$；

(8) $k(k-1)\varepsilon(-k-1)$。

6.4 已知 $f(k)$ 的 z 变换为 $F(z)$，求下列序列的 z 变换：

(1) $\displaystyle\sum_{n=0}^{k} a^n f(n)$；

(2) $f(3k)$；

(3) $\displaystyle\sum_{n=0}^{k} nf(n)$；

(4) $\displaystyle\sum_{n=0}^{k} f(n)$。

6.5 已知信号 $f(k)$ 的 z 变换 $F(z)$ 如下，试求 $f(k)$ 的初值 $f(0)$ 和终值 $f(\infty)$：

(1) $F(z) = \dfrac{z^2}{z^2 + 0.5^2}$；

(2) $F(z) = \dfrac{2z^2 + 2z + 2}{2z^2 - z - 1}$；

(3) $F(z) = \dfrac{2z^2}{2z^2 - 3z + 1}$；

(4) $F(z) = \dfrac{z^{N+1}}{(z-1)(z-0.5)^N}$；

(5) $F(z) = \dfrac{z^2 + z + 1}{z^2 - 3z + 2}$；

(6) $F(z) = \dfrac{z}{6z^2 - z - 1}$。

6.6 若下列 $f_1(k)$ 和 $f_2(k)$ 的 z 变换分别为 $F_1(z)$ 和 $F_2(z)$，试证：

(1) $[a^k f_1(k)] * [a^k f_2(k)] = a^k [f_1(k) * f_2(k)]$;

(2) $k[f_1(k) * f_2(k)] = [k f_1(k)] * f_2(k) + f_1(k) * [k f_2(k)]$。

6.7　用幂级数展开法、部分分式展开法和留数法求下列 $F(z)$ 的逆 z 变换：

(1) $F(z) = \dfrac{1 - \dfrac{1}{2} z^{-1}}{1 + \dfrac{3}{4} z^{-1} + \dfrac{1}{8} z^{-2}}$,　　$|z| > \dfrac{1}{2}$;

(2) $F(z) = \dfrac{z^3 + 2z^2 + 1}{z^3 - 1.5z^2 + 0.5z}$,　　$|z| > 1$。

6.8　求下列 $F(z)$ 的逆 z 变换 $f(k)$：

(1) $F(z) = \dfrac{z}{(z-1)(z-2)(z-3)}, |z| > 3$;

(2) $F(z) = \dfrac{10z^2}{(z-1)(z+1)}, |z| > 1$;

(3) $F(z) = 2 + \dfrac{2z^5 - 6}{z^6}, |z| > 0$;

(4) $F(z) = \dfrac{z^2 + 2}{(z-3)^3}, |z| > 3$;

(5) $F(z) = \dfrac{z}{z^2 + 1}, |z| > 1$;

(6) $F(z) = \dfrac{z-1}{z^2(z-2)}, |z| > 2$。

6.9　已知 $f(k)$ 的双边 z 变换为 $F(z)$，$F(z)$ 的收敛域为 $\alpha < |z| < \beta$，求下列信号的双边 z 变换：

(1) $f^*(k)$;　　　　　　(2) $\displaystyle\sum_{m=-\infty}^{k} a^m f(m)$;

(3) $a^k \displaystyle\sum_{m=-\infty}^{k} f(m)$;　　(4) $k \displaystyle\sum_{m=-\infty}^{k} f(m-1)$。

6.10　求 $F(z) = \dfrac{2z}{(z-2)(z-3)(z-4)}$ 的原序列，收敛域分别为：

(1) $|z| > 4$;

(2) $|z| < 2$;

(3) $3 < |z| < 4$。

6.11　设 $x_1(k) \leftrightarrow X_1(z), x_2(k) \leftrightarrow X_2(z)$，且 $x_2(k) = x_1(-k)$，试证明 $X_2(z) = X_1(\dfrac{1}{z})$，

并说明，如果 $X_1(z)$ 有一个极点（零点）在 $z = z_0$ 处，则 $X_2(z)$ 有一个极点（零点）在 $z = \dfrac{1}{z_0}$ 处。

6.12　已知 $y(k) = f_1(k) * f_2(k)$，用卷积定理求下列情况下的 $y(k)$：

(1) $f_1(k) = a^k \varepsilon(k), f_2(k) = \delta(k-1)$;

(2) $f_1(k) = 2^k \varepsilon(k), f_2(k) = \varepsilon(k) - \varepsilon(k-1)$;

(3) $f_1(k) = (\dfrac{1}{2})^k \varepsilon(k), f_2(k) = k \varepsilon(k)$。

6.13　已知 $f(k)\varepsilon(k)$ 的单边 z 变换为 $F(z)$，$y(k)$ 的单边 z 变换为 $Y(z)=\dfrac{F(z)}{z}-\dfrac{\mathrm{d}F(z)}{\mathrm{d}z}$，用 $f(k)$ 表示 $y(k)$。

6.14　用 z 变换与拉普拉斯变换的关系：

(1) 由 $f(t)=t\mathrm{e}^{-\alpha t}\varepsilon(t)$ 的 $F(s)=\dfrac{1}{(s+\alpha)^2}$，求 $k\mathrm{e}^{-\alpha k}\varepsilon(k)$ 的 z 变换；

(2) 由 $f(t)=t^2\varepsilon(t)$ 的 $F(s)=\dfrac{2}{s^3}$，求 $k^2\varepsilon(k)$ 的 z 变换。

6.15　求下列差分方程描述的因果离散系统的零输入响应：

(1) $y(k)+3y(k-1)+2y(k-2)=f(k-1)$，$y(-1)=1$，$y(-2)=0$；

(2) $y(k)+4y(k-1)+4y(k-2)=2f(k)$，$y(-1)=0$，$y(-2)=1$。

6.16　求下列系统的全响应：

(1) $y(k)-y(k-1)=2\varepsilon(k)$；$y(-1)=-2$；

(2) $y(k)+4y(k-1)+3y(k-2)=2\varepsilon(k)$；$y(-1)=0$，$y(-2)=1$；

(3) $y(k)-y(k-1)-2y(k-2)=\varepsilon(k)$，$y(-1)=-1$　　$y(-2)=\dfrac{1}{4}$；

(4) $y(k+2)+3y(k+1)+2y(k)=\varepsilon(k)$，$y(0)=0$，$y(1)=1$。

6.17　用 z 变换方法计算下列系统的零输入响应、零状态响应和全响应。

(1) $y(k)-0.25y(k-1)=3^{-k}\varepsilon(k)$，$y(-1)=8$；

(2) $y(k)+y(k-1)+0.25y(k-2)=4(0.5)^k\varepsilon(k)$，$y(-1)=6$，$y(-2)=-12$。

6.18　描述某离散时间系统的差分方程为
$$y(k)-0.7y(k-1)+0.1y(k-2)=7f(k)-2f(k-1)$$

(1) 求系统函数 $H(z)$；

(2) 求单位序列响应 $h(k)$；

(3) 若 $y(-2)=y(-1)=4$，$f(k)=\varepsilon(k)$，分别求此系统的零输入响应 $y_{zi}(k)$ 和零状态响应 $y_{zs}(k)$。

6.19　已知系统函数如下，试作其直接形式，并联形式及串联形式的模拟框图。

(1) $F(z)=\dfrac{z-3}{(z+1)(z+2)(z+3)}$；

(2) $F(z)=\dfrac{3+3.6z^{-1}+0.6z^{-2}}{1+0.1z^{-1}-0.2z^{-2}}$。

6.20　绘出以下系统的极零点图和幅频响应：

(1) $H(z)=\dfrac{z-2}{z-0.5}$；

(2) $h(k)=\delta(k)-\delta(k-2)$；

(3) $H(z)=\dfrac{z+2}{z+0.5}$。

6.21　已知某离散系统的系统函数 $H(z)=\dfrac{1-a^{-1}z^{-1}}{1-az^{-1}}$，其中 a 为正实常数。

(1) 确定 a 值在什么范围内系统为稳定的；

（2）若 $0<a<1$，画出 $H(z)$ 的零极点分布图，并求收敛域；

（3）证明该系统为全通系统，并求幅频特性的幅度值。

6.22　已知一因果线性时不变系统的差分方程为 $y(k)-\dfrac{1}{2}y(k-1)+\dfrac{1}{4}y(k-2)=f(k)$，

（1）求系统函数 $H(z)$ 和单位样值响应 $h(k)$；

（2）若激励信号 $f(k)=(\dfrac{1}{2})^k\varepsilon(k)$，求系统的响应 $y(k)$。

6.23　某离散系统 $H(z)$ 零极点如题图 6.1 所示，$H(\infty)=2$。

（1）求 $H(z)$，写出系统的差分方程；

（2）$H(z)$ 的收敛域为 $|z|>0.5$，求 $h(k)$，并说明系统的
稳定性；

（3）取抽样周期 $T=1$ s，粗略画出其幅频特性与相频特
性曲线。

6.24　描述离散系统的差分方程为：

$$y(k)+\dfrac{1}{4}y(k-1)-\dfrac{1}{8}y(k-2)=f(k)-2f(k-1)$$

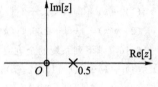

题图 6.1

输入信号 $f(k)$ 为对连续信号 $f(t)=2\sin(\omega t)$ 抽样而得到的序列，抽样周期为 T，且 $\omega T=\dfrac{\pi}{6}$，

求该系统的稳定响应 $y(k)$。

6.25　试用 MATLAB 求题 6.8 中各 $F(z)$ 的逆 z 变换 $f(k)$。

6.26　试用 MATLAB 绘制题 6.20 系统的频率响应曲线。

6.27　试用 MATLAB 绘制题 6.21 系统的零极点分布图及幅频响应曲线。

第七章

系统的状态变量分析法

　　描述系统的方法通常有输入－输出法和状态变量法,也称状态空间法。前面章节所讨论的系统时域或频域分析均是运用输入－输出法,即主要关心的是系统的输入－输出之间的关系,而不考虑系统内部的有关问题。对于简单的一般单输入－单输出系统,使用输入－输出法很方便,但对于多输入－多输出系统,尤其是对于现代工程中碰到的越来越多的非线性系统或时变系统的研究,若采用输入－输出描述法则几乎不可能。随着系统理论和计算机技术的迅速发展,自 20 世纪60 年代开始,作为现代控制理论基础的状态变量法在系统分析中得到广泛应用。此方法的主要特点是利用描述系统内部特性的状态变量取代仅描述系统外部特性的系统函数,并且将这种描述十分便捷的应用于多输入－多输出系统。此外,状态空间方法也成功地用来描述非线性系统或时变系统,并且易于借助计算机求解。

7.1　状态变量与状态方程

　　首先,从一个简单实例给出状态变量的初步概念。图 7.1 所示为一个串联谐振电路,如果只考虑其激励 $e(t)$ 与电容两端电压 $u_C(t)$ 之间的关系,则系统可以用如下微分方程描述

$$\frac{\mathrm{d}^2}{\mathrm{d}t^2}u_C(t) + \frac{R}{L}\frac{\mathrm{d}}{\mathrm{d}t}u_C(t) + \frac{1}{LC}u_C(t) = \frac{1}{LC}e(t) \tag{7.1}$$

同时可以用图 7.2 所示的系统模型来研究激励信号 $e(t)$ 所引起的不同响应 $r(t)$。这样研究系统的方法就是所谓的输入－输出方法。

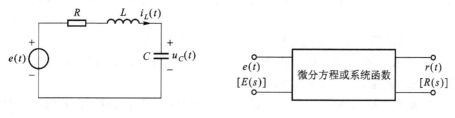

图 7.1　RLC 串联谐振电路　　　　　　图 7.2　端口方法方框图

对于图 7.1 电路,如果不仅希望了解电容上的电压 $u_C(t)$,而且希望知道在 $e(t)$ 的作用下,电感中电流 $i_L(t)$ 的变化情况,需列写下列方程

$$Ri_L(t) + L\frac{\mathrm{d}}{\mathrm{d}t}i_L(t) + u_C(t) = e(t) \tag{7.2}$$

及

$$u_C(t) = \frac{1}{C}\int_{-\infty}^{t} i_L(\tau)\mathrm{d}\tau$$

或

$$\frac{\mathrm{d}}{\mathrm{d}t}u_C(t) = \frac{1}{C}i_L(t) \tag{7.3}$$

上列两式可以写成

$$\begin{cases} \dfrac{\mathrm{d}}{\mathrm{d}t}i_L(t) = -\dfrac{R}{L}i_L(t) - \dfrac{1}{L}u_C(t) + \dfrac{1}{L}e(t) \\[3mm] \dfrac{\mathrm{d}}{\mathrm{d}t}u_C(t) = \dfrac{1}{C}i_L(t) \end{cases} \tag{7.4}$$

式(7.4)是以 $i_L(t)$ 和 $u_C(t)$ 作为变量的一阶微分联立方程组。由此对于图 7.1 所示的串联谐振电路只要知道 $i_L(t)$ 及 $u_C(t)$ 的初始情况及激励 $e(t)$ 情况,即可完全确定电路的全部行为。这样描述系统的方法称为系统的状态变量法,其中 $i_L(t)$ 和 $u_C(t)$ 即为串联谐振电路的状态变量。方程组(7.4)即为状态方程。

在状态变量法中,可将状态方程以矢量和矩阵形式表示,于是式(7.4)改写为

$$\begin{bmatrix} \dfrac{\mathrm{d}}{\mathrm{d}t}i_L(t) \\[3mm] \dfrac{\mathrm{d}}{\mathrm{d}t}u_C(t) \end{bmatrix} = \begin{bmatrix} -\dfrac{R}{L} & -\dfrac{1}{L} \\[3mm] \dfrac{1}{C} & 0 \end{bmatrix} \begin{bmatrix} i_L(t) \\[2mm] u_C(t) \end{bmatrix} + \begin{bmatrix} \dfrac{1}{L} \\[3mm] 0 \end{bmatrix} \begin{bmatrix} e(t) \end{bmatrix} \tag{7.5}$$

对于图 7.1 电路,若指定电容电压为输出信号,用 $y(t)$ 表示,则输出方程的矩阵形式为

$$y(t) = \begin{bmatrix} 0 & 1 \end{bmatrix} \begin{bmatrix} i_L(t) \\[2mm] u_C(t) \end{bmatrix} \tag{7.6}$$

当系统的阶次较高,即状态变量数目较多或者系统具有多输入—多输出信号时,描述系统的方程形式仍如式(7.5)和式(7.6),只是矢量或矩阵的维数有所增加。

下面给出系统状态变量分析法中的几个名词的定义。

① 状态:一个动态系统的状态是表示系统的一组最少物理量,通过这些物理量和输入就能完全确定系统的行为。

② 状态变量:能够表示系统状态的那些变量称为状态变量。例如图 7.1 中的 $i_L(t)$ 和 $u_C(t)$。

③ 状态矢量:能完全描述一个系统行为的 k 个状态变量,可以看作矢量 $\boldsymbol{x}(t)$ 的各个分量。例如图 7.1 中的状态变量 $i_L(t)$ 和 $u_C(t)$ 可以看作二维矢量

$x(t)=\begin{bmatrix} x_1(t) \\ x_2(t) \end{bmatrix}$ 的两个分量 $x_1(t)$ 和 $x_2(t)$。$x(t)$ 即为状态矢量。

④ 状态方程：描述状态变量变化规律的一组一阶微分方程组。各方程的左边是状态变量的一阶导数，右边是包含有系统参数，状态变量和激励的一般函数表达式，不含变量的微分和积分运算。

⑤ 输出方程：描述系统输出与状态变量之间的关系的方程组。各方程左边是输出变量，右边是包括系统参数，状态变量和激励的一般函数表达式，不含变量的微分和积分运算。

对于离散时间系统，其状态变量和状态方程的描述类似，只是状态变量都是离散量，因而状态方程是一组一阶差分方程，而输出方程则是一组离散变量的线性代数方程。

7.2 连续时间系统状态方程的建立

一、状态方程的一般形式

连续时间系统的状态方程为状态变量的一阶微分方程组。设 n 阶系统的状态变量为 $x_1(t)$、$x_2(t)$、$\cdots$、$x_n(t)$，激励为 $e(t)$，则状态方程的一般形式如下：

$$\begin{cases} x_1'(t)=a_{11}x_1(t)+a_{12}x_2(t)+\cdots+a_{1n}x_n(t)+b_1e(t) \\ x_2'(t)=a_{21}x_1(t)+a_{22}x_2(t)+\cdots+a_{2n}x_n(t)+b_2e(t) \\ \qquad\qquad\qquad\cdots \\ x_n'(t)=a_{n1}x_1(t)+a_{n2}x_2(t)+\cdots+a_{nn}x_n(t)+b_ne(t) \end{cases} \tag{7.7}$$

式中各系数均由系统的元件参数确定，对于线性时不变系统，它们都是常数；对于线性时变系统，它们中有的可以是时间函数。式(7.7)是单输入的情况，如果有 m 个输入 $e_1(t)$、$e_2(t)$、$\cdots$、$e_m(t)$，则可得状态方程的一般形式为

$$\begin{cases} x_1'(t)=a_{11}x_1(t)+a_{12}x_2(t)+\cdots+a_{1n}x_n(t)+b_{11}e_1(t)+b_{12}e_2(t)+\cdots+b_{1m}e_m(t) \\ x_2'(t)=a_{21}x_1(t)+a_{22}x_2(t)+\cdots+a_{2n}x_n(t)+b_{21}e_1(t)+b_{22}e_2(t)+\cdots+b_{2m}e_m(t) \\ \qquad\qquad\qquad\cdots \\ x_n'(t)=a_{n1}x_1(t)+a_{n2}x_2(t)+\cdots+a_{nn}x_n(t)+b_{n1}e_1(t)+b_{n2}e_2(t)+\cdots+b_{nm}e_m(t) \end{cases} \tag{7.7}'$$

可以写成如下矩阵形式

$$
\begin{bmatrix} x_1'(t) \\ x_2'(t) \\ \vdots \\ x_n'(t) \end{bmatrix} = \begin{bmatrix} a_{11} & a_{12} & \cdots & a_{1n} \\ a_{21} & a_{22} & \cdots & a_{2n} \\ \vdots & \vdots & \ddots & \vdots \\ a_{n1} & a_{n2} & \cdots & a_{nn} \end{bmatrix} \begin{bmatrix} x_1(t) \\ x_2(t) \\ \vdots \\ x_n(t) \end{bmatrix} + \begin{bmatrix} b_{11} & b_{12} & \cdots & b_{1m} \\ b_{21} & b_{22} & \cdots & b_{2m} \\ \vdots & \vdots & \ddots & \vdots \\ b_{n1} & b_{n2} & \cdots & b_{nm} \end{bmatrix} \begin{bmatrix} e_1(t) \\ e_2(t) \\ \vdots \\ e_m(t) \end{bmatrix}
$$

$$(7.8)$$

定义状态矢量 $\boldsymbol{x}(t)$ 和状态矢量的一阶导数 $\boldsymbol{x}'(t)$ 分别为

$$
\boldsymbol{x}(t) = \begin{bmatrix} x_1(t) \\ x_2(t) \\ \vdots \\ x_n(t) \end{bmatrix}, \boldsymbol{x}'(t) = \begin{bmatrix} x_1'(t) \\ x_2'(t) \\ \vdots \\ x_n'(t) \end{bmatrix} \tag{7.9}
$$

再定义输入矢量 $\boldsymbol{e}(t)$ 为

$$
\boldsymbol{e}(t) = \begin{bmatrix} e_1(t) \\ e_2(t) \\ \vdots \\ e_m(t) \end{bmatrix} \tag{7.10}
$$

另外,把由系数 a_{ij} 组成的 n 行 n 列的矩阵记为 $\boldsymbol{A}$,把由系数 b_{ij} 组成的 n 行 m 列的矩阵记为 $\boldsymbol{B}$,则

$$
\boldsymbol{A} = \begin{bmatrix} a_{11} & a_{12} & \cdots & a_{1n} \\ a_{21} & a_{22} & \cdots & a_{2n} \\ \vdots & \vdots & \ddots & \vdots \\ a_{n1} & a_{n2} & \cdots & a_{nn} \end{bmatrix}, \boldsymbol{B} = \begin{bmatrix} b_{11} & b_{12} & \cdots & b_{1m} \\ b_{21} & b_{22} & \cdots & b_{2m} \\ \vdots & \vdots & \ddots & \vdots \\ b_{n1} & b_{n2} & \cdots & b_{nm} \end{bmatrix} \tag{7.11}
$$

把式(7.9)、式(7.10)和式(7.11)代入式(7.8),可将状态方程简写为

$$
\boldsymbol{x}'(t) = \boldsymbol{A}x(t) + \boldsymbol{B}e(t) \tag{7.12}
$$

如果系统有 q 个输出 $y_1(t), y_2(t), \cdots, y_q(t)$,则输出方程的矩阵形式为

$$
\begin{bmatrix} y_1(t) \\ y_2(t) \\ \vdots \\ y_q(t) \end{bmatrix} = \begin{bmatrix} c_{11} & c_{12} & \cdots & c_{1n} \\ c_{21} & c_{22} & \cdots & c_{2n} \\ \vdots & \vdots & \ddots & \vdots \\ c_{q1} & c_{q2} & \cdots & c_{qn} \end{bmatrix} \begin{bmatrix} x_1(t) \\ x_2(t) \\ \vdots \\ x_n(t) \end{bmatrix} + \begin{bmatrix} d_{11} & d_{12} & \cdots & d_{1m} \\ d_{21} & d_{22} & \cdots & d_{2m} \\ \vdots & \vdots & \ddots & \vdots \\ d_{q1} & d_{q2} & \cdots & d_{qm} \end{bmatrix} \begin{bmatrix} e_1(t) \\ e_2(t) \\ \vdots \\ e_m(t) \end{bmatrix}
$$

$$(7.13)$$

仿照前面,定义输出矢量 $\boldsymbol{y}(t)$ 为

$$
\boldsymbol{y}(t) = \begin{bmatrix} y_1(t) \\ y_2(t) \\ \vdots \\ y_q(t) \end{bmatrix} \tag{7.14}
$$

并把由系数 c_{ij} 组成的 q 行 n 列矩阵记为 C，把由系数 d_{ij} 组成的 q 行 m 列矩阵记为 D，即

$$C=\begin{bmatrix} c_{11} & c_{12} & \cdots & c_{1n} \\ c_{21} & c_{22} & \cdots & c_{2n} \\ \vdots & \vdots & \ddots & \vdots \\ c_{q1} & c_{q2} & \cdots & c_{qn} \end{bmatrix}, D=\begin{bmatrix} d_{11} & d_{12} & \cdots & d_{1m} \\ d_{21} & d_{22} & \cdots & d_{2m} \\ \vdots & \vdots & \ddots & \vdots \\ d_{q1} & d_{q2} & \cdots & d_{qm} \end{bmatrix} \tag{7.15}$$

于是，输出方程简写成

$$y(t)=Cx(t)+De(t) \tag{7.16}$$

对于线性时不变系统，上面所有系数矩阵为常数矩阵。式(7.12)、式(7.16)分别是状态方程和输出方程的矩阵形式。应用状态方程和输出方程的概念，可以研究许多复杂的工程问题。

二、由电路图直接列写状态方程

1. 状态变量的选取

为了建立系统的状态方程，首先要选定状态变量。状态变量的个数即状态矢量中元素的个数，等于系统的阶数。状态变量应当是独立变量。对于一个电路，选择状态变量最常用的方法是取全部独立的电感电流和独立的电容电压，但有时也选电容电荷和电感磁链。

2. 状态方程的建立

建立一个电路的状态方程，即要列写出各状态变量的一阶微分方程，并写成如式(7.5)那样的形式。因为 $L\dfrac{\mathrm{d}}{\mathrm{d}t}i_L(t)$ 是一电压，所以可以写一个包括此电压在内的回路电压方程，用来确定电感电流一阶导数与其他各量间的关系。同样，$C\dfrac{\mathrm{d}}{\mathrm{d}t}u_C(t)$ 是一电流，所以可以写一个包括此电流在内的节点电流方程，用来确定电容电压一阶导数与其他各量间的关系。这些方程中，包含有状态变量和非状态变量，把其中的非状态变量用状态变量来表示，并经过整理，就可得到标准形式的状态方程。

例 7.1 图 7.3 所示一个二阶系统，试写出它的状态方程。

解： 第一步：选取状态变量。由于两个储能元件都是独立的，所以选电容电压 $u_1(t)$ 和电感电流 $i_2(t)$ 为状态变量如图 7.3 所示。

第二步：分别写出包含有 $u_1'(t)$ 和 $i_2'(t)$ 的 KVL 方程。

$$\begin{cases} C_1 u_1'(t)+i_2+\dfrac{1}{R_3}u_1(t)=i_{\mathrm{S}}(t) \\ R_2 i_2(t)+L_2 i_2'(t)=u_1(t) \end{cases}$$

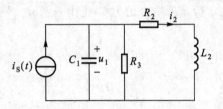

图 7.3　例 7.1 图

第三步:将上式整理,最后得所求状态方程为

$$
\begin{cases}
u_1'(t) = -\dfrac{1}{R_3 C_1} u_1(t) - \dfrac{1}{C_1} i_2(t) + \dfrac{1}{C_1} i_S(t) \\[3mm]
i_2'(t) = \dfrac{1}{L_2} u_1(t) - \dfrac{R_2}{L_2} i_2(t)
\end{cases}
$$

或记为矩阵形式

$$
\begin{bmatrix} u_1'(t) \\[2mm] i_2'(t) \end{bmatrix}
=
\begin{bmatrix}
-\dfrac{1}{R_3 C_1} & -\dfrac{1}{C_1} \\[3mm]
\dfrac{1}{L_2} & -\dfrac{R_2}{L_2}
\end{bmatrix}
\begin{bmatrix} u_1(t) \\[2mm] i_2(t) \end{bmatrix}
+
\begin{bmatrix} \dfrac{1}{C_1} \\[3mm] 0 \end{bmatrix}
i_S(t)
$$

三、由系统的输入－输出方程或模拟图列写状态方程

一般 n 阶连续时间系统的输入－输出方程为

$$
\frac{\mathrm{d}^n y(t)}{\mathrm{d} t^n} + a_{n-1} \frac{\mathrm{d}^{n-1} y(t)}{\mathrm{d} t^{n-1}} \cdots + a_1 \frac{\mathrm{d} y(t)}{\mathrm{d} t} + a_0 y(t)
$$

$$
= b_m \frac{\mathrm{d}^m e(t)}{\mathrm{d} t^m} + b_{m-1} \frac{\mathrm{d}^{m-1} e(t)}{\mathrm{d} t^{m-1}} \cdots + b_1 \frac{\mathrm{d} e(t)}{\mathrm{d} t} + b_0 e(t) \tag{7.17}
$$

其系统函数为

$$
H(s) = \frac{b_m s^m + b_{m-1} s^{m-1} + \cdots + b_1 s + b_0}{s^n + a_{n-1} s^{n-1} + \cdots + a_1 s + a_0} \tag{7.18}
$$

可用图 7.4 所示的模拟框图来表示。

取每一积分器的输出作为状态变量,如图 7.4 中所标的 $x_1(t), x_2(t), \cdots, x_n(t)$;
写出除第一个积分器外的各积分器输入、输出间关系的方程以及输入端加法器
的求和方程,从而得到一组(n 个)状态方程

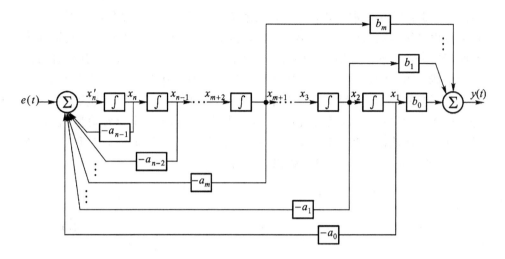

图 7.4 直接模拟框图

$$\begin{cases} x_1'(t) = x_2(t) \\ x_2'(t) = x_3(t) \\ \qquad \cdots \\ x_{n-1}'(t) = x_n(t) \\ x_n'(t) = -a_{n-1}x_n(t) - a_{n-2}x_{n-1}(t) - \cdots - a_1x_2(t) - a_0x_1(t) + e(t) \end{cases}$$

$$(7.19)$$

输出方程则由输出端加法器的输入、输出关系得到，如果 $m < n$ 为

$$y(t) = b_0 x_1(t) + b_1 x_2(t) + \cdots + b_m x_{m+1}(t) \tag{7.20}$$

可将上述状态方程和输出方程写成矩阵形式如下

$$\begin{bmatrix} x_1'(t) \\ x_2'(t) \\ \vdots \\ x_{n-1}'(t) \\ x_n'(t) \end{bmatrix} = \begin{bmatrix} 0 & 1 & 0 & \cdots & 0 & 0 \\ 0 & 0 & 1 & \cdots & 0 & 0 \\ \vdots & \vdots & \vdots & \ddots & \vdots & \vdots \\ 0 & 0 & 0 & \cdots & 0 & 1 \\ -a_0 & -a_1 & -a_2 & \cdots & -a_{n-2} & -a_{n-1} \end{bmatrix} \begin{bmatrix} x_1(t) \\ x_2(t) \\ \vdots \\ x_{n-1}(t) \\ x_n(t) \end{bmatrix} + \begin{bmatrix} 0 \\ 0 \\ \vdots \\ 0 \\ 1 \end{bmatrix} e(t)$$

$$(7.21)$$

$$y(t) = \begin{bmatrix} b_0 & b_1 & \cdots & b_m & 0 & \cdots & 0 \end{bmatrix} \begin{bmatrix} x_1(t) \\ x_2(t) \\ \vdots \\ x_{n-1}(t) \\ x_n(t) \end{bmatrix} \tag{7.22}$$

将式(7.18)的系统函数和式(7.21)的方程对照一下,就会发现利用以下规律可以直接由系统函数写出状态方程:状态方程中的 A 矩阵,其第 n 行的元素即为系统函数分母中次序颠倒过来的系数的负数 $-a_0$、$-a_1$、$\cdots$、$-a_{n-1}$,其他各行除了对角线右边的元素均为 1 外,别的元素全为 0;列矩阵 B 除第 n 行的元素为 1 外,其余均为 0;输出方程中的 C 矩阵为一行矩阵,前 $m+1$ 个元素即为系统函数分子中次序颠倒过来的系数 b_0、b_1、$\cdots$、b_m,其余 $n-(m+1)$ 个元素均为 0。用这种方法写出的输出方程,当 $m \leqslant n-1$ 时,D 矩阵为零。若 $m=n$,则图 7.4 中乘法器 b_m 的输入将为 $x'_n(t)$,这时输出方程为

$$y(t) = \begin{bmatrix} b_0 - b_n a_0 & b_1 - b_n a_1 & \cdots & b_{n-1} - b_n a_{n-1} \end{bmatrix} \begin{bmatrix} x_1(t) \\ x_2(t) \\ \vdots \\ x_{n-1}(t) \\ x_n(t) \end{bmatrix} + b_n e(t)$$

(7.23)

而当 $m > n-1$ 时,D 矩阵不为零。实际的系统,大多数属于 $m < n$ 的情况。

例 7.2　已知一线性时不变系统的系统函数为 $H(s) = \dfrac{s+4}{s^3 + 6s^2 + 11s + 6}$,试列写状态方程和输出方程。

解:　由 $H(s)$ 可直接列写其状态方程为

$$\begin{bmatrix} x'_1(t) \\ x'_2(t) \\ x'_3(t) \end{bmatrix} = \begin{bmatrix} 0 & 1 & 0 \\ 0 & 0 & 1 \\ -6 & -11 & -6 \end{bmatrix} \begin{bmatrix} x_1(t) \\ x_2(t) \\ x_3(t) \end{bmatrix} + \begin{bmatrix} 0 \\ 0 \\ 1 \end{bmatrix} e(t)$$

输出方程为

$$y(t) = Cx(t) + De(t) = \begin{bmatrix} 4 & 1 & 0 \end{bmatrix} \begin{bmatrix} x_1(t) \\ x_2(t) \\ x_3(t) \end{bmatrix}$$

7.3　连续时间系统状态方程的求解

求解连续时间系统状态方程通常有两种方法:一种是基于拉普拉斯变换的复频域求解;另一种是采用时域法求解。下面分别给予介绍。

一、状态方程的复频域求解

对给定的状态方程和输出方程

$$\begin{cases} x'(t) = Ax(t) + Be(t) \\ y(t) = Cx(t) + De(t) \end{cases} \tag{7.24}$$

两边取拉普拉斯变换

$$\begin{cases} sX(s) - x(0) = AX(s) + BE(s) \\ Y(s) = CX(s) + DE(s) \end{cases} \tag{7.25}$$

式中,$x(0)$为初始条件的列矩阵

$$x(0) = \begin{bmatrix} x_1(0) \\ x_2(0) \\ \vdots \\ x_n(0) \end{bmatrix} \tag{7.26}$$

整理得

$$\begin{cases} X(s) = (sI - A)^{-1}x(0) + (sI - A)^{-1}BE(s) \\ Y(s) = C(sI - A)^{-1}x(0) + [C(sI - A)^{-1}B + D]E(s) \\ \qquad = Y_{zi}(s) + Y_{zs}(s) \end{cases} \tag{7.27}$$

因而时域表示式为

$$\begin{cases} x(t) = \mathscr{L}^{-1}[(sI - A)^{-1}x(0)] + \mathscr{L}^{-1}[(sI - A)^{-1}BE(s)] \\ y(t) = \underbrace{C\mathscr{L}^{-1}[(sI - A)^{-1}x(0)]}_{\text{零输入解}} + \underbrace{\mathscr{L}^{-1}\{[C(sI - A)^{-1}B + D]E(s)\}}_{\text{零状态解}} \end{cases}$$
$$\tag{7.28}$$

比照 $Y_{zs}(s) = H(s)E(s)$ 的定义和式(7.27)可得

$$H(s) = C(sI - A)^{-1}B + D \tag{7.29}$$

其中$(sI - A)^{-1} = \dfrac{\mathrm{adj}(sI - A)}{|sI - A|}$,式(7.29)的分母$|sI - A|$即为 $H(s)$分母的特征多项式,因此又称$(sI - A)^{-1}$为系统的特征矩阵,通常用 $\boldsymbol{\Phi}(s)$表示。

例 7.3 已知状态方程和输出方程为

$$\begin{cases} x_1'(t) = -2x_1(t) + x_2(t) + e(t) \\ x_2'(t) = -x_2(t) \end{cases}$$
$$y(t) = x_1(t)$$

系统的初始状态为 $x_1(0) = 1, x_2(0) = 1$,激励 $e(t) = \varepsilon(t)$。试求此系统的全响应。

解: 将系统的状态方程和输出方程都可写成矩阵形式得

$$\begin{bmatrix} x_1'(t) \\ x_2'(t) \end{bmatrix} = \begin{bmatrix} -2 & 1 \\ 0 & -1 \end{bmatrix} \begin{bmatrix} x_1(t) \\ x_2(t) \end{bmatrix} + \begin{bmatrix} 1 \\ 0 \end{bmatrix} \varepsilon(t)$$

$$y(t) = \begin{bmatrix} 1 & 0 \end{bmatrix} \begin{bmatrix} x_1(t) \\ x_2(t) \end{bmatrix}$$

由此可知 A,B,C,D 四个矩阵分别为

$$A=\begin{bmatrix} -2 & 1 \\ 0 & -1 \end{bmatrix} \quad B=\begin{bmatrix} 1 \\ 0 \end{bmatrix} \quad C=\begin{bmatrix} 1 & 0 \end{bmatrix} \quad D=0$$

系统的初始状态为

$$x(0)=\begin{bmatrix} x_1(0) \\ x_2(0) \end{bmatrix}=\begin{bmatrix} 1 \\ 1 \end{bmatrix}$$

计算

$$sI-A=s\begin{bmatrix} 1 & 0 \\ 0 & 1 \end{bmatrix}-\begin{bmatrix} -2 & 1 \\ 0 & -1 \end{bmatrix}=\begin{bmatrix} s+2 & -1 \\ 0 & s+1 \end{bmatrix}$$

$$(sI-A)^{-1}=\begin{bmatrix} \dfrac{1}{s+2} & \dfrac{1}{s+1}-\dfrac{1}{s+2} \\ 0 & \dfrac{1}{s+1} \end{bmatrix}$$

由式(7.27)

$$Y_{zi}(s)=C(sI-A)^{-1}x(0)$$

$$=\begin{bmatrix} 1 & 0 \end{bmatrix}\begin{bmatrix} \dfrac{1}{s+2} & \dfrac{1}{s+1}-\dfrac{1}{s+2} \\ 0 & \dfrac{1}{s+1} \end{bmatrix}\begin{bmatrix} 1 \\ 1 \end{bmatrix}$$

$$=\begin{bmatrix} \dfrac{1}{s+2} & \dfrac{1}{s+1}-\dfrac{1}{s+2} \end{bmatrix}\begin{bmatrix} 1 \\ 1 \end{bmatrix}=\dfrac{1}{s+1}$$

$$Y_{zs}(s)=\begin{bmatrix} C(sI-A)^{-1}B+D \end{bmatrix}E(s)$$

$$Y_{zs}(s)=\begin{bmatrix} 1 & 0 \end{bmatrix}\begin{bmatrix} \dfrac{1}{s+2} & \dfrac{1}{s+1}-\dfrac{1}{s+2} \\ 0 & \dfrac{1}{s+1} \end{bmatrix}\begin{bmatrix} 1 \\ 0 \end{bmatrix}\dfrac{1}{s}$$

$$=\dfrac{1}{s(s+2)}$$

分别对 $Y_{zi}(s)$ 和 $Y_{zs}(s)$ 求反变换

$$y_{zi}(t)=\mathscr{L}^{-1}\left\{\dfrac{1}{s+1}\right\}=e^{-t}\varepsilon(t)$$

$$y_{zs}(t)=\mathscr{L}^{-1}\left\{\dfrac{1}{s(s+2)}\right\}=\dfrac{1}{2}(1-e^{-2t})\varepsilon(t)$$

从而系统的全响应为

$$y(t)=y_{zi}(t)+y_{zs}(t)=\left(\dfrac{1}{2}+e^{-t}-\dfrac{1}{2}e^{-2t}\right)\varepsilon(t)$$

上面是对一个简单二阶系统进行状态变量法求解的过程,可见其运算繁琐。但

是,这是一套规范化了的求解过程,随着系统的阶数增高以及输入或输出数目的增加,都仅只是增加有关矩阵的阶数。所以将这套解算过程编程,较为复杂的系统也可方便地利用计算机求解。

二、状态方程的时域求解

将式(7.12)表示的连续时间系统状态方程改写为

$$\boldsymbol{x}'(t) - \boldsymbol{A}\boldsymbol{x}(t) = \boldsymbol{B}\boldsymbol{e}(t) \tag{7.30}$$

它与一阶电路的微分方程 $y'(t) - ay(t) = be(t)$ 形式相似。将 a 换为 $\boldsymbol{A}$,b 换为 $\boldsymbol{B}$,则状态方程解可写为

$$\boldsymbol{x}(t) = \boldsymbol{x}(0)\mathrm{e}^{\boldsymbol{A}t} + \int_0^t \mathrm{e}^{\boldsymbol{A}(t-\tau)} \boldsymbol{B}\boldsymbol{e}(\tau)\mathrm{d}\tau \tag{7.31}$$

或者表示为

$$\boldsymbol{x}(t) = \boldsymbol{x}(0)\mathrm{e}^{\boldsymbol{A}t} + \mathrm{e}^{\boldsymbol{A}t} * \big[\boldsymbol{B}\boldsymbol{e}(t)\big] \tag{7.32}$$

其中 $\boldsymbol{x}(0)$ 为初始条件的列矩阵,式(7.32)即为方程(7.30)的一般解。将此结果代入输出方程有

$$\begin{aligned}
\boldsymbol{y}(t) &= \boldsymbol{C}\boldsymbol{x}(t) + \boldsymbol{D}\boldsymbol{e}(t) \\
&= \boldsymbol{C}\mathrm{e}^{\boldsymbol{A}t}\boldsymbol{x}(0) + \int_0^t \boldsymbol{C}\mathrm{e}^{\boldsymbol{A}(t-\tau)} \boldsymbol{B}\boldsymbol{e}(\tau)\mathrm{d}\tau + \boldsymbol{D}\boldsymbol{e}(t) \\
&= \underbrace{\boldsymbol{C}\mathrm{e}^{\boldsymbol{A}t}\boldsymbol{x}(0)}_{\text{零输入解}} + \underbrace{\big[\boldsymbol{C}\mathrm{e}^{\boldsymbol{A}t}\boldsymbol{B} + \boldsymbol{D}\delta(t)\big] * \boldsymbol{e}(t)}_{\text{零状态解}}
\end{aligned} \tag{7.33}$$

将时域求解结果式(7.32)和式(7.33)与变换域求解结果式(7.28)相比较,不难发现 $(s\boldsymbol{I} - \boldsymbol{A})^{-1}$ 就是 $\mathrm{e}^{\boldsymbol{A}t}$ 的拉普拉斯变换,也即

$$\mathrm{e}^{\boldsymbol{A}t} = \mathscr{L}^{-1}\big[(s\boldsymbol{I} - \boldsymbol{A})^{-1}\big] \tag{7.34}$$

无论状态方程的解或输出方程的解都由两部分相加组成,一部分是由 $\boldsymbol{x}(0)$ 引起的零输入解,另一部分是由激励信号 $\boldsymbol{e}(t)$ 引起的零状态解。而两部分的变化规律都与矩阵 $\mathrm{e}^{\boldsymbol{A}t}$ 有关,因此可以说 $\mathrm{e}^{\boldsymbol{A}t}$ 反映了系统状态变化的本质。称 $\mathrm{e}^{\boldsymbol{A}t}$ 为"状态过渡矩阵",常用符号 $\boldsymbol{\Phi}(t)$ 表示。即

$$\boldsymbol{\Phi}(t) = \mathrm{e}^{\boldsymbol{A}t} \tag{7.35}$$

例 7.4 求例 7.3 系统的状态过渡矩阵。

解: 由式(7.35)和式(7.36),该系统的状态过渡矩阵为

$$\boldsymbol{\Phi}(t) = \mathrm{e}^{\boldsymbol{A}t} = \mathscr{L}^{-1}\big[(s\boldsymbol{I} - \boldsymbol{A})^{-1}\big] = \mathscr{L}^{-1}\left\{ \begin{bmatrix} \dfrac{1}{s+2} & \dfrac{1}{s+1} - \dfrac{1}{s+2} \\ 0 & \dfrac{1}{s+1} \end{bmatrix} \right\}$$

$$= \begin{bmatrix} \mathrm{e}^{-2t} & \mathrm{e}^{-t} - \mathrm{e}^{-2t} \\ 0 & \mathrm{e}^{-t} \end{bmatrix} \varepsilon(t)$$

另外,将式(7.29)取拉普拉斯反变换即得系统的单位冲激响应,即

$$h(t)=\mathscr{L}^{-1}[H(s)]=\mathscr{L}^{-1}[C(sI-A)^{-1}B+D]=Ce^{At}B+D\delta(t) \qquad (7.36)$$

显然,此结果也可从式(7.33)的零状态解令 $e(t)=\delta(t)$ 求得。

例 7.5   求例 7.3 系统的系统函数 $H(s)$ 和单位冲激响应 $h(t)$ 。

解: 由式(7.29),该系统的系统函数矩阵为

$$H(s)=C(sI-A)^{-1}B+D$$

$$=\begin{bmatrix}1 & 0\end{bmatrix}\begin{bmatrix}\dfrac{1}{s+2} & \dfrac{1}{s+1}-\dfrac{1}{s+2} \\ 0 & \dfrac{1}{s+1}\end{bmatrix}\begin{bmatrix}1 \\ 0\end{bmatrix}$$

$$=\frac{1}{s+2}$$

则单位冲激响应为

$$h(t)=\mathscr{L}^{-1}\left[\frac{1}{s+2}\right]=e^{-2t}\varepsilon(t)$$

7.4   离散时间系统状态方程的建立

一、状态方程的一般形式

离散时间系统是用差分方程描述的,选择适当的状态变量把差分方程化为关于状态变量的一阶差分方程组,这个差分方程组就是该系统的状态方程。

设有 m 个输入, q 个输出的 n 阶离散时间系统,其状态方程的一般形式是

$$\begin{bmatrix}x_1(k+1) \\ x_2(k+1) \\ \vdots \\ x_n(k+1)\end{bmatrix}=\begin{bmatrix}a_{11} & a_{12} & \cdots & a_{1n} \\ a_{21} & a_{22} & \cdots & a_{2n} \\ \vdots & \vdots & \ddots & \vdots \\ a_{n1} & a_{n2} & \cdots & a_{nn}\end{bmatrix}\begin{bmatrix}x_1(k) \\ x_2(k) \\ \vdots \\ x_n(k)\end{bmatrix}+\begin{bmatrix}b_{11} & b_{12} & \cdots & b_{1m} \\ b_{21} & b_{22} & \cdots & b_{2m} \\ \vdots & \vdots & \ddots & \vdots \\ b_{n1} & b_{n2} & \cdots & b_{nm}\end{bmatrix}\begin{bmatrix}e_1(k) \\ e_2(k) \\ \vdots \\ e_m(k)\end{bmatrix}$$

$$(7.37)$$

输出方程为

$$\begin{bmatrix}y_1(k) \\ y_2(k) \\ \vdots \\ y_q(k)\end{bmatrix}=\begin{bmatrix}c_{11} & c_{12} & \cdots & c_{1n} \\ c_{21} & c_{22} & \cdots & c_{2n} \\ \vdots & \vdots & \ddots & \vdots \\ c_{q1} & c_{q2} & \cdots & c_{qn}\end{bmatrix}\begin{bmatrix}x_1(k) \\ x_2(k) \\ \vdots \\ x_n(k)\end{bmatrix}+\begin{bmatrix}d_{11} & d_{12} & \cdots & d_{1m} \\ d_{21} & d_{22} & \cdots & d_{2m} \\ \vdots & \vdots & \ddots & \vdots \\ d_{q1} & d_{q2} & \cdots & d_{qm}\end{bmatrix}\begin{bmatrix}e_1(k) \\ e_2(k) \\ \vdots \\ e_m(k)\end{bmatrix}$$

$$(7.38)$$

以上二式可简记为

$$x(k+1) = Ax(k) + Be(k) \tag{7.39}$$

$$y(k) = Cx(k) + De(k) \tag{7.40}$$

式中

$$x(k) = \begin{bmatrix} x_1(k) \\ x_2(k) \\ \vdots \\ x_n(k) \end{bmatrix}, \quad e(k) = \begin{bmatrix} e_1(k) \\ e_2(k) \\ \vdots \\ e_m(k) \end{bmatrix}, \quad y(k) = \begin{bmatrix} y_1(k) \\ y_2(k) \\ \vdots \\ y_q(k) \end{bmatrix}$$

分别是状态矢量、输入矢量和输出矢量,其各分量都是离散时间序列。观察离散时间系统的状态方程可以看出:$(k+1)$ 时刻的状态变量是 k 时刻状态变量和输入信号的函数。在离散时间系统中,动态元件是延时器,因而常常取延时器的输出作为系统的状态变量。

二、由系统的差分方程或模拟图列写状态方程

对于一般 n 阶离散时间系统,其前向差分方程为

$$\sum_{i=0}^{n} a_i y(k+i) = \sum_{j=0}^{m} b_j e(k+j) \tag{7.41}$$

其中 $a_n = 1$。

在零状态条件下,对式(7.41)两边取单边 z 变换,则有

$$H(z) = \frac{Y(z)}{E(z)} = \frac{b_m z^m + b_{m-1} z^{m-1} + \cdots + b_1 z + b_0}{z^n + a_{n-1} z^{n-1} + \cdots + a_1 z + a_0} \tag{7.42}$$

其直接模拟框图如图 7.5 所示,选取单位延时器的输出作为状态变量,则状态方程为

$$x_1(k+1) = x_2(k)$$
$$x_2(k+1) = x_3(k)$$
$$\cdots \tag{7.43}$$
$$x_{n-1}(k+1) = x_n(k)$$
$$x_n(k+1) = -a_0 x_1(k) - a_1 x_2(k) - \cdots - a_{n-1} x_n(k) + e(k)$$

如果 $m=n$,则输出方程为

$$y(k) = b_0 x_1(k) + b_1 x_2(k) + \cdots + b_n [-a_0 x_1(k) - a_1 x_2(k) - \cdots - a_{n-1} x_n(k) + e(k)]$$
$$= (b_0 - b_n a_0) x_1(k) + (b_1 - b_n a_1) x_2(k) + \cdots + (b_{n-1} - b_n a_{n-1}) x_n(k) + b_n e(k) \tag{7.44}$$

如果 $m < n$,则输出方程为

$$y(k) = b_0 x_1(k) + b_1 x_2(k) + \cdots + b_m x_{m+1}(k) \tag{7.45}$$

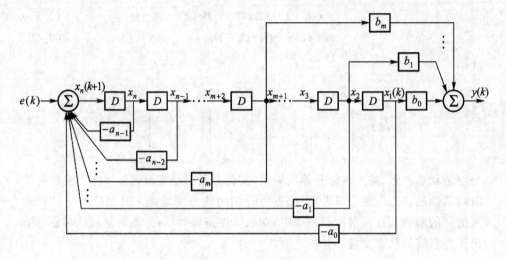

图 7.5   离散时间系统的直接模拟框图

式(7.43)和式(7.44)可用矩阵记为

$$
\begin{bmatrix} x_1(k+1) \\ x_2(k+1) \\ \vdots \\ x_{n-1}(k+1) \\ x_n(k+1) \end{bmatrix} = \begin{bmatrix} 0 & 1 & 0 & \cdots & 0 & 0 \\ 0 & 0 & 1 & \cdots & 0 & 0 \\ \vdots & \vdots & \vdots & \ddots & \vdots & \vdots \\ 0 & 0 & 0 & \cdots & 0 & 1 \\ -a_0 & -a_1 & -a_2 & \cdots & -a_{n-2} & -a_{n-1} \end{bmatrix} \begin{bmatrix} x_1(k) \\ x_2(k) \\ \vdots \\ x_{n-1}(k) \\ x_n(k) \end{bmatrix} + \begin{bmatrix} 0 \\ 0 \\ \vdots \\ 0 \\ 1 \end{bmatrix} e(k)
$$

$$(7.46)$$

$$
y(k) = \begin{bmatrix} b_0 - b_n a_0 & b_1 - b_n a_1 & \cdots & b_{n-1} - b_n a_{n-1} \end{bmatrix} \begin{bmatrix} x_1(k) \\ x_2(k) \\ \vdots \\ x_{n-1}(k) \\ x_n(k) \end{bmatrix} + b_n e(k)
$$

$$(7.47)$$

如果 $m < n$,则式(7.47)应为

$$
y(k) = \begin{bmatrix} b_0 & b_1 & \cdots & b_m & 0 & \cdots & 0 \end{bmatrix} \begin{bmatrix} x_1(k) \\ x_2(k) \\ \vdots \\ x_{n-1}(k) \\ x_n(k) \end{bmatrix} \qquad (7.48)
$$

将式(7.46)和式(7.47)表示成矢量方程形式为

$$\begin{cases} x(k+1)=Ax(k)+Be(k) \\ y(k)=Cx(k)+De(k) \end{cases} \tag{7.49}$$

式中 $x(k)$ 为状态矢量，$e(k)$ 为输入矢量，$y(k)$ 为输出矢量，A,B,C,D 为相应的系数矩阵：

$$A=\begin{bmatrix} 0 & 1 & 0 & \cdots & 0 & 0 \\ 0 & 0 & 1 & \cdots & 0 & 0 \\ \vdots & \vdots & \vdots & \ddots & \vdots & \vdots \\ 0 & 0 & 0 & \cdots & 0 & 1 \\ -a_0 & -a_1 & -a_2 & \cdots & -a_{n-2} & -a_{n-1} \end{bmatrix}, \quad B=\begin{bmatrix} 0 \\ 0 \\ \vdots \\ 0 \\ 1 \end{bmatrix}$$

$$C=\begin{bmatrix} b_0-b_na_0 & b_1-b_na_1 & \cdots & b_{n-1}-b_na_{n-1} \end{bmatrix}, \qquad D=b_n \tag{7.50}$$

7.5　离散时间系统状态方程的求解

离散时间系统状态方程的求解和连续时间系统状态方程的求解方法类似，包括时域和变换域两种方法，下面分别介绍。

一、离散时间系统状态方程的时域求解

一般离散时间系统的状态方程表示为

$$x(k+1)=Ax(k)+Be(k) \tag{7.51}$$

此式为一阶差分方程，可以应用迭代法求解。

设给定系统的初始条件为 $x(0)$，将 k 等于 $0,1,2,\cdots$ 等依次代入式(7.51)有

$$x(1)=Ax(0)+Be(0) \tag{7.52}$$

$$x(2)=Ax(1)+Be(1)=A^2x(0)+ABe(0)+Be(1)$$

$$x(3)=Ax(2)+Be(2)=A^3x(0)+A^2Be(0)+ABe(1)+Be(2)$$

$$\cdots$$

依此可推得

$$x(k)=Ax(k-1)+Be(k-1)$$

$$=A^kx(0)+A^{k-1}Be(0)+A^{k-2}Be(1)+\cdots+Be(k-1)$$

$$=\underbrace{A^kx(0)}_{\text{零输入解}}+\underbrace{\left[\sum_{i=0}^{k-1}A^{k-1-i}Be(i)\right]}_{\text{零状态解}} \tag{7.53}$$

相应地输出为

$$y(k)=Cx(k)+De(k)$$

$$\underbrace{=\boldsymbol{CA}^k\boldsymbol{x}(0)}_{\text{零输入解}}+\underbrace{\left[\sum_{i=0}^{k-1}\boldsymbol{CA}^{k-1-i}\boldsymbol{Be}(i)\right]+\boldsymbol{De}(k)}_{\text{零状态解}} \tag{7.54}$$

称 $\boldsymbol{A}^k$ 为离散时间系统的状态转移矩阵或状态过渡矩阵,它与连续时间系统中的 e^{At} 含义类似,用 $\boldsymbol{\Phi}(k)$ 表示,即

$$\boldsymbol{\Phi}(k)=\boldsymbol{A}^k \tag{7.55}$$

二、离散时间系统状态方程的 z 域求解

对离散时间系统的状态方程式(7.39)和输出方程式(7.40)两边取 z 变换

$$\begin{cases} z\boldsymbol{X}(z)-z\boldsymbol{x}(0)=\boldsymbol{AX}(z)+\boldsymbol{BE}(z) \\ \boldsymbol{Y}(z)=\boldsymbol{CX}(z)+\boldsymbol{DE}(z) \end{cases} \tag{7.56}$$

整理得到

$$\boldsymbol{X}(z)=(z\boldsymbol{I}-\boldsymbol{A})^{-1}z\boldsymbol{x}(0)+(z\boldsymbol{I}-\boldsymbol{A})^{-1}\boldsymbol{BE}(z) \tag{7.57}$$

$$\boldsymbol{Y}(z)=\boldsymbol{C}(z\boldsymbol{I}-\boldsymbol{A})^{-1}z\boldsymbol{x}(0)+[\boldsymbol{C}(z\boldsymbol{I}-\boldsymbol{A})^{-1}\boldsymbol{B}+\boldsymbol{D}]\boldsymbol{E}(z) \tag{7.58}$$

取其逆变换即得时域表达式为

$$\boldsymbol{x}(k)=\mathscr{L}^{-1}[(z\boldsymbol{I}-\boldsymbol{A})^{-1}z]\boldsymbol{x}(0)+\mathscr{L}^{-1}[(z\boldsymbol{I}-\boldsymbol{A})^{-1}\boldsymbol{B}]*\mathscr{L}^{-1}[\boldsymbol{E}(z)] \tag{7.59}$$

$$\boldsymbol{y}(k)=\underbrace{\mathscr{L}^{-1}[\boldsymbol{C}(z\boldsymbol{I}-\boldsymbol{A})^{-1}z]\boldsymbol{x}(0)}_{\text{零输入解}}+\underbrace{\mathscr{L}^{-1}[\boldsymbol{C}(z\boldsymbol{I}-\boldsymbol{A})^{-1}\boldsymbol{B}+\boldsymbol{D}]*\mathscr{L}^{-1}[\boldsymbol{E}(z)]}_{\text{零状态解}}$$
$$\tag{7.60}$$

将式(7.59)与式(7.53)比较,可以得出状态转移矩阵

$$\boldsymbol{A}^k=\mathscr{L}^{-1}[(z\boldsymbol{I}-\boldsymbol{A})^{-1}z]=\mathscr{L}^{-1}[(\boldsymbol{I}-z^{-1}\boldsymbol{A})^{-1}] \tag{7.61}$$

而由式(7.61)中零状态响应分量,可以得出系统函数表示式

$$H(z)=\boldsymbol{C}(z\boldsymbol{I}-\boldsymbol{A})^{-1}\boldsymbol{B}+\boldsymbol{D} \tag{7.62}$$

例 7.6 某离散时间系统的状态方程和输出方程分别为

$$\begin{bmatrix} x_1(k+1) \\ x_2(k+1) \end{bmatrix}=\begin{bmatrix} 0 & \dfrac{1}{2} \\ -\dfrac{1}{2} & 1 \end{bmatrix}\begin{bmatrix} x_1(k) \\ x_2(k) \end{bmatrix}+\begin{bmatrix} 0 \\ 1 \end{bmatrix}e(k)$$

$$y(k)=\begin{bmatrix} 1 & 1 \end{bmatrix}\begin{bmatrix} x_1(k) \\ x_2(k) \end{bmatrix}$$

求状态转移矩阵 $\boldsymbol{\Phi}(k)$ 和描述系统的差分方程。

解: 由给定的状态方程,可得

$$(z\boldsymbol{I}-\boldsymbol{A})=\begin{bmatrix} z & -\dfrac{1}{2} \\ \dfrac{1}{2} & z-1 \end{bmatrix}$$

其逆矩阵为

$$(z\boldsymbol{I}-\boldsymbol{A})^{-1}=\frac{\mathrm{adj}(z\boldsymbol{I}-\boldsymbol{A})}{|z\boldsymbol{I}-\boldsymbol{A}|}=\frac{1}{z^2-z+\frac{1}{4}}\begin{bmatrix} z-1 & \frac{1}{2} \\ -\frac{1}{2} & z \end{bmatrix}$$

$$=\begin{bmatrix} \dfrac{z-1}{\left(z-\dfrac{1}{2}\right)^2} & \dfrac{\dfrac{1}{2}}{\left(z-\dfrac{1}{2}\right)^2} \\ \dfrac{-\dfrac{1}{2}}{\left(z-\dfrac{1}{2}\right)^2} & \dfrac{z}{\left(z-\dfrac{1}{2}\right)^2} \end{bmatrix}$$

(1) 求状态转移矩阵 $\boldsymbol{\varPhi}(k)$

由式(7.55)有

$$\boldsymbol{\varPhi}(k)=\mathscr{L}^{-1}\left[(z\boldsymbol{I}-\boldsymbol{A})^{-1}z\right]=\mathscr{L}^{-1}\begin{bmatrix} \dfrac{z(z-1)}{\left(z-\dfrac{1}{2}\right)^2} & \dfrac{\dfrac{1}{2}z}{\left(z-\dfrac{1}{2}\right)^2} \\ \dfrac{-\dfrac{1}{2}z}{\left(z-\dfrac{1}{2}\right)^2} & \dfrac{z^2}{\left(z-\dfrac{1}{2}\right)^2} \end{bmatrix}$$

$$=\begin{bmatrix} (1-k)\left(\dfrac{1}{2}\right)^k & k\left(\dfrac{1}{2}\right)^k \\ -k\left(\dfrac{1}{2}\right)^k & (1+k)\left(\dfrac{1}{2}\right)^k \end{bmatrix}\varepsilon(k)$$

(2) 求差分方程

由式(7.62)有

$$H(z)=\boldsymbol{C}(z\boldsymbol{I}-\boldsymbol{A})^{-1}\boldsymbol{B}+\boldsymbol{D}$$

$$=\begin{bmatrix}1 & 1\end{bmatrix}\frac{1}{z^2-z+\frac{1}{4}}\begin{bmatrix} z-1 & \frac{1}{2} \\ -\frac{1}{2} & z \end{bmatrix}\begin{bmatrix}0\\1\end{bmatrix}=\frac{z+\frac{1}{2}}{z^2-z+\frac{1}{4}}$$

由此可知描述系统的差分方程为

$$y(k)-y(k-1)+\frac{1}{4}y(k-2)=e(k)+\frac{1}{2}e(k-1)$$

7.6   综合举例

例 7.7   如图 7.6 所示,列写状态方程,为使系统稳定,常数 α,β 应满足什么条件?

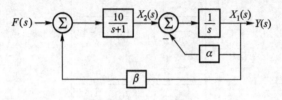

图 7.6   例 7.7 图

解: 设状态变量 $x_1(t),x_2(t)$,如图 7.6

$$sX_1(s)=-\alpha X_1(s)+X_2(s)$$

$$\frac{s+1}{10}X_2(s)=\beta X_1(s)+F(s)$$

状态方程为

$$\begin{bmatrix}x_1'(t)\\x_2'(t)\end{bmatrix}=\begin{bmatrix}-\alpha & 1\\10\beta & -1\end{bmatrix}\begin{bmatrix}x_1(t)\\x_2(t)\end{bmatrix}+\begin{bmatrix}0\\10\end{bmatrix}[f(t)]$$

为判断系统稳定性,由状态方程求 $H(s)$

$$H(s)=C[sI-A]^{-1}B+D=\frac{C\cdot\text{adj}[sI-A]B+D}{\det[sI-A]}$$

为使系统稳定,则 $H(s)$ 的二个极点必须处于 s 的左半开平面,即令

$$\det[sI-A]=(s+\alpha)(s+1)-10\beta=0$$

只要满足 $\begin{cases}\alpha+1>0\\\alpha-10\beta>0\end{cases}$,即可,因此,$\alpha>-1$,$\beta<\dfrac{\alpha}{10}$ 为 α 和 β 应满足的条件。

例 7.8   如图 7.7 所示电路中 $e_1(t)$、$e_2(t)$ 为激励,$r_1(t)$、$r_2(t)$ 为响应,

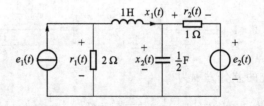

图 7.7   例 7.8 图

(1) 列写电路的状态方程和输出方程；

(2) 求状态转移矩阵 $\boldsymbol{\Phi}(t)$；

(3) 求系统函数矩阵 $H(s)$。

解：

(1) 选电感电流和电容电压为状态变量 $x_1(t)$、$x_2(t)$，如图 7.7 所示则有

$$\frac{\mathrm{d}}{\mathrm{d}t}x_1(t)=r_1(t)-x_2(t)$$

$$\frac{\mathrm{d}}{\mathrm{d}t}x_1(t)=2[e_1(t)-x_1(t)]-x_2(t)$$

和

$$\frac{1}{2}\cdot\frac{\mathrm{d}}{\mathrm{d}t}x_2(t)=x_1(t)-[x_2(t)-e_2(t)]$$

即状态方程为

$$\begin{bmatrix}x_1'(t)\\x_2'(t)\end{bmatrix}=\begin{bmatrix}-2&-1\\2&-2\end{bmatrix}\begin{bmatrix}x_1(t)\\x_2(t)\end{bmatrix}+\begin{bmatrix}2&0\\0&2\end{bmatrix}\begin{bmatrix}e_1(t)\\e_2(t)\end{bmatrix}$$

输出方程为

$$r_1(t)=2[e_1(t)-x_1(t)]$$

$$r_2(t)=x_2(t)-e_2(t)$$

即

$$\begin{bmatrix}r_1(t)\\r_2(t)\end{bmatrix}=\begin{bmatrix}-2&0\\0&1\end{bmatrix}\begin{bmatrix}x_1(t)\\x_2(t)\end{bmatrix}+\begin{bmatrix}2&0\\0&-1\end{bmatrix}\begin{bmatrix}e_1(t)\\e_2(t)\end{bmatrix}$$

(2)

$$\boldsymbol{A}=\begin{bmatrix}-2&-1\\2&-2\end{bmatrix},\boldsymbol{B}=\begin{bmatrix}2&0\\0&2\end{bmatrix}$$

$$\boldsymbol{C}=\begin{bmatrix}-2&0\\0&1\end{bmatrix},\boldsymbol{D}=\begin{bmatrix}2&0\\0&-1\end{bmatrix}$$

$$s\boldsymbol{I}-\boldsymbol{A}=\begin{bmatrix}s+2&1\\-2&s+2\end{bmatrix}$$

$$\boldsymbol{\Phi}(s)=(s\boldsymbol{I}-\boldsymbol{A})^{-1}=\frac{1}{(s+2)^2+2}\begin{bmatrix}s+2&-1\\2&s+2\end{bmatrix}$$

$$\boldsymbol{\Phi}(t)=\mathscr{L}^{-1}\{(s\boldsymbol{I}-\boldsymbol{A})^{-1}\}$$

$$=\mathscr{L}^{-1}\left\{\begin{bmatrix}\dfrac{s+2}{(s+2)^2+2}&\dfrac{-1}{(s+2)^2+2}\\\dfrac{2}{(s+2)^2+2}&\dfrac{s+2}{(s+2)^2+2}\end{bmatrix}\right\}$$

$$=\begin{bmatrix}\mathrm{e}^{-2t}\cos(\sqrt{2}t)&-\dfrac{1}{\sqrt{2}}\mathrm{e}^{-2t}\sin(\sqrt{2}t)\\\sqrt{2}\,\mathrm{e}^{-2t}\sin(\sqrt{2}t)&\mathrm{e}^{-2t}\cos(\sqrt{2}t)\end{bmatrix}$$

(3) 系统函数矩阵

$$H(s) = C\Phi(s)B + D$$

$$= \begin{bmatrix} -2 & 0 \\ 0 & 1 \end{bmatrix} \Phi(s) \begin{bmatrix} 2 & 0 \\ 0 & 2 \end{bmatrix} + \begin{bmatrix} 2 & 0 \\ 0 & -1 \end{bmatrix}$$

$$= \begin{bmatrix} 2 - \dfrac{4(s+2)}{(s+2)^2 + 2} & \dfrac{4}{(s+2)^2 + 2} \\[4mm] \dfrac{4}{(s+2)^2 + 2} & \dfrac{2(s+2)}{(s+2)^2 + 2} - 1 \end{bmatrix}$$

例 7.9　已知某系统的状态方程和输出方程为

$$\begin{bmatrix} x_1(k+1) \\ x_2(k+1) \end{bmatrix} = \begin{bmatrix} 1 & -2 \\ a & b \end{bmatrix} \begin{bmatrix} x_1(k) \\ x_2(k) \end{bmatrix} + \begin{bmatrix} 1 \\ 0 \end{bmatrix} f(k)$$

$$y(k) = \begin{bmatrix} 1 & 1 \end{bmatrix} \begin{bmatrix} x_1(k) \\ x_2(k) \end{bmatrix}$$

当 $k \geq 0$ 时, $f(k) = 0$ 时, $y(k) = 8(-1)^k - 5(-2)^k$, 求常数 a, b。

解:　因为 $k \geq 0$, $f(k) = 0$ 时, $y(k) = 8(-1)^k - 5(-2)^k$

故系统的特征根为 -1 和 -2, 故特征方程为 $(z+1)(z+2) = z^2 + 3z + 2$

由题意知 $A = \begin{bmatrix} 1 & -2 \\ a & b \end{bmatrix}$, 则有

$$|zI - A| = \begin{vmatrix} z-1 & 2 \\ -a & z-b \end{vmatrix} = z^2 - (b+1)z + b + 2a = z^2 + 3z + 2$$

得
$$a = 3, b = -4$$

例 7.10　某离散时间系统由下列差分方程描述

$$3y(k) + 2y(k-1) - 5y(k-2) = 2f(k-1) + 3f(k-2)$$

(1) 试列出它们的状态方程和输出方程;

(2) 求输入为 $f(k) = (-1)^k \varepsilon(k)$ 引起的零状态响应。

解:

(1) 对差分方程做 z 变换, 得

$$H(z) = \frac{2z^{-1} + 3z^{-2}}{3 + 2z^{-1} - 5z^{-2}} = \frac{\dfrac{2}{3}z^{-1} + z^{-2}}{1 + \dfrac{2}{3}z^{-1} - \dfrac{5}{3}z^{-2}}$$

画直接模拟框图如图 7.8 所示。选状态变量 $x_1(k)$, $x_2(k)$, 见图 7.8。

$$x_1(k+1) = x_2(k)$$

$$x_2(k+1) = \frac{5}{3}x_1(k) - \frac{2}{3}x_2(k) + f(k)$$

$$y(k) = x_2(k) + \frac{2}{3}x_2(k)$$

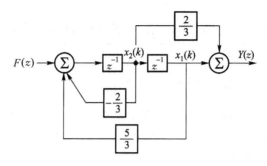

图 7.8 例 7.10 图

状态方程和输出方程分别为

$$\begin{bmatrix} x_1(k+1) \\ x_2(k+1) \end{bmatrix} = \begin{bmatrix} 0 & 1 \\ \dfrac{5}{3} & -\dfrac{2}{3} \end{bmatrix} \begin{bmatrix} x_1(k) \\ x_2(k) \end{bmatrix} + \begin{bmatrix} 0 \\ 1 \end{bmatrix} f(k)$$

$$y(k) = \begin{bmatrix} 1 & \dfrac{2}{3} \end{bmatrix} \begin{bmatrix} x_1(k) \\ x_2(k) \end{bmatrix}$$

(2) 求 $f(k) = (-1)^k \varepsilon(k)$ 激励下的零状态响应 $y_{zs}(k)$，一是直接通过 $Y_{zs}(z) = H(z)F(z)$ 来求；二是根据状态方程的解法求，显然，前者相比要方便多了。

$$Y_{zs}(z) = H(z)F(z)$$

$$= \frac{\dfrac{2}{3}z^{-1} + z^{-2}}{1 + \dfrac{2}{3}z^{-1} - \dfrac{5}{3}z^{-2}} \cdot \frac{z}{z+1}$$

$$\frac{Y_{zs}(z)}{z} = \frac{\dfrac{2}{3}z + 1}{(z+1)(z-1)\left(z + \dfrac{5}{3}\right)}$$

$$= \frac{-\dfrac{1}{4}}{z+1} + \frac{\dfrac{5}{16}}{z-1} + \frac{-\dfrac{1}{16}}{z + \dfrac{5}{3}}$$

$$Y_{zs}(z) = \frac{-\dfrac{1}{4}z}{z+1} + \frac{\dfrac{5}{16}z}{z-1} + \frac{-\dfrac{1}{16}z}{z + \dfrac{5}{3}}$$

所以 $\qquad y_{zs}(k) = \mathscr{L}^{-1}[Y_{zs}(z)] = \left[-\dfrac{1}{4}(-1)^k + \dfrac{5}{16} - \dfrac{1}{16}\left(\dfrac{5}{3}\right)^k \right] \varepsilon(k)$

7.7   系统的状态变量分析法的 MATLAB 实现

一、系统状态方程的 MATLAB 实现

在 MATLAB 中,描述系统的传递函数型 tf(transfer function),零极点型 zp(zero pole)以及状态变量型 ss(state space)三种方式可以方便的转换。MATLAB 中相应的函数为:

tf2zp——传递函数型转换为零极点型;

tf2ss——传递函数型转换到状态空间型;

zp2tf——零极点型转换到传递函数型;

zp2ss——零极点型转换到状态空间型;

ss2tf——状态空间型转换到传递函数型;

ss2zp——状态空间型转换到零极点型。

例 7.11   已知系统的传递函数为

$$H(s) = \frac{s^2 + 6s + 8}{s^3 + 8s^2 + 19s + 12}$$

将其转换为零极点型。

解: 本例的 MATLAB 语句实现为:

num=[1,6,8];den=[1,8,19,12];%即分子、分母多项式的系数

printsys(num,den,'s') %打印出系统函数,即由 s 表示的分子分母多项式

在 MATLAB 的命令窗口输入上述语句后,屏幕显示:

$$num/den=$$

$$s^2 + 6s + 8$$

$$s^3 + 8s^2 + 19s + 12$$

若在 MATLAB 的命令窗口输入下列语句:

[z,p,k]=tf2zp(num,den)

即显示:

z=

　　　　—4

　　　　—2

p=

  −4.0000
  −3.0000
  −1.0000

k=

  1

这就表示了 $H(s)$ 由传递函数型转换到零极点型,即

$$H(s)=\frac{(s-2)(s-4)}{(s+1)(s+3)(s+4)}$$

若需将其转换为状态变量型,则继续在 MATLAB 命令窗口输入如下语句:

[a,b,c,d]=tf2ss(num,den)

回车后,屏幕显示各状态矩阵如下:

a=
  −8   −19   −12
   1   0   0
   0   1   0

b=
  1
  0
  0

c=
  1   6   8

d=
  0

即对应的状态方程为:

$$\dot{x}=Ax+Be,\ y=Cx+De$$

式中 A,B,C,D 对应于程序中的 a,b,c,d。

二、连续时间系统状态方程和输出方程求解的 MATLAB 实现

例 7.12　已知状态方程的系数矩阵为：

$$A=\begin{bmatrix} -2 & 3 \\ -1 & -1 \end{bmatrix}, B=\begin{bmatrix} 3 & 2 \\ 2 & 1 \end{bmatrix}, C=\begin{bmatrix} 1 & 2 \\ -2 & 2 \\ 1 & -1 \end{bmatrix}。$$

试用 MATLAB 分别绘出

（1）在零输入条件和初始状态为 $x_1(0)=1, x_2(0)=1$ 时，系统状态方程和输出方程的解。

（2）在零状态条件和输入为 $v_1(t)=\varepsilon(t), v_2(t)=e^{-t}$ 时，系统状态方程和输出方程的解。

解：　MATLAB 中的 lsim 命令可以用来计算 LTI 系统对任意输入的响应。

（1）系统的响应可以下面的程序实现：

```
A=[-2,3;-1,-1];
B=[3,2;2,1];
C=[1,2;-2,2;1,-1];
D=zeros(3,2);
t=0:0.04:8;%模拟 0<t<8 秒
x0=[0,0]' ;%初始状态为零
v(:,1)=ones(length(t),1);
v(:,2)=exp(-t)';
[y,x]=lsim(A,B,C,D,v,t,x0);
subplot(211)
plot(t,x(:,1),'—',t,x(:,2),'——')
title('状态响应曲线')
subplot(212)
plot(t,y(:,1),'—',t,y(:,2),'——',t,y(:,3),'—.')
title('输出响应曲线')
```

程序运行后，系统的状态 $x_1(t), x_2(t)$ 的曲线如图 7.9（a）所示，输出 $y_1(t)$，$y_2(t), y_3(t)$ 的曲线如图 7.9（b）所示。

（2）系统的响应可以由下面的程序实现：

```
A=[-2,3;-1,-1];
B=[3,2;2,1];
C=[1,2;-2,2;1,-1];
```

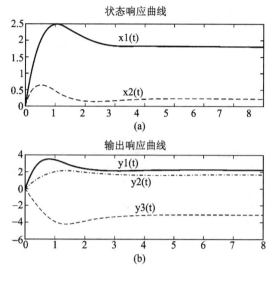

图 7.9 例 7.12 图

```
D=zeros(3,2);
t=0:0.04:8;%模拟 0<t<8 秒
x0=[0,0]'  ;%初始状态为零
v(:,1)=ones(length(t),1);
v(:,2)=exp(-t)';
[y,x]=lsim(A,B,C,D,v,t,x0);
subplot(211)
plot(t,x(:,1),'-',t,x(:,2),'--')
subplot(212)
plot(t,y(:,1),'-',t,y(:,2),'--',t,y(:,3),'-.')
```

程序运行后,系统的状态 $x_1(t)$, $x_2(t)$ 的曲线如图 7.10(a) 所示,输出 $y_1(t)$,
$y_2(t)$, $y_3(t)$ 的曲线如图 7.10(b) 所示。

三、离散时间系统状态方程和输出方程求解的 MATLAB 实现

例 7.13 已知状态方程的系数矩阵为:

$$\boldsymbol{A}=\begin{bmatrix}1 & -1 & 0\\ 1 & 0 & 1\\ 0 & 1 & 0\end{bmatrix},\boldsymbol{B}=\begin{bmatrix}1 & 0 & 1\\ 0 & 1 & 0\\ 0 & 0 & 1\end{bmatrix},\boldsymbol{C}=\begin{bmatrix}0 & 1 & 0\\ 1 & 0 & 1\end{bmatrix},\boldsymbol{D}=\begin{bmatrix}0 & 0 & 0\\ 0 & 1 & 0\end{bmatrix}。$$

在初始状态为 $x_1(0)=1$, $x_2(0)=1$, $x_3(0)=0$ 时,试用 MATLAB 求系统的状态
方程和输出方程的解。

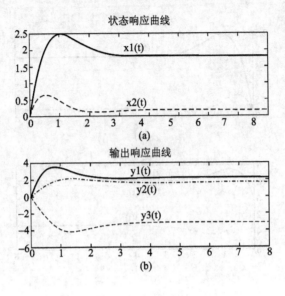

图 7.10　例 7.12 图

解:　MATLAB 中的 dlsim 命令可以用来计算状态方程的解。本例用 MATLAB 程序实现如下:

```
A=[1,-1,0;1,0,1;0,1,0];
B=[1,0,1;0,1,0;0,0,1];
C=[0,1,0;1,0,1];
D=[0,0,0;0,1,0];
x0=[1,1,0]';
n=0:1:10;
v=zeros(length(n),3);
[y,x]=dlsim(A,B,C,D,v,x0)
```

程序运行后,计算机显示如下:

```
y=
       1      1
       1      1
       1      0
       0     -1
      -1     -2
      -2     -2
      -2     -1
      -1      1
```

$$
\begin{array}{cc}
1 & 3 \\
3 & 4 \\
4 & 3
\end{array}
$$

x=

$$
\begin{array}{ccc}
1 & 1 & 0 \\
0 & 1 & 1 \\
-1 & 1 & 1 \\
-2 & 0 & 1 \\
-2 & -1 & 0 \\
-1 & -2 & -1 \\
1 & -2 & -2 \\
3 & -1 & -2 \\
4 & 1 & -1 \\
3 & 3 & 1 \\
0 & 4 & 3
\end{array}
$$

习 题

7.1 给定题图 7.1 所示电路,列出状态方程。

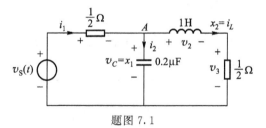

题图 7.1

7.2 写出题图 7.2 所示网络的状态方程(以 i_L 和 u_C 为状态变量)。

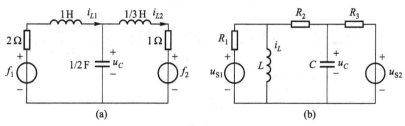

(a)　　　　　　　　　　(b)

题图 7.2

7.3 列写题图 7.3 所示电路的状态方程。

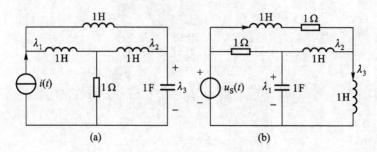

题图 7.3

7.4 写出题图 7.4 所示电路的状态方程。若以 R_4 上电流 i_4 为输出,列出输出方程。

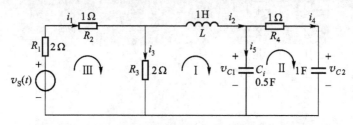

题图 7.4

7.5 列写题图 7.5 所示电路的状态方程和输出方程(以 $i_R(t)$ 为输出)。

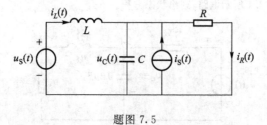

题图 7.5

7.6 写出如题图 7.6 所示框图表示的各系统状态方程及输出方程。

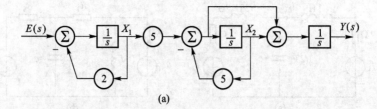

(a)

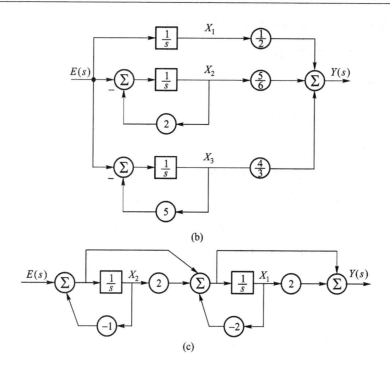

(b)

(c)

题图 7.6

7.7　列写题图 7.7 所示系统的状态方程和输出方程。

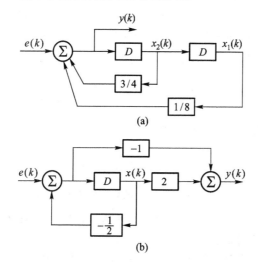

(a)

(b)

题图 7.7

7.8 已知系统函数如下,列写系统的状态方程与输出方程。

(1) $H(s) = \dfrac{2s+8}{s^3+6s^2+11s+6}$;

(2) $H(s) = \dfrac{4s}{(s+1)(s+2)^2}$;

(3) $H(s) = \dfrac{4s^3+16s^2+23s+13}{(s+1)^3(s+2)}$;

(4) $H(s) = \dfrac{1}{s^3+4s^2+3s+2}$。

7.9 已知离散系统的系统函数如下,列写系统的状态方程与输出方程:

(1) $H(z) = \dfrac{z^3-13z+12}{z^3+6z^2+11z+6}$;   (2) $H(z) = \dfrac{1}{1-z^{-1}-0.11z^{-2}}$。

7.10 描述系统的微分方程如下,试写出其状态方程和输出方程。

(1) $\dfrac{d^3 y(t)}{dt^3} + 2\dfrac{d^2(t)}{dt^2} + 7\dfrac{dy(t)}{dt} + 6y(t) = 2e(t)$;

(2) $2\dfrac{d^3 y(t)}{dt^3} - 3y(t) = \dfrac{d^2 e(t)}{dt^2} - 2e(t)$;

(3) $\dfrac{d^2 y(t)}{dt^2} + 4y(t) = e(t)$。

7.11 描述系统的差分方程如下,试写出其状态方程和输出方程。

(1) $y(k+2) + 3y(k+1) + 2y(k) = e(k+1) + e(k)$;

(2) $y(k) + 2y(k-1) + 5y(k-2) + 6y(k-3) = e(k-3)$;

(3) $y(k) + 3y(k-1) + 2y(k-2) + y(k-3) = e(k-1) + 2e(k-2) + e(k-3)$。

7.12 已知离散系统的差分方程为 $y(k) + 4y(k-2) = e(k) + 2e(k-2)$ 和 $y(k+2) - 3y(k+1) + 2y(k) = e(k+1) - 2e(k)$,试分别求其状态方程和输出方程并画出模拟框图。

7.13 系统矩阵方程参数如下,求系统函数矩阵 $H(s)$、零输入响应和零状态响应。

(1) $A = \begin{bmatrix} -3 & 1 \\ -2 & 0 \end{bmatrix}, B = \begin{bmatrix} 1 \\ 0 \end{bmatrix}, C = \begin{bmatrix} 0 & 1 \end{bmatrix}, D = 0, e(t) = \varepsilon(t), x(0) = \begin{bmatrix} 2 \\ 0 \end{bmatrix}$;

(2) $A = \begin{bmatrix} -1 & 1 \\ -1 & -1 \end{bmatrix}, B = \begin{bmatrix} 0 \\ 1 \end{bmatrix}, C = \begin{bmatrix} 1 & 1 \end{bmatrix}, D = 1, e(t) = \varepsilon(t), x(0) = \begin{bmatrix} 2 \\ 1 \end{bmatrix}$。

7.14 设一系统的状态方程和输出方程为:

$$\begin{cases} x_1'(t) = x_1(t) = e(t) \\ x_2'(t) = x_1(t) - 3x_2(t) \end{cases}$$

$$y(t) = -\dfrac{1}{4}x_1(t) + x_2(t)$$

系统的初始状态为 $x_1(0) = 1, x_2(0) = 2$,输入激励为一单位阶跃函数 $e(t) = \varepsilon(t)$。

(1) 试求此系统的输出响应;

(2) 求出此系统的传输函数、状态转移矩阵和状态转移方程。

7.15 如题图 7.8 所示电路,以 $x_1(t), x_2(t)$ 为状态变量,以 $y_1(t), y_2(t)$ 为响应。

(1) 列写电路的状态方程和输出方程;

(2) 求系统的特征矩阵 $\boldsymbol{\Phi}(s) = (s\boldsymbol{I} - \boldsymbol{A})^{-1}$;

（3）$e(t)=12\varepsilon(t)$ V，求状态变量的零状态解；

（4）若 $x_1(0^-)=2$ A，$x_2(0^-)=0$ A，$f(t)=12\,\delta(t)$ V，求零输入响应、零状态响应和全响应。

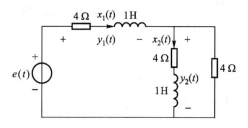

题图 7.8

7.16　系统的状态方程和输出方程如下，用时域法求解系统的输出响应。

$$\begin{cases} x_1' = x_2 \\ x_2' = -12x_1 - 7x_2 + e(t) \end{cases}$$

$$y(t) = 2x_1 + x_2$$

7.17　已知离散时间系统的系统函数如下，如果该离散系统的初始状态为零且激励 $e(k)=\delta(k)$，用时域解法及 z 域解法求状态矢量 $\mathbf{x}(k)$ 与输出矢量 $\mathbf{y}(k)$。

$$H(z) = \frac{1}{1 - z^{-1} - 0.11z^{-1}}$$

7.18　试用 MATLAB 求题 7.11 各系统状态方程和输出方程的解。

7.19　试用 MATLAB 求题 7.15 各系统状态方程和输出方程的解，并画出其时域波形。

附录　MATLAB 简介

(一) MATLAB 的主要语法和操作符

与 Fortran 和 C 相比,MATLAB 的语法更加简单,符号基本相同。

1. 变量

MATLAB 变量区分字母的大小写,例如 A 和 a 是两个不同的变量。函数名必须用小写字母。但是用户也可以根据实际需要通过使用 casesen 命令使 MATLAB 对程序中的文本不区分字母的大小写。

MATLAB 的变量命名规则如下:

(1) 变量名应以字母开头。

(2) 变量名可以由字母、数字和下划线混合组成,但不能包括其他字符。

(3) 组成变量名的字符长度应不大于 31 个。

(4) MATLAB 区分大小写。

另外,MATLAB 规定了一些固定变量(即常量),如表 1 所列。

表 1　MATLAB 规定的固定变量

变量名	说　明
i	虚数单位,为 -1 的平方根
j	虚数单位,作用同 i
pi	圆周率 π
eps	误差容限,$eps = 2^{-52} \approx 2.22 \times 10^{-16}$
realmin	最小的正浮点数
realmax	最大的正浮点数
inf	正无穷大量,$-inf$ 为负无穷大量
NaN	不定值 inf/inf 或 0/0

用引号表示字符变量的值,如"高斯消去法"。

2. 算术运算

算术运算符如表 2 所列。

表 2　MATLAB 的算术运算符

操作符	说　明	操作符	说　明
＋	加	/	矩阵右除
－	减	\	矩阵左除
*	矩阵乘	∧	矩阵幂
.*	数组乘	.∧	数组幂
./	数组右除	.\	数组左除

注意：这里的除法有右除和左除之分，如 $1/2=2\backslash 1=0.5$

3. 关系运算和逻辑运算

关系运算如表 3 所列。

表 3　MATLAB 的关系运算符

操作符	说　明	操作符	说　明
＜	小于	＜＝	小于等于
＞	大于	＞＝	大于等于
＝	等于	～＝	不等于

它们可用于比较两个元素的大小关系，结果为 1 表示表达式为真，结果为 0 表示表达式为假。

逻辑运算符如表 4 所列。

表 4　MATLAB 的逻辑运算符

操作符	说　明
＆	与
‖	或
～	非

它们用于元素或 0—1 矩阵的逻辑运算。

（二）矩阵的基本运算

矩阵运算在 MATLAB 中十分简单，它往往只需几行语句，即可完成相应的运算，无需像其他软件中编制繁琐而易出错的循环程序，这里给出的矩阵运算有：矩阵表示，矩阵转置，求逆，对角化，约当块，求矩阵的特征方程，求矩阵的特征向量，矩阵的乘法等。

1. 矩阵的表示

矩阵在 MATLAB 中的输入用下列方法,即在命令窗口输入小写字母

p=[1　1　1;−1　−2　−3;1　4　9]

在电脑屏幕上将显示:

p=

$$\begin{matrix} 1 & 1 & 1 \\ -1 & -2 & -3 \\ 1 & 4 & 9 \end{matrix}$$

这就表示了我们平时所习惯的矩阵

$$\boldsymbol{P} = \begin{bmatrix} 1 & 1 & 1 \\ -1 & -2 & -3 \\ 1 & 4 & 9 \end{bmatrix}$$

2. 矩阵的转置(相应于 $\boldsymbol{P}'$)

输入　p=[1　1　1;−1　−2　−3;1　4　9];

再输入 p'后回车,则屏幕上即显示下列结果:

$$\begin{matrix} 1 & -1 & 1 \\ 1 & -2 & 4 \\ 1 & -3 & 9 \end{matrix}$$

3. 矩阵求逆 inv(p)(对应于 $\boldsymbol{P}^{-1}$)

如前键盘输入 p,再输入 iniv(p)回车,即显示出:

$$\begin{matrix} 3.0000 & 2.5000 & 0.5000 \\ -3.0000 & -4.0000 & -1.0000 \\ 1.0000 & 1.5000 & 0.5000 \end{matrix}$$

4. 矩阵的对角化 inv(p)*a*p(对应于 $\boldsymbol{P}^{-1}\boldsymbol{AP}$)

输入　p=[1　1　1;−1　−2　−3;1　4　9];

　　　a=[0　1　0;0　0　−1;−6　−11　−6];

若输入 inv(p)可求得 P^{-1},

再输入 inv(p)*a*p

即得

$$\begin{matrix} -1.0000 & 0.0000 & 0.0000 \\ 0.0000 & -2.0000 & 0.0000 \\ 0.0000 & 0.0000 & -3.0000 \end{matrix}$$

将 $\boldsymbol{A}$ 进行了对角化。

5. 求矩阵的特征多项式,poly(a)(表示$|s\boldsymbol{I}-\boldsymbol{A}|$的多项式系数)

输入 a=[0　1　0;0　0　1;−6　−11　−6];

再输入 poly(a)回车

即显示

|　　　|　　1.0000|　　6.0000|　　11.0000|　　6.0000|
|表示|s^3 项|s^2 项|s 项|常数项|

不难验证当 $A = \begin{bmatrix} 0 & 1 & 0 \\ 0 & 0 & 1 \\ -6 & -11 & -6 \end{bmatrix}$ 时，$|sI-A|=0$

即有特征方程　　　　　　$s^3+6s^2+11s+6=0$

6. eig(a)，表示 $|sI-A|=0$，而求得相应的特征值。

例如，输入 $a=[0\ \ 1\ \ 0;0\ \ 0\ \ 1;-6\ \ -11\ \ -6]$，回车

再输入　eig(a)，回车

则得特征值

-1.0000

-2.0000

-3.0000

7. 求矩阵的特征向量

若 $VA=\lambda A, \lambda$ 为 A 的特征值，V 为对应于 λ 的特征向量

例如，输入 $a=[1\ \ 0\ \ 5;2\ \ 2\ \ 1;0\ \ 0\ \ 3]$，回车

再输入　$[V,d]=eig(a)$，回车

则得特征矢量为

$$V = \begin{matrix} 0 & 0.4472 & 0.2182 \\ 1.0000 & -0.8944 & 0.8729 \\ 0 & 0 & 0.4364 \end{matrix}$$

相应的特征值为

$$d = \begin{matrix} 2 & 0 & 0 \\ 0 & 1 & 0 \\ 0 & 0 & 3 \end{matrix}$$

若再输入　eig(a)，回车

则得

2

1

3

即为三个特征值。

8. 矩阵乘法 a*b(相应于 AB)

例如，输入$a2=[1\ \ 1\ \ 1;-1\ \ -2\ \ -3;1\ \ 4\ \ 9]$，回车

$$a2 = [3 \quad 2.5 \quad 0.5; -3 \quad -4 \quad -1; 1 \quad 1.5 \quad 0.5],回车$$

$$a2 * b2,回车$$

得

1 0 0

0 1 0

0 0 1

(三) 基本数学函数和基本作图函数

MATLAB 具有十分丰富的函数库,可以直接调用。强大的运算能力和图形能力是 MATLAB 的特点。表 5 列出了最基本的数学函数,表 6 列出了基本的作图函数。

表 5　最基本的数学函数

sin	正弦函数	log	自然对数
cos	余弦函数	log2	以 2 为底的对数
tan	正切函数	log10	常用对数
sinh	双曲正弦函数	sqrt	求平方根函数
cosh	双曲余弦函数	round	四舍五入取整
tanh	双曲正切函数	ceil	取大于等于变量的最近整数
exp	指数函数	max	求数组的最大值
real	求复数的实部	min	求数组的最小值
imag	求复数的虚部	mean	求数组的平均值
abs	求绝对值或复数的模	std	求标准差
angle	求复数的相角	sum	求和
conj	求复数的共轭		

表 6　基本的作图函数

plot	绘制连续波形	grid	画网格线
stem	绘制离散波形	xlabel	为 x 轴加上标题
axis	定义 x,y 坐标轴标度	ylabel	为 y 轴加上标题
subplot	分隔图形显示窗口	title	为图形加上标题
figure	弹出新的绘图窗口	text	在图上加文字说明
hold	保留目前曲线	gtext	用鼠标在图的任意位置上加文字说明

　　使用者若需编制自己的函数,函数文件也保存为. m 文件,编制和调用都非常方便。

　　在编制函数文件时,第一行为函数定义行,定义了函数名、输出参数、输入参数等。后面的其他行就是使用者自编的语句。

　　例如,定义一个指数衰减函数 e^{-t} 如下:

function y＝declining(t)

y＝exp(－t);

　　第一行定义一个名为 declining 的函数,y 为输出参数,t 为输入参数,y 与 t 均为形式参数。后面的其他行就是使用者自编的语句。

在 MATLAB 中,函数文件的名字最好与函数名统一,即把这个函数保存为 declining. m。这样,这个函数就可以被其他文件所调用。

(四) 常见信号产生与运算的基本函数

表 7　MATLAB 常见信号产生函数

函　数　名	功　　能
sawtooth	产生周期锯齿波或三角波
square	产生周期方波
sinc	产生抽样函数 $\sin(\pi t)/\pi t$
chirp	产生扫频信号
pulstran	产生脉冲串
rectpuls	产生矩形波
tripuls	产生三角波
diric	产生 dirichlet 函数或周期 sinc 函数
zeros(1,N)	产生单位脉冲序列 $\delta(k)$
ones(1,N)	产生单位阶跃序列 $\varepsilon(k)$
rand(1,N)	产生在[0,1]区间均匀分布的随机信号
randn(1,N)	产生均值为 0,方差为 1 的白噪声

表 8　离散时间信号常用运算的 MATLAB 实现

运算名称	数学表达式	MATLAB 实现
信号幅度变化	$y(n)=ax(n)$	Y＝alpha * x
信号时移	$y(n)=x(n-k)$	Y＝[zeros(1,k),x]
信号翻转	$y(n)=x(-n)$	Y＝fliplr(x)

运算名称	数学表达式	MATLAB 实现
信号累加	$y(n) = \sum\limits_{n=-\infty}^{\infty} x(n)$	$Y = \mathrm{cumsum}(x)$
信号差分（或近似微分）	$y(n) = x(n+1) - x(n)$	$Y = \mathrm{diff}(x)$
信号求和	$y = \sum\limits_{n=n_1}^{n_2} x(n)$	$Y = \mathrm{sum}(x(n1:n2))$
信号相加	$y(n) = x_1(n) + x_2(n)$	$Y = x1 + x2$
信号相乘	$y(n) = x_1(n) x_2(n)$	$Y = x1.*x2$
两个信号卷积	$y(n) = \sum\limits_{k=-\infty}^{\infty} x_1(k) x_2(n-k)$	$Y = \mathrm{conv}(x1, x2)$
两个信号相关	$R_{x_1 x_2}(m) = \sum\limits_{n=-\infty}^{\infty} x_1(n) x_2(n+m)$	$Y = \mathrm{xcorr}(x1, x2)$

部分习题参考答案

第一章

1.1　(a) 连续时间信号（模拟信号）；　　(b) 连续时间信号；

　　(c) 离散时间信号；　　　　　　　(d) 离散时间信号（数字信号）。

1.2　(1) 是周期信号，$T=2\pi$；　　　　(2) 不是周期信号；

　　(3) 是周期信号，$T=2$；　　　　　(4) 不是周期信号。

1.3　(1) 功率信号，$P=1$ W；　　　　(2) 功率信号，$P=6.25$ W；

　　(3) 能量信号，$E=25$ J；　　　　(4) 能量信号，$E=3$ J。

1.7　$r_3(t)=4\cos(\pi t)-e^{-t}, t>0$。

1.9　$r_2(t)=\dfrac{d[2e^{-at}\varepsilon(t)]}{dt}=-2ae^{-at}\varepsilon(t)+2e^{-at}\delta(t)=2\delta(t)-2ae^{-at}\varepsilon(t)$。

第二章

2.3　(1) 1；　　　　　　　　　　　　(2) $6e^{-5}$；

　　(3) 0；　　　　　　　　　　　　(4) $\dfrac{\pi}{4}$。

2.4　$\dfrac{d}{dt}\left[\cos\left(t+\dfrac{\pi}{4}\right)\delta(t)\right]=\cos\left(t+\dfrac{\pi}{4}\right)\delta'(t)-\sin\left(t+\dfrac{\pi}{4}\right)\delta(t)$

$$=\dfrac{\sqrt{2}}{2}\delta'(t)+\sin\left(t+\dfrac{\pi}{4}\right)\delta(t)-\sin\left(t+\dfrac{\pi}{4}\right)\delta(t)=\dfrac{\sqrt{2}}{2}\delta'(t)。$$

2.5　$\displaystyle\int_{0^-}^{\infty}f(6-4t)dt=1$。

2.6　$\displaystyle\int_{-\infty}^{\infty}\delta(t^2-4)dt=2$。

2.8　$r_{zi}(t)=4e^{-t}-3e^{-2t}, t>0$，自然频率$-1,-2$。

2.9　$r(t)=1+2te^{-t}, t>0$。

2.10　全响应：$r(t)=9e^{-2t}-2e^{-3t}-2e^{-t}, t>0$

　　　零输入响应：$r_{zi}(t)=3e^{-2t}-2e^{-3t}, t>0$

　　　零状态响应：$r_{zs}(t)=6e^{-2t}-2e^{-t}, t>0$

　　　自由响应：$9e^{-2t}-2e^{-3t}, t>0$　　受迫响应：$-2e^{-t}, t>0$。

2.11　(1) $h(t)=te^{-3t}\varepsilon(t)$，　　　$r(t)=\dfrac{1}{9}(1-e^{-3t}-3te^{-3t})\varepsilon(t)$；

　　　(2) $h(t)=\delta(t)-e^{-t}\varepsilon(t)$，　　$r(t)=e^{-t}\varepsilon(t)$；

(3) $h(t) = e^{-2t}\varepsilon(t)$, $\qquad r(t) = \frac{1}{2}(1-e^{-2t})\varepsilon(t)$。

2.12 $h(t) = \varepsilon(t)+\varepsilon(t-1)+\varepsilon(t-2)-\varepsilon(t-3)-\varepsilon(t-4)-\varepsilon(t-5)$。

2.14 (a) $y(t) = f_1(t) * f_2(t) = \frac{\mathrm{d}f_1(t)}{\mathrm{d}t} * \int_{-\infty}^{t} f_2(\tau)\mathrm{d}\tau$

$\qquad = [\delta(t+1)-\delta(t)] * [t\varepsilon(t)-(t-2)\varepsilon(t-2)]$

$\qquad = (t+1)\varepsilon(t+1)-(t-1)\varepsilon(t-1)-t\varepsilon(t)+(t-2)\varepsilon(t-2)$

$\qquad = (t+1)[\varepsilon(t+1)-\varepsilon(t)]+[\varepsilon(t)-\varepsilon(t-1)]-(t-2)[\varepsilon(t-1)-\varepsilon(t-2)]$；

(b) $f_1(t) * f_2(t) = \cos(t) * \varepsilon(t-1) = \int_{-\infty}^{t}\cos(\tau)\mathrm{d}\tau * \frac{\mathrm{d}\varepsilon(t-1)}{\mathrm{d}t}$

$\qquad = \sin(t) * \delta(t-1) = \sin(t-1)\varepsilon(t-1)$。

2.15 (1) $f(t) = [\varepsilon(t+6)-\varepsilon(t+2)]+[\varepsilon(t-2)-\varepsilon(t-6)]$；

(2) $f(t) = [\varepsilon(t+9)-\varepsilon(t+5)]+[\varepsilon(t+1)-\varepsilon(t-1)]+[\varepsilon(t+3)-\varepsilon(t-3)]$

$\qquad +[\varepsilon(t-5)-\varepsilon(t-9)]$。

2.16 (1) $\frac{1}{2}t^2\varepsilon(t)$； $\qquad$ (2) $(e^{-t}+t-1)\varepsilon(t)$；

(3) $f_1(t) * f_2(t) = \begin{cases} e^{t-1} & t<3 \\ e^2 & t\geqslant 3 \end{cases}$； $\qquad$ (4) $\frac{1}{2}t^2\varepsilon(t)-\frac{1}{2}(t-2)\varepsilon(t-2)$。

2.17 (1) $h(t) = \left[\frac{1}{2}\delta(t)-\frac{1}{4}e^{-\frac{1}{2}t}\varepsilon(t)\right]$ V；

(2) $r(t) = \{2[-e^{-\frac{1}{2}(t+1)}+1]\varepsilon(t+1)+4(e^{-\frac{1}{2}(t+1)}-1)\varepsilon(t)-2[e^{-\frac{1}{2}(t-1)}-1]\varepsilon(t-1)\}$ V。

2.18 $r_{zs2}(t) = (1+e^{-t}-3e^{-2t}+\cos t e^{-2t})\varepsilon(t)$。

2.19 (1) $r(t) = e^{-3t}\varepsilon(t)-e^{-1}e^{-3(t-1)}\varepsilon(t-1)$；

(2) $A = \frac{1}{2}(e^{-3}-e^{-1})$。

第三章

3.1 (1) $f(t) = \frac{E\tau}{T}\sum_{n=-\infty}^{\infty}\frac{\sin(n\Omega\tau/2)}{n\Omega\tau/2}e^{jn\Omega t}$；

(2) 直流分量大小为：1 V， 基波分量有效值$\approx$1.39 V，二次谐波有效值$\approx$1.32 V。

3.2 $f(t) = \frac{1}{2}A-\sum_{n=1}^{\infty}\frac{2A}{\pi(2n-1)}\sin\left(\frac{2\pi(2n-1)}{T}t\right)$。

3.3 $f_a(t) = \frac{a_0}{2}+\sum_{n=1}^{\infty}a_n\cos(n\Omega\omega t)$

$\qquad = \frac{A}{\pi}+\frac{A}{2}\cos(\omega t)+\frac{2A}{\pi}\sum_{k=1}^{\infty}(-1)^{k+1}\frac{1}{4k^2-1}\cos(2k\omega t)$，

$\qquad f_b(t) = \frac{A}{\pi}+\frac{A}{2}\sin(\omega t)+\frac{2A}{\pi}\sum_{k=1}^{\infty}\frac{1}{1-4k^2}\cos(2k\omega t)$。

3.5 (a) 只含奇次余弦分量；　　　　(b) 包含直流、正弦和余弦分量；

(c) 只含有正弦分量；　　　　(d) 只含有直流和偶次余弦分量。

3.8 $f(t)$ 在 $\left(0, \dfrac{T}{2}\right)$ 上展开的傅里叶级数仅有正弦项。在 $\left(-\dfrac{T}{4}, \dfrac{T}{4}\right)$ 上展开的傅里叶级数含有直流分量和余弦项，不含有正弦项。

3.9 (a) $F_2(j\omega) = e^{-j4\omega} F_1(-j\omega)$；

(b) $F_2(j\omega) = e^{-j3\omega} [F_1(j\omega) + 2F_1(-j2\omega)] + e^{-j\omega} [F_1(-j\omega) + 2F_1(j2\omega)]$。

3.10 $y(t) = \dfrac{5}{2} + \dfrac{8}{\pi} \cos(\omega_1 t) - \dfrac{4}{3\pi} \cos(3\omega_1 t)$。

3.11 (a) $F(j\omega) = \dfrac{E}{j\omega} \left[1 - \dfrac{1}{j\omega T}(1 - e^{-j\omega T}) \right]$；

(b) $F(j\omega) = j\dfrac{2}{\omega} [\cos\omega - \mathrm{Sa}(\omega)]$。

3.12 $F_2(j\omega) = 8[R(2(\omega - 10\pi))\cos 2(\omega - 10\pi) + R(2(\omega + 10\pi))\cos 2(\omega + 10\pi)]$。

3.13 (1) $\dfrac{1}{1 - j\omega} e^{-j\omega}$；　　　　(2) $G_{4\pi}(\omega) e^{-j\omega}$；

(3) $-j\mathrm{sgn}(\omega)$；　　　　(4) $\dfrac{j}{2} \left[\dfrac{1}{3 + j(\omega + 2\pi)} - \dfrac{1}{3 + j(\omega - 2\pi)} \right]$。

3.14 (1) $\dfrac{j}{3} F'\left(j\dfrac{\omega}{3} \right)$；　　(2) $\dfrac{1}{2} F\left(-j\dfrac{\omega}{2} \right) e^{-j\omega\frac{5}{2}}$；　　(3) $j\dfrac{d}{d\omega} [j\omega F(-j\omega) e^{-j\omega}]$；

(4) $|\omega| \cdot F(j\omega)$。

3.15 (1) $f(t) = \dfrac{1}{2\pi} e^{j\omega_0 t}$；　　　　(2) $f(t) = \dfrac{\omega_0}{\pi} \mathrm{Sa}(\omega_0 t)$。

3.16 $F(j\omega) = 2\mathrm{Sa}(\omega) \mathrm{Sa}\left(\dfrac{\omega}{2} \right) e^{-j\frac{3}{2}\omega}$。

3.17 (a) $F(j\omega) = \pi\delta(\omega) + \dfrac{1}{\omega} \mathrm{Sa}\left(\dfrac{\omega}{2} \right) e^{-j\left(\frac{\omega}{2} + \frac{\pi}{2} \right)}$；

(b) $F(j\omega) = j\dfrac{2}{\omega} [\cos\omega - \mathrm{Sa}(\omega)]$。

3.18 (a) $\dfrac{\pi}{5} \left\{ \mathrm{Sa}\left[\dfrac{\pi}{5}(\omega + 20) \right] + \mathrm{Sa}\left[\dfrac{\pi}{5}(\omega - 20) \right] \right\}$；

(b) $\dfrac{\pi}{4} \left\{ \mathrm{Sa}^2\left[\dfrac{\pi}{4}(\omega + 7) \right] + \mathrm{Sa}^2\left[\dfrac{\pi}{4}(\omega - 7) \right] \right\}$。

3.19 (1) $\varphi(\omega) = -2\omega$；　　　　(2) $F(0) = 3$；

(3) $\displaystyle\int_{-\infty}^{\infty} F(j\omega) d\omega = 0$；　　　　(4) $\displaystyle\int_{-\infty}^{\infty} F(j\omega) \dfrac{2\sin\omega}{\omega} e^{j2\omega} d\omega = 4\pi$。

3.20 $F_2(j\omega) = 2\pi \displaystyle\sum_{n=-\infty}^{\infty} \mathrm{Re}[F_1(jn\pi)]\delta(\omega - n\pi)$。

3.21 (a) $H(j\omega) = \dfrac{j\omega RC}{(j\omega RC)^2 + 3j\omega RC + 1}$；

(b) $H(j\omega) = \dfrac{1}{(j\omega RC)^2 + 3j\omega RC + 1}$；

(c) $H(j\omega) = \dfrac{j\omega RL_2}{(j\omega)^2 L_1 L_2 + j\omega R(L_1 + L_2)}$。

3.22 $Q \geqslant 112.5$。

3.24 $r(t) = \dfrac{2}{\pi} + \dfrac{1}{2}\cos t$。

3.25 $h(t) = \dfrac{1 - \cos(\omega_0 t)}{\pi t}$。

3.26 $r(t) = \mathrm{Sa}[\omega_c(t - t_0)]\cos(\omega_0 t)$。

3.28 $R_1 = R_2$。

3.29 (1) 调幅系数 $m = 40\%$；部分调幅系数 $m_1 = 30\%$，$m_2 = 10\%$；

   (2) $U(t) = A\{\sin(\omega_c t) + 0.15[\sin(\omega_c + \omega_1)t + \sin(\omega_c - \omega_1)t]$
   $+ 0.05[\sin(\omega_c + \omega_1)t + \sin(\omega_c - \omega_1)t]\}$，

   调幅信号的频带宽度 $B = 10\ \mathrm{kHz}$。

第四章

4.3 (1) $F(j\omega) = j\pi f'(\omega) - \dfrac{1}{\omega^2}$；

   (2) $F(s) = \dfrac{1}{s^2}$ $\mathrm{Re}[s] > 0$；

   (3) 等式不成立。

4.5 (a) $F(s) = \dfrac{1}{s^2}(1 - e^{-s})(1 - e^{-2s})$；

   (b) $F(s) = 1 + e^{-s} - e^{-2s} + e^{-3s} - e^{-4s}$；

   (c) $F(s) = \dfrac{1}{s^2}(1 - e^{-s})^2(1 + e^{-2s})$；

   (d) $F(s) = \dfrac{\pi}{s^2 + \pi^2}\dfrac{1 - e^{-6s}}{1 - e^{-s}}$。

4.6 (1) $\dfrac{s\cos\left(\frac{4\pi}{5}\right) + 3\sin\left(\frac{4\pi}{5}\right)}{s^2 + 9}$；

   (2) $\dfrac{1}{s^2}[1 - (1 + s)e^{-s}]e^{-s}$；

   (3) $\dfrac{s\cos 2 - 2\sin 2}{s^2 + 4}e^{-s}$；

   (4) $\dfrac{1}{s}e^{-2s}$。

4.8 (1) $\dfrac{5}{3}e^{-\frac{4}{3}t}\varepsilon(t)$；

   (2) $\delta(t) + (3t - 3)e^{-t}\varepsilon(t)$；

   (3) $(3e^{-2t} - 2e^{-t})\varepsilon(t)$；

   (4) $\dfrac{1}{2}(1 - \cos 2t)\varepsilon(t)$；

   (5) $\displaystyle\sum_{n=0}^{\infty}[\varepsilon(t - 2n) - \varepsilon(t - 2n - 1)]$；

(6) $(1-4\mathrm{e}^{-t}\cos 2t)\varepsilon(t)$。

4.9　(1) $\delta(t)+3(t-1)\mathrm{e}^{-t}\varepsilon(t)$;　　(2) $-t\varepsilon(t)-\mathrm{e}^{-t}\varepsilon(-t)$;

　　　(3) $\delta'(t)-2\delta(t)+(\mathrm{e}^{-t}+3\mathrm{e}^{-2t})\varepsilon(t)$;

　　　(4) $\dfrac{1}{2}\mathrm{e}^{t}\sin 2(t-1)\varepsilon(t-1)+\mathrm{e}^{t}\sin 2\, t\varepsilon(t)$。

4.11　(1) $f(t)=\pm\mathrm{e}^{-t}\varepsilon(t)$;　　(2) $f(t)=\left[\dfrac{1}{5}\mathrm{e}^{-t}+\dfrac{\sqrt{5}}{5}\cos(2t-153.4°)\right]\varepsilon(t)$;

　　　(3) $f(t)=\left(-\dfrac{2}{3}t^{3}\mathrm{e}^{-t}+t^{2}\mathrm{e}^{-t}\right)\varepsilon(t)$。

4.12　(1) $h(t)=\dfrac{2}{3}(\mathrm{e}^{-t}-\mathrm{e}^{-4t})\varepsilon(t)$,　$g(t)=\left(\dfrac{1}{2}-\dfrac{2}{3}\mathrm{e}^{-t}+\dfrac{1}{6}\mathrm{e}^{-4t}\right)\varepsilon(t)$;

　　　(2) $h(t)=\left(\dfrac{4}{3}\mathrm{e}^{-t}+\dfrac{2}{3}\mathrm{e}^{-4t}\right)\varepsilon(t)$,$g(t)=\left(\dfrac{3}{2}-\dfrac{4}{3}\mathrm{e}^{-t}-\dfrac{1}{6}\mathrm{e}^{-4t}\right)\varepsilon(t)$。

4.13　(1) $h(t)=(\mathrm{e}^{-t}-\mathrm{e}^{-2t})\varepsilon(t)$;　　(2) $r(t)=(1-\mathrm{e}^{-t}+3\mathrm{e}^{-2t})\varepsilon(t)$。

4.14　(1) $r_{zs}(t)=[1-2\mathrm{e}^{-2(t-2)}]\varepsilon(t-2)$;　　(2) $r_{zs}(t)=2(\mathrm{e}^{-t}-\mathrm{e}^{-2t})\varepsilon(t)$;

　　　(3) $r_{zs}(t)=\left[t-\dfrac{1}{2}(1-\mathrm{e}^{-2t})\right]\varepsilon(t)$。

4.15　$e(t)=\left(1-\dfrac{1}{12}\mathrm{e}^{t}-\dfrac{2}{3}\mathrm{e}^{-2t}+\dfrac{1}{4}\mathrm{e}^{-3t}\right)\varepsilon(t)$。

4.16　$u_C(t)=\omega_0\sin(\omega_0 t)\varepsilon(t)$,$u_L(t)=\delta(t)-\omega_0\sin(\omega_0 t)\varepsilon(t)$,

　　　$i(t)=\dfrac{1}{L}\cos(\omega_0 t)\varepsilon(t)$,$\omega_0=\dfrac{1}{\sqrt{LC}}$。

4.17　$i(t)=(2.5-2\mathrm{e}^{-t}+0.5\mathrm{e}^{-4t})\mathrm{A},t\geqslant0$。

4.18　$i(t)=\mathrm{e}^{-t}[2\cos(2t)+\sin(2t)],t\geqslant0$

4.21　(1) $H(s)=\dfrac{0.27s^{2}+1}{(s+1)(s^{2}+s+1)}$;

　　　(3) $h(t)=1.27\mathrm{e}^{-t}+1.035\mathrm{e}^{-0.5t}\cos\left(\dfrac{\sqrt{3}}{2}t-165.1°\right)\mathrm{V}$;

　　　(4) $g(t)=1-1.27\mathrm{e}^{-t}+1.035\mathrm{e}^{-0.5t}\cos\left(\dfrac{\sqrt{3}}{2}t+74.9°\right)$ V。

4.23　(1) $H(\mathrm{j}\omega)=\dfrac{1}{\omega}\mathrm{e}^{-\mathrm{j}\frac{\pi}{2}}$;

　　　(2) $H(\mathrm{j}\omega)=\dfrac{\omega}{\sqrt{\omega^{2}+4}}\mathrm{e}^{\mathrm{j}\arctan\left(\frac{2}{\omega}\right)}$;

　　　(3) $H(\mathrm{j}\omega)=\dfrac{\omega}{\sqrt{(\omega^{2}-2)^{2}+4\omega^{2}}}\mathrm{e}^{\mathrm{j}\arctan\left(\frac{2-\frac{2}{\omega}}{2\omega}\right)}$;

　　　(4) $H(\omega)=\mathrm{e}^{\mathrm{j}2\arctan\left(\frac{3\omega}{\frac{\omega^2}{2}-2}\right)}$。

4.24　$H(s)=\dfrac{10(s-1)}{s(s+1)}$。

4.26　(1) $F_d(s)=\dfrac{-5}{(s-2)(s+3)}$,$-3<\sigma<2$;

(2) $F_d(s) = \dfrac{-1}{(s-3)(s-4)}$，$3 < \sigma < 4$。

4.27 (1) $f(t) = -\dfrac{1}{2}e^t \varepsilon(t) - \dfrac{1}{2}e^{3t}\varepsilon(-t)$； (2) $f(t) = 2e^{-2t}\varepsilon(t) + e^{-t}\varepsilon(-t)$。

4.28 $F_d(s) = \dfrac{-8a}{s^2 - 4a^2}$ $(-2a < \sigma < 2a)$。

4.30 当 $5 < K < 8$ 时系统稳定。

4.31 (1) $H(s) = \dfrac{2k(4s^2 + 2s + 1)}{12s^2 + (10 - 4k)s + 3}$； (2) $K < 2.5$；

(3) $r_{zs}(t) = -25\left(\dfrac{6}{289}\cos t + \dfrac{56}{289}\sin t\right)\varepsilon(t) - 5e^{-\frac{t}{3}}\left(\dfrac{72}{29}\cos\dfrac{\sqrt{5}}{6}t + \dfrac{48\sqrt{5}}{29}\sin\dfrac{\sqrt{5}}{6}t\right)\varepsilon(t)$；

(4) $r_{zs}(t) = \left(\dfrac{10}{9}\cos\dfrac{1}{2}t - \dfrac{10}{9}\cos t + \dfrac{5}{3}\sin t\right)\varepsilon(t)$。

4.32 $0 < K < 9$。

4.33 (1) $H(s) = \dfrac{s^2 + (k+4)s + 3k + 3}{s^2 + 3s + 2 - k}$； (2) $K < 2$。

4.34 (a) $k < -2$； (b) 无论 k 取何值，系统都不稳定。

4.36 (a) $H(s) = \dfrac{1}{\tau} \times \dfrac{1}{s + 1/\tau}$，低通；(b) $H(s) = \dfrac{s}{s + 1/\tau}$，高通；

(c) $H(s) = \dfrac{1}{\tau_2} \times \dfrac{s}{(s + 1/\tau_1)(s + 1/\tau_2)}$，带通；

(d) $H(s) = \dfrac{s^2 + s + 3}{(s+1)(s+3)}$，带阻。

第五章

5.1 最小抽样点数 $n_{\min} = 24000$。

5.2 (1) 最低抽样率 $= \dfrac{20}{\pi}$，奈奎斯特间隔 $= \dfrac{\pi}{20}$；

(2) 最低抽样率 $= \dfrac{40}{\pi}$，奈奎斯特间隔 $= \dfrac{\pi}{40}$。

5.6 (a) $f(k) = (k-1)[\varepsilon(k-2) - \varepsilon(k-5)]$；

(b) $f(k) = 2[\varepsilon(k-3) - \varepsilon(k-6)]$；

(c) $f(k) = (-1)^{k+1}\varepsilon(k) + \delta(k)$；

(d) $f(k) = -[\varepsilon(k) - \varepsilon(k-3)] + [\varepsilon(k-3) - \varepsilon(k-6)]$。

5.9 (a) $y(k+1) + \dfrac{1}{2}y(k) = -e(k+1) + 2e(k)$；

(b) $y(k+2) + 5y(k+1) + 6y(k) = e(k+1)$；

(c) $y(k+2) + 3y(k+1) + 2y(k-2) = e(k-1)$；

(d) $y(k) = 5e(k) + 7e(k-2)$。

5.11 (1) $H(s) = \dfrac{cs + d}{s^2 - as - b}$；   (2) $H(s) = \dfrac{s+1}{s-2}$；

(3) $H(s) = \dfrac{s-2}{s^2+5s+6}$；　　　　(4) $H(s) = \dfrac{s^2+3s}{s^3+4s^2+5}$。

5.13　$\left[3\left(\dfrac{1}{2}\right)^k - \left(-\dfrac{1}{2}\right)^k + 4\right]\varepsilon(k)$。

5.14　$y(k) = \dfrac{14}{3}(-2)^k - \dfrac{59}{16}(-3)^k + \dfrac{1}{4}k + \dfrac{1}{48}$　$(k\geqslant 0)$。

5.15　(1) $[5(-1)^k - 3(-2)^k]\varepsilon(k)$；　　　　(2) $4(3)^k\cos\dfrac{k\pi}{2}\varepsilon(k)$；

　　　(3) $(4k+2)(-1)^k\varepsilon(k)$；　　　　(4) $[3^k - (k+1)2^k]\varepsilon(k)$。

5.16　(a) $h(k) = \dfrac{1}{2}[1-(-1)^k]\varepsilon(k)$；　　(b) $h(k) = (1+k)\left(-\dfrac{1}{2}\right)^k\varepsilon(k)$；

　　　(c) $h(k) = 2\delta(k) - (0.5)^k\varepsilon(k)$；　　(d) $h(k) = 2\delta(k-1) - (-1)^k\varepsilon(k-2)$。

5.17　(1) $h(k) = \left(\dfrac{1}{9}\right)^k\varepsilon(k)$；

　　　(2) $h(k) = 4(k-1)\left(\dfrac{1}{2}\right)^k\varepsilon(k-1)$；

　　　(3) $h(k) = (-1)^{k-1}\varepsilon(k-1)$；

　　　(4) $h(k) = 2^k(\sqrt{2})^{k+1}\cos\left(\dfrac{k\pi}{4} - \dfrac{\pi}{4}\right)\varepsilon(k)$。

5.19　(1) $e(k)*h(k) = \left(\dfrac{1}{2}\right)^k\varepsilon(k) + \left(\dfrac{1}{2}\right)^{k-1}\varepsilon(k-1) + \left(\dfrac{1}{2}\right)^{k-2}\varepsilon(k-2) + \left(\dfrac{1}{2}\right)^{k-3}\varepsilon(k-3)$；

　　　(2) $e(k)*h(k) = 2^k\varepsilon(k) - 5\cdot 2^{k-2}\varepsilon(k-2) + 2^{k-2}\varepsilon(k-4)$；

　　　(3) $e(k)*h(k) = (0.4)^k(2^{k+1}-1)\varepsilon(k)$；

　　　(4) $e(k)*h(k) = \dfrac{1-a^{k+1}}{1-a}$，$|a|<1$。

5.20　(1) 零输入响应：$y_{zi}(k) = \dfrac{4}{3}(0.2)^k - \dfrac{10}{3}(0.5)^k$，　$k\geqslant -2$；

　　　(2) 自由响应：$y_f(k) = \dfrac{5}{6}(0.2)^k - \dfrac{25}{3}(0.5)^k$，　$k\geqslant 0$。

5.21　(1) $y_{zs}(k) = \dfrac{6}{5}\left[\left(\dfrac{1}{3}\right)^{k+1} - \left(-\dfrac{1}{2}\right)^{k+1}\right]\varepsilon(k)$；

　　　(2) $y_{zs}(k) = \left[3 - 3\left(\dfrac{1}{2}\right)^k + \left(\dfrac{1}{3}\right)^k\right]\varepsilon(k)$。

5.22　(1) ① 零输入响应为：$y_{zi}(k) = 6(0.6)^k$，$k\geqslant 0$；

　　　　　② 零状态响应为：$y_{zs}(k) = -2(0.4)^k + 3(0.6)^k$，$k\geqslant 0$；

　　　　　③ 全响应为：$y(k) = -2(0.4)^k + 9(0.6)^k$，$k\geqslant 0$。

　　　(2) ① 零输入响应为：$y_{zi}(k) = 1.2\left(\dfrac{1}{2}\right)^k + 0.8\left(-\dfrac{1}{3}\right)^k$，$k\geqslant 0$；

　　　　　② 零状态响应为：$y_{zs}(k) = -2.4\left(\dfrac{1}{2}\right)^k + 0.4\left(-\dfrac{1}{3}\right)^k + 6$，$k\geqslant 0$；

　　　　　③ 全响应为：$y(k) = -1.2\left(\dfrac{1}{2}\right)^k + 1.2\left(-\dfrac{1}{3}\right)^k + 6$，$k\geqslant 0$。

(3) ① 零输入响应为：$y_{zs}(k)=3(-1)^k+4(2)^k,k\geqslant0$；

　　② 零状态响应为：$y_{zs}(k)=-3+(-1)^k+8(2)^k,k\geqslant0$；

　　③ 全响应为：$y(k)=-3+4(-1)^k+12(2)^k,k\geqslant0$。

5.23 (1) 系统差分方程为：$y(k)-\dfrac{1}{2}y(k-1)=e(k-1)-e(k)$；

(2) 单位阶跃序列作用下的零状态响应为：$y_{zs}(k)=-2^{-k}\varepsilon(k)$。

5.24 (1) $y_{zi}(k)=\varepsilon(k)$，　$y_{zs}(k)=k\varepsilon(k)$，　$y(k)=\varepsilon(k)+k\varepsilon(k)$；

(2) 系统不稳定。

第六章

6.1 (1) $F(z)=\dfrac{1}{2z-1}\quad\left(|z|>\dfrac{1}{2}\right)$；

(2) $F(z)=-\dfrac{2z}{z+\dfrac{1}{2}}\quad\left(|z|>\dfrac{1}{2}\right)$；

(3) $F(z)=-\dfrac{\dfrac{1}{2}}{z-\dfrac{1}{2}}\quad\left(|z|<\dfrac{1}{2}\right)$；

(4) $F(z)=\displaystyle\sum_{k=-\infty}^{\infty}f(k)z^{-k}=\sum_{k=-\infty}^{\infty}\delta(k+n_0)z^{-k}=z^{n_0}$，

收敛域：除∞点外的全 z 平面；

(5) $F(z)=\dfrac{z}{z-\dfrac{1}{5}}+\dfrac{3z}{3z-1}\quad\left(\dfrac{1}{5}<|z|<\dfrac{1}{3}\right)$；

(6) $F(z)=\dfrac{1-z^{-N}}{1-z^{-1}}\quad(|z|>0)$。

6.2 (1) $F(z)=\dfrac{1}{z^2(z-1)^2}\quad(|z|>1)$；

(2) $F(z)=\dfrac{-3z^2+4z}{(z-1)^2}\quad(|z|>1)$；

(3) $F(z)=3+2z^{-1}+z^{-2}+\dfrac{1}{z^2(z-1)^2}\quad(|z|>1)$。

6.3 (1) $F(z)=\dfrac{3z}{(2z-1)(2-z)}\quad\left(\dfrac{1}{2}<|z|<2\right)$；

(2) $F(z)=\dfrac{z+1}{(z-1)^3}\quad(|z|>1)$；

(3) $F(z)=\dfrac{z}{z^2+1}\quad(|z|>1)$；

(4) $F(z)=\dfrac{10z^3-35z^2}{3(2z-1)(z-3)}\quad(3<|z|<\infty)$；

(5) $F(z)=\dfrac{a^2}{z(z+a)}\quad(|z|>|a|)$；

(6) $F(z) = \dfrac{z^2}{z^2-1}$ $(|z|>1)$;

(7) $F(z) = \dfrac{z^2}{(z-1)^3}$ $(|z|>1)$;

(8) $F(z) = \dfrac{-2z}{(z-1)^3}$ $(|z|<1)$。

6.5　(1) $f(0)=1$,　$f(\infty)=0$;

　　(2) $f(0)=1$,　$f(\infty)=2$;

　　(3) $f(0)=1$,　$f(\infty)=2$;

　　(4) $f(0)=1$,　$f(\infty)=2^N$;

　　(5) $f(0)=1$,　$f(\infty)$不存在;

　　(6) $f(0)=0$,　$f(\infty)=0$。

6.7　(1) $f(k) = \left[4\left(-\dfrac{1}{2}\right)^k - 3\left(-\dfrac{1}{4}\right)^k\right]\varepsilon(k)$;

　　(2) $f(k) = 2\delta(k-1) + 6\delta(k) + [8 - 13(0.5)^k]\varepsilon(k)$。

6.8　(1) $f(k) = \dfrac{1}{2}(1 - 2^{k+1} + 3^k)\varepsilon(k)$;

　　(2) $f(k) = 5[1 + (-1)^k]\varepsilon(k)$;

　　(3) $f(k) = 2\delta(k) + 2\delta(k-1) - 6\delta(k-6)$;

　　(4) $f(k) = \dfrac{11}{2}k(k-1)3^{k-3}\varepsilon(k) + (7k+2)3^{k-3}\varepsilon(k-1)$;

　　(5) $f(k) = \sin\left(\dfrac{\pi}{2}k\right)\varepsilon(k)$;

　　(6) $f(k) = 2^{k-2}\varepsilon(k-2) - 2^{k-3}\varepsilon(k-3)$。

6.9　(1) $F^*(z^*)$,　$\alpha < |z| < \beta$;

　　(2) $\dfrac{z}{z-1}F\left(\dfrac{z}{a}\right)$,　$\max(1, \alpha|a|) < |z| < |a|\beta$;

　　(3) $\dfrac{z}{z-a}F\left(\dfrac{z}{a}\right)$,　$\alpha|a| < |z| < |a|\beta$;

　　(4) $\dfrac{zF(z) - z(z-1)\dfrac{\mathrm{d}F(z)}{\mathrm{d}z}}{(z-1)^2}$,　$\alpha < |z| < \beta$。

6.10　(1) $f(k) = (2^k - 2 \cdot 3^k + 4^k)\varepsilon(k)$;

　　(2) $f(k) = -(2^k - 2 \cdot 3^k + 4^k)\varepsilon(-k-1)$;

　　(3) $f(k) = (2^k - 2 \cdot 3^k)\varepsilon(k) - 4^k\varepsilon(-k-1)$。

6.12　(1) $y(k) = a^{k-1}\varepsilon(k-1)$;　　(2) $y(k) = 2^k\varepsilon(k)$;

　　(3) $y(k) = \left[2(k-1) + \left(\dfrac{1}{2}\right)^{k-1}\right]\varepsilon(k-1)$。

6.13　$kf(k-1)\varepsilon(k-1)$。

6.14　(1) $F(z) = \dfrac{\mathrm{e}^{-a}z}{(z-\mathrm{e}^{-a})^2}$;　　(2) $F(z) = \dfrac{z(z+1)}{(z-1)^3}$。

6.15　(1) $(-1)^k - (-2)^{k+2}, k \geqslant 0$;　　(2) $(-k-1)(-2)^{k+2}, k \geqslant 0$。

6.16　(1) $y(k) = 2k\varepsilon(k)$；

　　　(2) $y(k) = \left[\dfrac{1}{4} + (-1)^k - \dfrac{9}{4}(-3)^k\right]\varepsilon(k)$；

　　　(3) $y(k) = \left[-\dfrac{1}{2} + \dfrac{2}{3}(-1)^k + \dfrac{1}{3} \cdot 2^k\right]\varepsilon(k)$；

　　　(4) $y(k) = \left[\dfrac{1}{6} + \dfrac{1}{2}(-1)^k - \dfrac{2}{3}(-2)^k\right]\varepsilon(k)$。

6.18　(1) $H(z) = \dfrac{(7z-2)z}{(z-0.5)(z-0.2)}$；

　　　(2) $h(k) = [5(0.5)^k + 2(0.2)^k]\varepsilon(k)$；

　　　(3) $y_{zi}(k) = \dfrac{8}{3}(0.5)^k - \dfrac{4}{15}(0.2)^k$，

　　　　$y_{zs}(k) = [-5(0.5)^k - 0.5(0.2)^k + 12.5]\varepsilon(k)$。

6.21　(1) $a < 1$ 时系统稳定；　　(2) 收敛域 $|z| > a$；　　(3) 幅度值为 $1/a$。

6.22　(1) 系统函数为 $H(z) = \dfrac{1}{1 - \dfrac{1}{2}z^{-1} + \dfrac{1}{4}z^{-2}}$ 　$\left(|z| > \dfrac{1}{2}\right)$，

　　　单位冲击响应为 $h(k) = \dfrac{4}{\sqrt{3}}\left\{\left(\dfrac{1}{2}\right)^{k+1}\sin\left[\dfrac{\pi(k+1)}{3}\right]\right\}\varepsilon(k)$；

　　　(2) $y(k) = \left(\dfrac{1}{2}\right)^k\varepsilon(k) + \dfrac{2}{\sqrt{3}}\left(\dfrac{1}{2}\right)^k\sin\left(\dfrac{\pi}{3}k\right)\varepsilon(k)$。

6.23　(1) $H(z) = \dfrac{2z}{z-0.5}$；　　(2) $h(k) = 2(0.5)^k\varepsilon(k)$。

6.24　$y(k) = 2 \times 1.08\sin\left(\dfrac{\pi}{6}k + 127°\right)$。

第七章

7.1　矩阵形式为：$\dot{x}(t) = Ax(t) + Be(t)$；

　　系数矩阵为：$A = \begin{bmatrix} -10 & -5 \\ 1 & -0.5 \end{bmatrix}$，　$B = \begin{bmatrix} 10 \\ 0 \end{bmatrix}$，　$e = [v_S]$。

7.2　(a) $\begin{bmatrix} \dot{i}_{L1} \\ \dot{i}_{L2} \\ \dot{u}_C \end{bmatrix} = \begin{bmatrix} -2 & 0 & -1 \\ 0 & -3 & 3 \\ 2 & -2 & 0 \end{bmatrix}\begin{bmatrix} i_{L1} \\ i_{L2} \\ u_C \end{bmatrix} + \begin{bmatrix} 1 & 0 \\ 0 & -3 \\ 0 & 0 \end{bmatrix}\begin{bmatrix} f_1 \\ f_2 \end{bmatrix}$；

　　　$i_0 = \begin{bmatrix} 1 & -1 & 0 \end{bmatrix}\begin{bmatrix} i_{L1} \\ i_{L2} \\ u_C \end{bmatrix}$。

　　(b) $\begin{bmatrix} \dot{u}_C \\ \dot{i}_L \end{bmatrix} = \begin{bmatrix} -\dfrac{1}{CR_3} - \dfrac{1}{C(R_1+R_2)} & -\dfrac{R_1}{C(R_1+R_2)} \\ \dfrac{R_1}{L(R_1+R_2)} & -\dfrac{R_1 R_2}{L(R_1+R_2)} \end{bmatrix}\begin{bmatrix} u_C \\ i_L \end{bmatrix} +$

$$\begin{bmatrix} \dfrac{1}{C(R_1+R_2)} & \dfrac{1}{CR_3} \\ \dfrac{R_2}{L(R_1+R_2)} & 0 \end{bmatrix}\begin{bmatrix} u_{S1} \\ u_{S2} \end{bmatrix},$$

$$i_0 = \begin{bmatrix} -\dfrac{1}{(R_1+R_2)} & -\dfrac{R_1}{(R_1+R_2)} \end{bmatrix}\begin{bmatrix} u_C \\ i_L \end{bmatrix} + $$

$$\begin{bmatrix} \dfrac{1}{R_1+R_2} & 0 \end{bmatrix}\begin{bmatrix} u_{S1} \\ u_{S2} \end{bmatrix}.$$

7.4　输出方程为：$\boldsymbol{y}(t)=\boldsymbol{Cx}(t)+\boldsymbol{De}(t)$，

式中 $\boldsymbol{C}=\begin{bmatrix} 0 & 1 & -1 \end{bmatrix}$，$\boldsymbol{D}=\begin{bmatrix} 0 \end{bmatrix}$。

7.5　$x_1=u_C$，$x_2=i_L$，

状态方程为：$\begin{bmatrix} \dot{x}_1 \\ \dot{x}_2 \end{bmatrix} = \begin{bmatrix} -\dfrac{1}{RC} & \dfrac{1}{C} \\ -\dfrac{1}{L} & 0 \end{bmatrix}\begin{bmatrix} x_1 \\ x_2 \end{bmatrix} + \begin{bmatrix} 0 & \dfrac{1}{C} \\ \dfrac{1}{L} & 0 \end{bmatrix}\begin{bmatrix} u_S(t) \\ i_S(t) \end{bmatrix},$

输出方程为：$i_R(t)=\begin{bmatrix} \dfrac{1}{R} & 0 \end{bmatrix}\begin{bmatrix} u_C \\ i_L \end{bmatrix}.$

7.6　(a) 状态方程为：$\begin{bmatrix} \dot{x}_1 \\ \dot{x}_2 \\ \dot{x}_3 \end{bmatrix} = \begin{bmatrix} -2 & 0 & 0 \\ 5 & -5 & 0 \\ 5 & -4 & 0 \end{bmatrix}\begin{bmatrix} x_1 \\ x_2 \\ x_3 \end{bmatrix} + \begin{bmatrix} 1 \\ 0 \\ 0 \end{bmatrix}e(t),$

输出方程为：$y=\begin{bmatrix} 0 & 0 & 1 \end{bmatrix}\begin{bmatrix} x_1 \\ x_2 \\ x_3 \end{bmatrix};$

(b) 状态方程为：$\begin{bmatrix} \dot{x}_1 \\ \dot{x}_2 \\ \dot{x}_3 \end{bmatrix} = \begin{bmatrix} 0 & 0 & 0 \\ 0 & -2 & 0 \\ 0 & 0 & -5 \end{bmatrix}\begin{bmatrix} x_1 \\ x_2 \\ x_3 \end{bmatrix} + \begin{bmatrix} 1 \\ 1 \\ 1 \end{bmatrix}e(t),$

输出方程为：$y=\begin{bmatrix} \dfrac{1}{2} & \dfrac{5}{6} & \dfrac{4}{3} \end{bmatrix}\begin{bmatrix} x_1 \\ x_2 \\ x_3 \end{bmatrix};$

(c) 状态方程为：$\begin{bmatrix} \dot{x}_1 \\ \dot{x}_2 \end{bmatrix} = \begin{bmatrix} -2 & 1 \\ 0 & -1 \end{bmatrix}\begin{bmatrix} x_1 \\ x_2 \end{bmatrix} + \begin{bmatrix} 1 \\ 1 \end{bmatrix}e(t),$

输出方程为：$y=\begin{bmatrix} 0 & 1 \end{bmatrix}\begin{bmatrix} x_1 \\ x_2 \end{bmatrix}+e(t).$

7.7　(a) $\boldsymbol{x}(k+1)=\begin{bmatrix} 0 & 1 \\ \dfrac{1}{8} & \dfrac{3}{4} \end{bmatrix}\boldsymbol{x}(k)+\begin{bmatrix} 0 \\ 1 \end{bmatrix}e(k),$

$y(k)=\begin{bmatrix} \dfrac{1}{8} & \dfrac{3}{4} \end{bmatrix}\boldsymbol{x}(k)+\begin{bmatrix} 1 \end{bmatrix}e(k);$

(b) $\boldsymbol{x}(k+1)=-\dfrac{1}{2}\boldsymbol{x}(k)+e(k)$，$y(k)=\dfrac{5}{2}\boldsymbol{x}(k)-e(k).$

7.8　(1) 状态方程为：$\begin{bmatrix} \dot{x}_1 \\ \dot{x}_2 \\ \dot{x}_3 \end{bmatrix} = \begin{bmatrix} 0 & 1 & 0 \\ 0 & 0 & 1 \\ -6 & -11 & -6 \end{bmatrix} \begin{bmatrix} x_1 \\ x_2 \\ x_3 \end{bmatrix} + \begin{bmatrix} 0 \\ 0 \\ 1 \end{bmatrix} e(t)$，

　　　　输出方程为：$y(t) = \begin{bmatrix} 8 & 2 & 0 \end{bmatrix} \begin{bmatrix} x_1 \\ x_2 \\ x_3 \end{bmatrix}$。

7.9　(1) 状态方程为：$\begin{bmatrix} \dot{x}_1 \\ \dot{x}_2 \\ \dot{x}_3 \end{bmatrix} = \begin{bmatrix} 0 & 1 & 0 \\ 0 & 0 & 1 \\ -6 & -11 & -6 \end{bmatrix} \begin{bmatrix} x_1 \\ x_2 \\ x_3 \end{bmatrix} + \begin{bmatrix} 0 \\ 0 \\ 1 \end{bmatrix} e(k)$，

　　　　输出方程为：$y(k) = \begin{bmatrix} 6 & -24 & -6 \end{bmatrix} \begin{bmatrix} x_1 \\ x_2 \\ x_3 \end{bmatrix} + e(k)$；

　　　(2) 状态方程为：$\begin{bmatrix} x_1(k+1) \\ x_2(k+1) \end{bmatrix} = \begin{bmatrix} 0 & 1 \\ 0.11 & 1 \end{bmatrix} \begin{bmatrix} x_1(k) \\ x_2(k) \end{bmatrix} + \begin{bmatrix} 0 \\ 1 \end{bmatrix} e(k)$，

　　　　输出方程为：$y(k) = \begin{bmatrix} 0.11 & 1 \end{bmatrix} \begin{bmatrix} x_1(k) \\ x_2(k) \end{bmatrix} + e(k)$。

7.13　(1) $H(s) = \dfrac{-2}{s^2 + 3s + 2}$，

　　　　$y_{zi}(t) = (-4e^{-t} + 4e^{-2t})\varepsilon(t)$，

　　　　$y_{zs}(t) = (-1 + 2e^{-t} - e^{-2t})\varepsilon(t)$；

　　　(2) $H(s) = \dfrac{s^2 + 3s + 4}{(s+1)^2 + 1}$，

　　　　$y_{zi}(t) = e^{-t}(3\cos t - \sin t)\varepsilon(t)$，

　　　　$y_{zs}(t) = (2 - e^{-t}\cos t)\varepsilon(t)$。

7.14　(1) $y(t) = y_{zs}(t) + y_{zi}(t) = \dfrac{1}{12}(22e^{-3t} - 1)\varepsilon(t)$；

　　　(2) 系统传输矩阵为 $H(s) = C(sI - A)^{-1}B + D = -\dfrac{1}{4(s+3)}$，

　　　　状态转移矩阵为 $\boldsymbol{\Phi}(t) = \begin{bmatrix} e^t\varepsilon(t) & 0 \\ \dfrac{1}{4}(e^t - e^{3t})\varepsilon(t) & e^{-3t}\varepsilon(t) \end{bmatrix}$，

　　　　状态转移方程为 $\boldsymbol{x}(t) = \boldsymbol{\Phi}(t)\boldsymbol{x}(0) = \begin{bmatrix} e^t\varepsilon(t) & 0 \\ \dfrac{1}{4}(e^t - e^{3t})\varepsilon(t) & e^{-3t}\varepsilon(t) \end{bmatrix} \boldsymbol{x}(0)$。

7.15　(1) $\begin{bmatrix} \dot{x}_1(t) \\ \dot{x}_2(t) \end{bmatrix} = \begin{bmatrix} -8 & 4 \\ 4 & -8 \end{bmatrix} \begin{bmatrix} x_1(t) \\ x_2(t) \end{bmatrix} + \begin{bmatrix} 1 \\ 0 \end{bmatrix} e(t)$，

$$\begin{bmatrix} y_1(t) \\ y_2(t) \end{bmatrix} = \begin{bmatrix} -4 & 4 \\ 4 & -4 \end{bmatrix} \begin{bmatrix} x_1(t) \\ x_2(t) \end{bmatrix} + \begin{bmatrix} 1 \\ 0 \end{bmatrix} e(t);$$

(2) $\boldsymbol{\Phi}(s) = \dfrac{1}{(s+4)(s+12)} \begin{bmatrix} s+8 & 4 \\ 4 & s+8 \end{bmatrix};$

(3) $\begin{bmatrix} x_1(t) \\ x_2(t) \end{bmatrix} = \begin{bmatrix} 2-0.5\mathrm{e}^{-12t}-1.5\mathrm{e}^{-4t} \\ 1+0.5\mathrm{e}^{-12t}-1.5\mathrm{e}^{-4t} \end{bmatrix} \varepsilon(t)\boldsymbol{A};$

(4) $\begin{bmatrix} y_{1zi}(t) \\ y_{2zi}(t) \end{bmatrix} = \begin{bmatrix} -8\mathrm{e}^{-12t} \\ 4\mathrm{e}^{-12t} \end{bmatrix} \varepsilon(t)\ \mathrm{V},\qquad \begin{bmatrix} y_{1zs}(t) \\ y_{2zs}(t) \end{bmatrix} = \begin{bmatrix} 12\delta(t)-48\mathrm{e}^{-12t} \\ 48\mathrm{e}^{-12t} \end{bmatrix} \varepsilon(t)\ \mathrm{V},$

$$\begin{bmatrix} y_1(t) \\ y_2(t) \end{bmatrix} = \begin{bmatrix} 12\delta(t)-56\mathrm{e}^{-12t} \\ 56\mathrm{e}^{-12t} \end{bmatrix} \varepsilon(t)\ \mathrm{V}_{\circ}$$

索　引

B

C

D

L

Q

S

T

W

X

Y

Z

参 考 文 献

1　郑君里,杨为理,应启珩.信号与系统(第二版)(上、下册).北京:高等教育出版社,2000

2　管致中,夏恭恪,孟桥.信号与线性系统(第四版)(上、下册).北京:高等教育出版社,2004

3　A. V. Oppenheim, et. al, Signals and Systems(Second edition), PrenticeHall,Inc. 1997

4　W. M. Siebert. Circuits, Signals, and Systems. The MIT Press, McGraw-Hill Book Company,1986

5　R. A. Gabel and R. A Roberts. Signals and Linear Systems. John Wiley and Sons,Inc. ,3rd edition,1987

6　C. L. Liu and Jane W. S. Liu, Linear System Analysis. McGraw-Hill Inc. ,1975

7　S. J. Mason and H. J. Zimmermann. Electronic Circuits, Signals, and Systems. John Wiley and Sons,Inc. ,1960

8　余成波,张莲,邓力.信号与系统.北京:清华大学出版社,2004

9　梁虹.信号与系统分析及 MATLAB 实现.北京:电子工业出版社,2002

10　吴新余,周井泉,沈元隆.信号与系统——时域、频域分析及 MATLAB 软件的应用.北京:电子工业出版社,1999

11　高强等译.应用 Web 和 MATLAB 的信号与系统基础(第二版)/(美)Edward W. Kamen.北京:电子工业出版社,2002

12　Simon Haykin, Barry Van Veen. Signals and Systems(Second Edition). Printed in the United States of America,2002

13　陈生潭,郭宝龙,李学武,冯宗哲.信号与系统(第二版).西安:西安电子科技大学出版社,2001

14　范世贵.信号与系统常见题型解析及模拟题.西安:西北工业大学出版社,1999

15　王应生,徐亚宁.信号与系统.北京:电子工业出版社,2003

16　于慧敏.信号与系统.北京:化学工业出版社,2002

17　李小平.信号与系统学习与解题指导.西安:西安电子科技大学出版社,

1996

   18   赵录怀. 信号与系统分析. 北京:高等教育出版社,2003

   19   乐正友. 信号与系统. 北京:清华大学出版社,2004

   20   沈元隆,周井泉. 信号与系统. 北京:人民邮电出版社,2003

郑 重 声 明

　　高等教育出版社依法对本书享有专有出版权。任何未经许可的复制、销售行为均违反《中华人民共和国著作权法》，其行为人将承担相应的民事责任和行政责任，构成犯罪的，将被依法追究刑事责任。为了维护市场秩序，保护读者的合法权益，避免读者误用盗版书造成不良后果，我社将配合行政执法部门和司法机关对违法犯罪的单位和个人给予严厉打击。社会各界人士如发现上述侵权行为，希望及时举报，本社将奖励举报有功人员。

反盗版举报电话：(010) 58581897/58581896/58581879

传　　真：(010) 82086060

E — mail：dd@hep.com.cn

通信地址：北京市西城区德外大街 4 号
　　　　　　高等教育出版社打击盗版办公室

邮　　编：100120

购书请拨打电话：(010)58581118